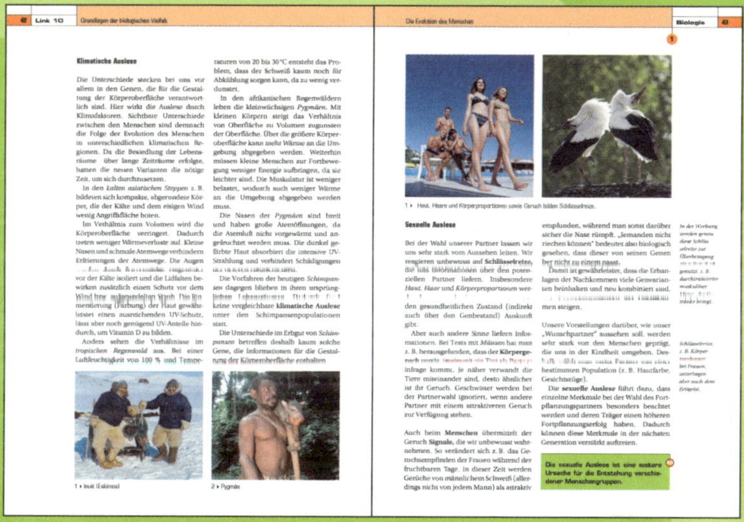

Inhaltsseiten

Diese Seiten vermitteln dir – unterstützt durch **Merksätze,** Tabellen und Übersichten – biologisches Grundlagenwissen über wichtige Begriffe, Gesetze, Erscheinungen und Zusammenhänge.

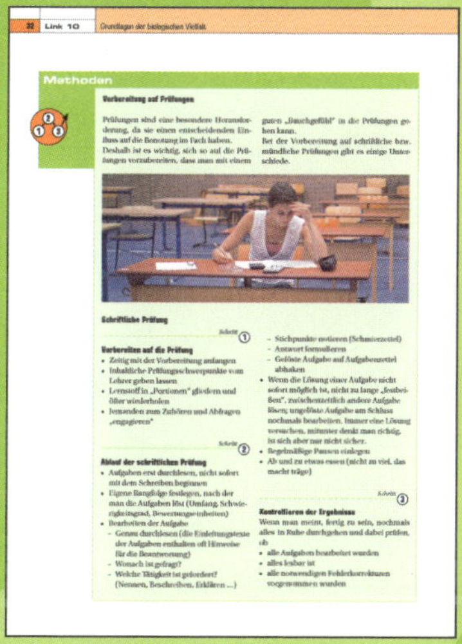

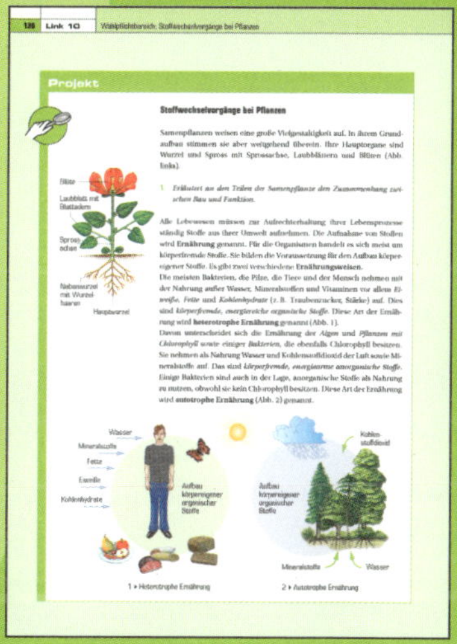

Ergänzendes und Vertiefendes

Auf diesen Seiten erhältst du vertiefende Informationen zu den Inhalten des Kapitels. Außerdem erfährst du dort zusätzlich interessante Sachverhalte, die mit dem Inhalt des Kapitels im Zusammenhang stehen.

Methoden

Für die Biologie charakteristische Denk- und Arbeitsmethoden zeigen dir, wie du bei bestimmten Tätigkeiten schrittweise vorgehen kannst, z. B. beim Erklären, Beobachten, Beschreiben, Vergleichen, Experimentieren, Protokollieren und Bestimmen.

Projekte und fächerverbindendes Thema

Diese Seiten sollen dich zum selbstständigen Bearbeiten ausgewählter Themen anregen, die eine Verbindung zwischen verschiedenen Fächern herstellen.

Link Biologie 10

Lehrbuch für die Klasse 10
Mittelschule Sachsen

Herausgeber:
Dr. Axel Goldberg
Dr. Edeltraud Kemnitz

DUDEN PAETEC Schulbuchverlag

Berlin · Frankfurt a. M.

Herausgeber
Dr. Axel Goldberg
Dr. Edeltraud Kemnitz

Autoren
Dr. Friedrich Eisenhaber
Dr. Axel Goldberg
Dr. Karl-Heinz Firtzlaff
Dr. Edeltraud Kemnitz
Dr. Christa Pews-Hocke
Ralph Schubert
Dr. Elke Ziebell
Prof. Dr. Erwin Zabel

Berater
Ralph Schubert, Pirna

Dieses Werk enthält Vorschläge und Anleitungen für **Untersuchungen** und **Experimente.**
Vor jedem Experiment sind mögliche Gefahrenquellen zu besprechen. Die Gefahrstoffe sind durch die entsprechenden Symbole gekennzeichnet. Eperimente werden nur nach Anweisung des Lehrers durchgeführt. Solche mit Gefahrstoffen dürfen nur unter Aufsicht durchgeführt werden. Beim Experimentieren sind die Richtlinien zur Sicherheit im naturwissenschaftlichen Unterricht einzuhalten.

1. Auflage
1 5 4 3 2 1 | 2011 2010 2009 2008 2007
Alle Drucke dieser Auflage können im Unterricht nebeneinander benutzt werden.
Die letzte Zahl bezeichnet das Jahr des Druckes.

Internet www.duden-paetec.de

Redaktion Dr. Edeltraud Kemnitz
Gestaltungskonzept und Umschlag Simone Hoschack
Layout Simone Hoschack
Grafik Christiane Gottschlich, Martha-Luise Gubig, Christiane Mitzkus, Walther-Maria Scheid
Titelbild Jugendliche verschiedener Hautfarbe, mauritius images

Druck und Bindung Druckerei zu Altenburg GmbH, Altenburg

ISBN 978-3-89818-486-1

Inhaltsverzeichnis

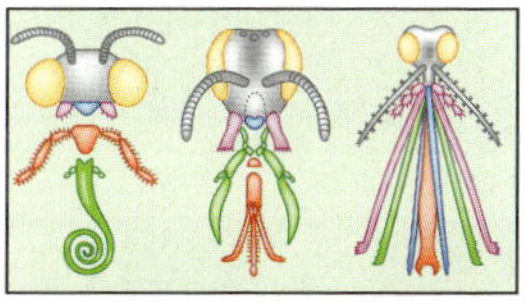

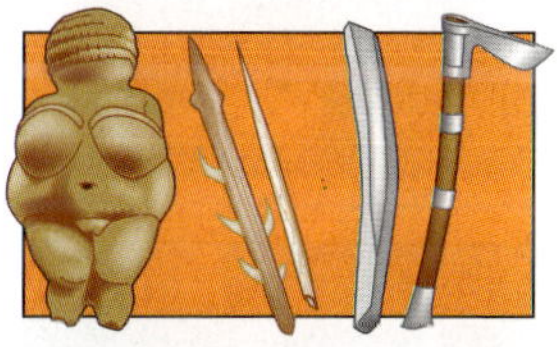

2 Die Erde – ein globales System 52

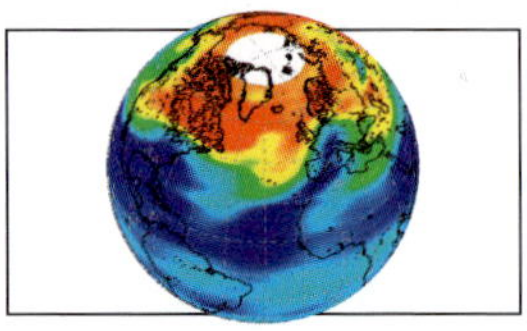

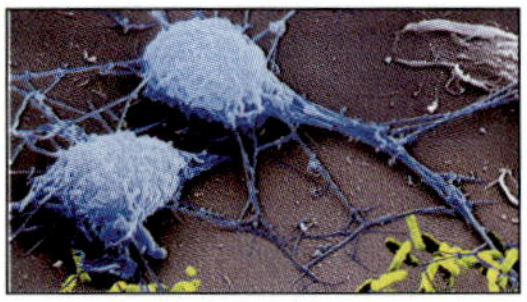

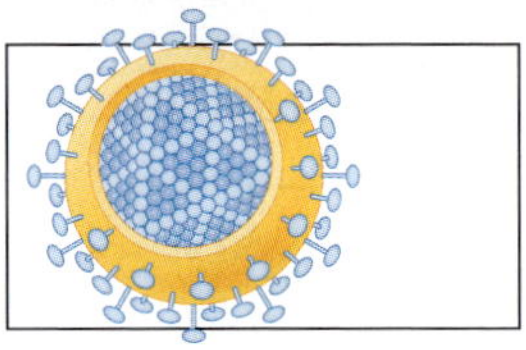

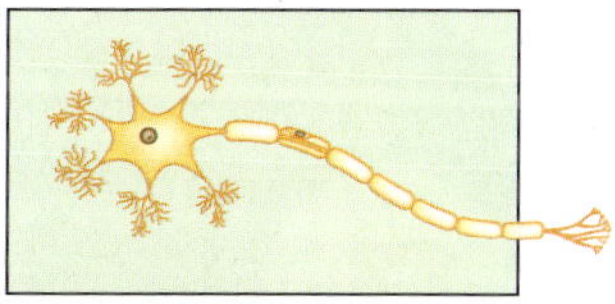

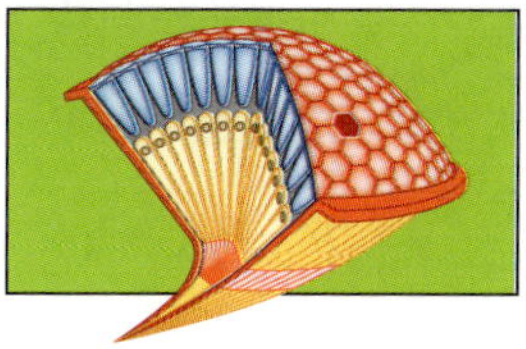

1 Grundlagen der biologischen Vielfalt

1

1.1 Gesetzmäßigkeiten der Vererbung

Kein Lebewesen gleicht dem anderen ▸▸ Organismen verändern ihr Aussehen mitunter so sehr, dass man sie kaum noch als Vertreter einer Art erkennen kann. Das Landkärtchen, ein Tagfalter, bringt eine helle Frühjahrsform und eine dunklere Sommerform hervor.

MENDEL – Begründer der Genetik ▸▸ MENDEL entdeckte, dass es eine Regelhaftigkeit im Erbgeschehen gibt. Durch die wissenschaftliche Auswertung seiner Versuche und die damit gewonnenen Erkenntnisse gilt er als Begründer der Genetik.

Ganz der Vater – ganz die Mutter ▸▸ Schon immer beobachtete man Ähnlichkeiten zwischen Großeltern, Eltern und Kindern. Erbanlagen, die von Generation zu Generation fast unverändert weitergegeben werden, verursachen diese Ähnlichkeiten.

Mendel und die Regeln der Vererbung

Als Phänotyp bezeichnet man das Erscheinungsbild einer Art.

Viele Wissenschaftler versuchten im 19. Jahrhundert das Rätsel der Vererbung zu lösen. 1859 schrieb DARWIN in seinem Werk „Über die Entstehung der Arten durch natürliche Zuchtwahl", dass „*... die Gesetze der Vererbung vollkommen unbekannt sind*".

In seinem Buch „Die Vererbung und die Grundprobleme der Biologie" schrieb DELAGE, ein französischer Wissenschaftler, im Jahre 1895 gleichsam als Resümee: *„Es gibt keine Gesetze für die Ähnlichkeit zwischen dem Kind und seinen Eltern! Hier ist nichts richtig und alles möglich, angefangen damit, dass zwischen Kind und Eltern überhaupt nichts Gemeinsames besteht, über alle Zwischenstufen der Vermischung von Merkmalen und der Kombination von Ähnlichkeiten bis zu fast völliger Übereinstimmung zwischen dem Kind und einem Elternteil ..."*

2 ▸ CARL ERICH CORRENS, deutscher Botaniker

Die Suche nach den Regeln der Vererbung schien damals schier aussichtslos, obwohl in der Landwirtschaft ein großer Bedarf an neuen ertragreichen Pflanzensorten und Tierrassen bestand.

Aus heutiger Sicht, wo Strukturen und Funktionen von Zellkernen, Chromosomen, DNA usw. bekannt sind, lässt sich das Problem – es gab scheinbar keine Regeln bei der Vererbung – der damaligen Wissenschaftler sehr gut erklären.

Damals nutzten die Wissenschaftler fast ausnahmslos nur *äußere Merkmale* zur Erforschung der Erbgänge über mehrere Generationen. Da solche Merkmale aber meist durch die komplexe Wirkung vieler Gene im *Phänotyp* entwickelt werden, konnten daraus keine Regeln bei den Erbgängen erkannt werden. Auch heute ist das nicht ganz einfach.

Erst dem Augustinermönch **GREGOR MENDEL** gelang der Durchbruch. Durch seine Experimentiermethode, einschließlich der statistischen Auswertung, erkannte er die nach ihm benannten **Vererbungsregeln.** Mit seinen fundamentalen Erkenntnissen stieß er 1866 auf Unglauben und geriet in Vergessenheit. Unabhängig voneinander entdeckten um 1900 DE VRIES, CORRENS und TSCHERMARK erneut die Vererbungsregeln und erkannten, dass sie MENDEL zuzuschreiben waren.

1 ▸ Eltern und Kinder ähneln sich.

MENDELS Methode

MENDELS Experimente und die daraus resultierenden drei Regeln beruhen ausschließlich auf der statistischen Auswertung der **Merkmalsverteilung** nach Erbgängen von Generation zu Generation.

Das forschungsmethodische Vorgehen MENDELS wurde durch folgende Grundsätze geprägt:

- MENDEL wählte als Objekt die *Saaterbse (Pisum sativum)*. Sie bringt in kurzer Zeit viele Nachkommen hervor und kann sich selbst bestäuben und befruchten.
- Über zwei Jahre prüfte er, ob die äußeren Merkmale der Nachkommen denen der Eltern entsprachen, es also keine Merkmalsänderungen gab. Er züchtete reinerbiges Saatgut.
- MENDEL verglich keine Merkmale unterschiedlicher Arten, sondern bezog sich auf individuelle Merkmale der Saaterbsenpflanzen.
- Er verglich die Nachkommen nicht als Ganzes mit ihren Eltern, sondern immer nur ein Merkmal, das in zwei verschiedenen Varianten auftritt. Insgesamt erfasste MENDEL sieben solcher Merkmalspaare. Dadurch wurde das Vererbungsgeschehen überschaubar.
- MENDEL erfasste eine große Zahl von Individuen und wertete die Ergebnisse statistisch aus.

MENDEL übertrug bei seinen Experimenten beispielsweise Pollen aus der Blüte einer Pflanze, die aus gelben Samen hervorgegangen war, auf die Narbe einer Pflanze, die aus grünen Samen hervorgegangen war (Abb. 1). Damit sich diese Blüte nicht selbst bestäubt, entfernte er vorher die Staubfäden (Kastration). Zusätzlich schützte er sie auch vor anderen Fremdbestäubungen.

Bei diesem Beispiel kreuzte MENDEL gelbsamige Pflanzen (männlich) mit grünsamigen Pflanzen (weiblich). Alle sich entwickelnden Samen (Erbsen) waren dann gelb. Wenn er aus diesen Samen wieder Pflanzen zog, konnte er diese miteinander kreuzen und wiederum Merkmalsverteilungen beobachten.

Die beiden Erbanlagen, durch die ein Gen gekennzeichnet ist, werden als Allel bezeichnet.

1 ▸ Kreuzungsversuch von MENDEL

Merkmal	Dominantes Allel	x	Rezessives Allel	F_2-Generation dominant : rezessiv	Verhältnis
Blütenfarbe	purpurfarben	x	weiß	705 : 224	3,15 : 1
Blütenstellung	axial	x	terminal	651 : 207	3,14 : 1
Samenfarbe	gelb	x	grün	6022 : 2001	3,01 : 1
Samenform	rund	x	runzlig	5474 : 1850	2,96 : 1
Hülsenform	aufgebläht	x	eingeschnürt	882 : 299	2,95 : 1
Hülsenfarbe	grün	x	gelb	428 : 152	2,82 : 1
Stängellänge	hoch	x	niedrig	787 : 277	2,84 : 1

2 ▸ Die Ergebnisse der F_1-Kreuzungen MENDELS mit sieben Merkmalen der Gartenerbse (verändert nach CAMPBELL/REECE, Biologie, 6. Auflage, S. 296)

Darstellung von Erbgängen

lat. parentes = Eltern
lat. filia = Tochter
lat. dominare = herrschen
lat. recedere = zurücktreten

Die Summe der in den Genen enthaltenen Informationen eines Organismus ist der Genotyp.

Wenn man MENDELS **Kreuzungsergebnisse** deutet, so besteht seine besondere Leistung darin, die Entstehung der Zahlenverhältnisse erkannt und interpretiert zu haben. Er kam zu folgenden Überlegungen und Schlussfolgerungen:

- **MENDEL** kommt zur Erkenntnis, dass nicht Merkmale, sondern Anlagen zur Ausbildung von Merkmalen vererbt werden. Ansonsten wäre es nicht möglich, dass aus der Kreuzung von Erbsenpflanzen, deren Samen eine gelbe und grüne Schale haben, nur Erbsen mit gelben Samen hervorgehen. Diese Anlagen nennen wir heute **Erbanlagen** (Gene).
- MENDEL war überzeugt, dass die Anlagen zur Ausbildung der Merkmale in den Geschlechtszellen lokalisiert sind. Da sich in der **Elterngeneration (Parentalgeneration)** bei der Befruchtung zwei Geschlechtszellen zur befruchteten Eizelle (Zygote) vereinen, müssten je zwei Erbanlagen für die Ausbildung eines Merkmals verantwortlich sein.

Die beiden Erbanlagen, durch die ein Gen gekennzeichnet ist, werden heute als **Allele** bezeichnet. Allele bewirken die Ausbildung desselben Merkmals (z. B. Farbe der Erbsensamen). Dieses Merkmal kann aber in verschiedenen Versionen auftreten, z. B. gelb oder grün – Allele kennzeichnen also die verschiedenen Zustandsformen eines Gens.

Bezeichnungen für die Darstellung von Erbgängen	
P	Elterngeneration
F_1	1. Tochtergeneration
F_2	2. Tochtergeneration
X	Kreuzung von 2 Individuen
großer Buchstabe	dominantes Allel
kleiner Buchstabe	rezessives Allel (intermediär: 2 kleine unterschiedliche Buchstaben)
reinerbig	Allele eines Gens sind gleich
mischerbig	Allele eines Gens unterscheiden sich

Die Einheitlichkeit der Nachkommen in der **1. Tochter**- bzw. **Filialgeneration (F_1-Generation)** begründet MENDEL damit, dass es **merkmalsbestimmende (dominante)** und **zurücktretende** oder **merkmalsunterlegene (rezessive) Erbanlagen** gibt.

CARL CORRENS fand später bei der *Japanischen Wunderblume* noch eine gleichwertige, gemischte Merkmalsausbildung. Sie wird als **intermediär** (dazwischenliegend) bezeichnet.

MENDEL führte eine **Buchstabensymbolik** ein, um den Erbgang eines Merkmals genauer verfolgen zu können. In Körperzellen befindet sich immer ein Allelpaar und in Geschlechtszellen nur ein einzelnes Allel. Dabei unterschied er zwischen dem **Genotyp** (Erbbild) und dem **Phänotyp** (Erscheinungsbild) eines Organismus (Tabelle).

Dominante Allele werden mit **großen Buchstaben** und *rezessive Allele* mit **kleinen Buchstaben** gekennzeichnet. Jedem Gen werden somit zwei Buchstaben zugeordnet: 2 große, 2 kleine oder 1 großer und 1 kleiner.

Intermediäre Allelpaare können mit 2 großen oder 2 kleinen Buchstaben symbolisiert werden.

Die Körperzellen können folgende Allelpaare enthalten:

AA – reinerbig mit zwei dominanten Allelen,
aa – reinerbig mit zwei rezessiven Allelen,
Aa – mischerbig mit einem dominanten (A) und einem rezessiven (a) Allel.

Sind die Allele eines Chromosomenpaars für die Ausbildung eines Merkmals gleich (z. B. Farbe der Blüte rot), ist der Organismus in Bezug auf diese Erbanlage **reinerbig (homozygot)**.

Sind die Allele eines Chromosomenpaars für die Ausbildung eines Merkmals verschieden (z. B. Farbe der Blüte rot und Farbe der Blüte weiß), ist der Organismus in Bezug auf diese Erbanlage **mischerbig (heterozygot)**.

G. J. Mendel kam durch umfangreiche Kreuzungsversuche an Pflanzen und die statistische Auswertung der gewonnenen Ergebnisse zu allgemeingültigen Regeln über die Vererbung von Anlagen.

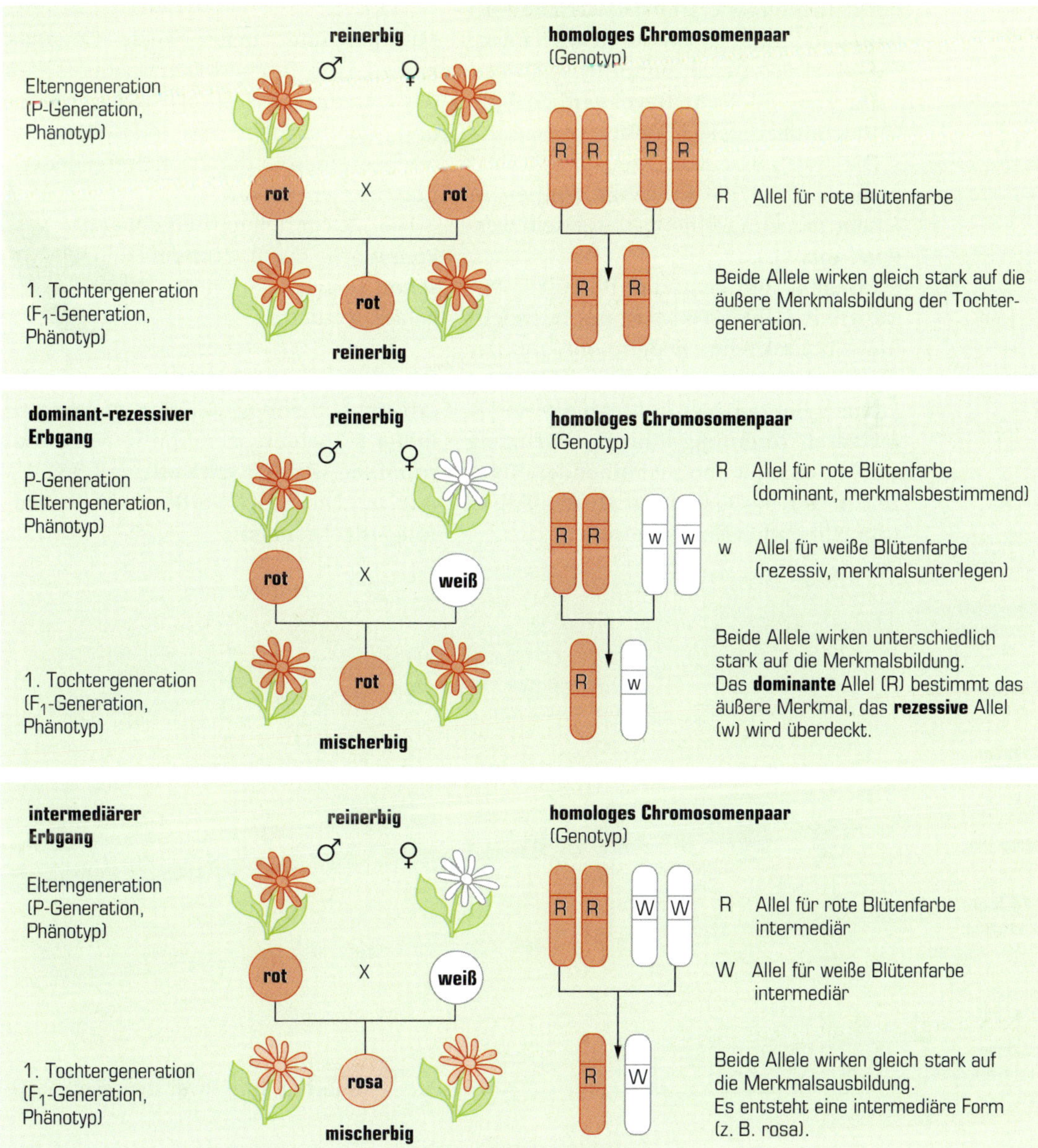

1 ▸ Wirkung der Allele auf die Merkmalsausbildung am Beispiel der Blütenfarbe

MENDELS Vererbungsregeln

MENDELS Beobachtungen und Ergebnisse der Kreuzungsversuche werden in den mendelschen Regeln zusammengefasst.

MENDEL kreuzte beispielsweise grünsamige Erbsenpflanzen mit gelbsamigen Erbsenpflanzen. Alle Erbsenpflanzen in der 1. Tochtergeneration (F_1-Generation) hatten in ihren Hülsen nur gelbe Samen. Sie sahen also gleich (uniform) aus.

Die **1. mendelsche Rege**l wird deshalb **Uniformitätsregel** genannt.

Die Ergebnisse von Kreuzungsexperimenten sowie die Erbgänge können in einem Kreuzungsschema dargestellt werden (Abb. 1).

CORRENS, ein deutscher Botaniker, bestätigte im Jahr 1900 MENDELS Beobachtungen durch seine Experimente mit der *Japanischen Wunderblume (Mirabilis jalapa)*. Bei der hier auftretenden intermediären Vererbung führt die Kreuzung weiß blühender und rot blühender Pflanzen in der F_1-Generation zu einheitlich rosa blühenden Nachkommen.

Das Erscheinungsbild, der Phänotyp, lag zwischen den beiden elterlichen Phänotypen (Abb. 2).

Die 1. mendelsche Regel (Uniformitätsregel) lautet: Kreuzt man reinerbige Eltern (P), die sich in einem Merkmal unterscheiden, so sind alle Nachkommen (F_1) untereinander gleich (uniform).

MENDEL und später auch CORRENS kreuzten die mischerbigen Nachkommen der 1. Tochtergeneration (F_1-Generation) und untersuchten das Aussehen der Nachkommen in der 2. Tochtergeneration (F_2-Generation).

Die festgestellten Ergebnisse konnten in der **2. mendelschen Regel** zusammengefasst werden.

Die einheitlichen Merkmale der mischerbigen 1. Tochtergeneration spalten sich in der 2. Tochtergeneration in einem bestimmten Zahlenverhältnis auf (S. 13, Abb. 2). Die Regel wurde deshalb **Spaltungsregel** genannt.

Elterngeneration (P-Generation)

Genotyp (Erbbild)

Phänotyp (Erscheinungsbild)

Keimzellen

1. Tochtergeneration (F_1-Generation)

Genotyp (Erbbild)

Phänotyp (Erscheinungsbild)

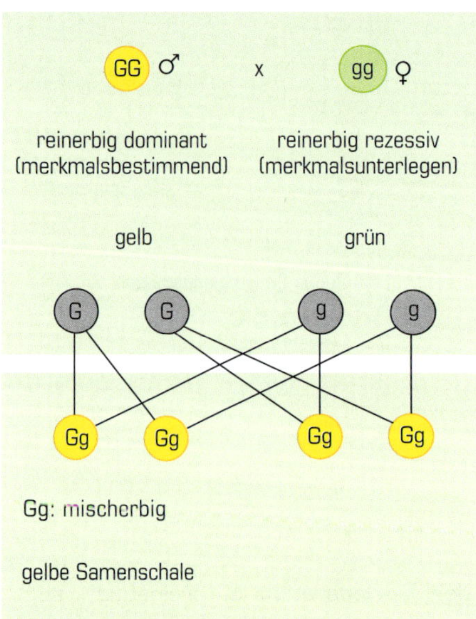

1 ▸ Kreuzungsschema zur 1. mendelschen Regel (Uniformitätsregel)

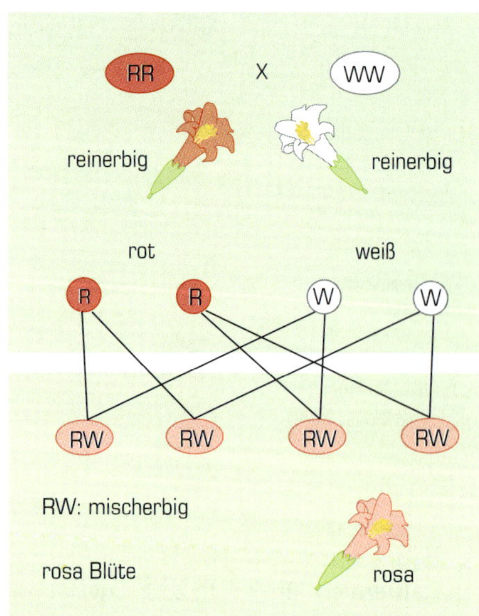

2 ▸ CORRENS Versuch mit der Wunderblume bestätigten MENDELS Ergebnisse.

1

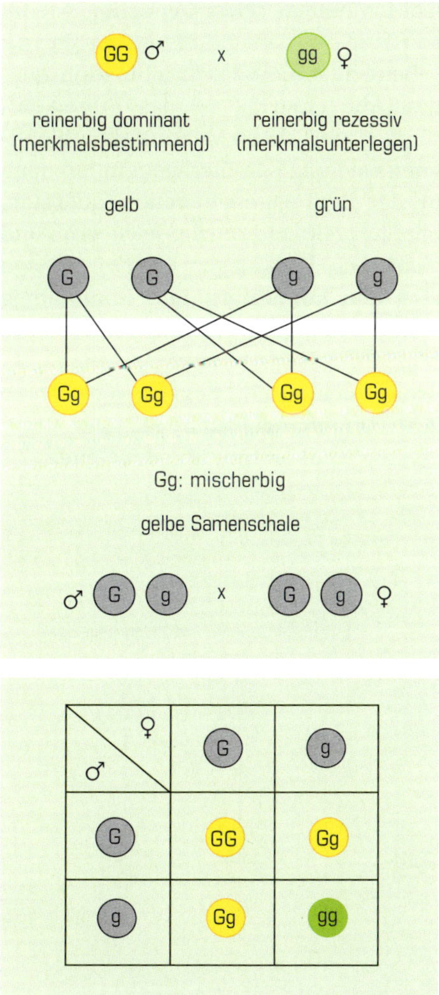

1 ▸ Kreuzungsschemata eines dominant-rezessiven Erbgangs (2. mendelschen Regel)

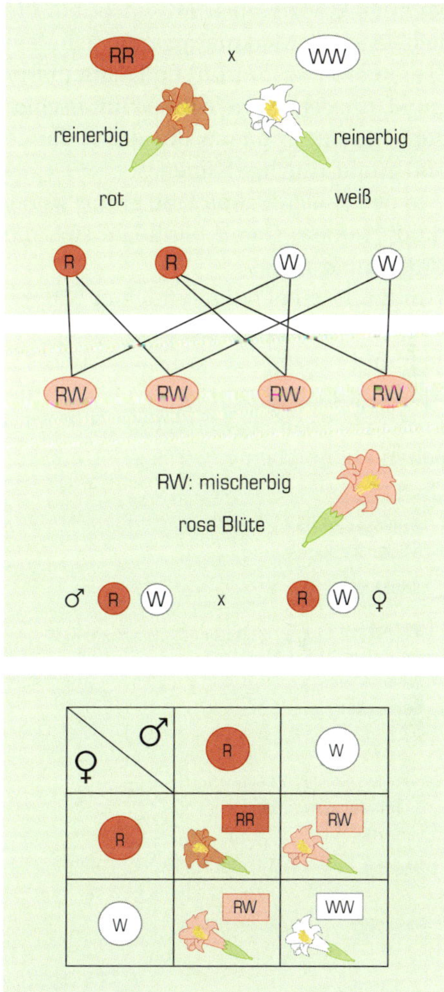

2 ▸ Kreuzungsschemata eines intermediären Erbgangs bis zur F_2-Generation

Elterngeneration (P-Generation)

Genotyp

Phänotyp

Keimzellen

1. Tochtergeneration (F_1-Generation)

Genotyp

Phänotyp

Keimzellen der F_1-Generation

2. Tochtergeneration (F_2-Generation)

Beim **dominant-rezessiven Erbgang** erfolgt die Aufspaltung in der F_2-Generation im Verhältnis 3 : 1 des dominanten zum rezessiven Phänotyps. Im Genotyp liegt ein Verhältnis 1 : 2 : 1 zwischen reinerbig-dominant zu mischerbig zu reinerbig-rezessiv vor (Abb. 1).

Beim **intermediären Erbgang** erfolgt im Phäno- und Genotyp eine Aufspaltung im Zahlenverhältnis 1 : 2 : 1 zwischen der einen reinerbigen Form, der Mischform und der anderen reinerbigen Form (Abb. 2). Verursacht werden diese Aufspaltungen durch die zufällige Verteilung der merkmalstragenden Chromosomen während der **Bildung der Geschlechtszellen** (Meiose) und ihrer **Neukombination** (Rekombination) während der Befruchtung.

M

Die 2. mendelsche Regel (Spaltungsregel) lautet: Kreuzt man die Individuen der F_1-Generation untereinander, so erhält man in der F_2-Generation eine Aufspaltung der Merkmale in festen Zahlenverhältnissen.

Monohybrid bedeutet, dass nur ein unterschiedliches Merkmal betrachtet wird.

Dihybrider Erbgang bedeutet, dass zwei unterschiedliche Merkmalspaare betrachtet werden.

MENDEL kreuzte auch Erbsensorten, die sich in zwei Merkmalspaaren, nämlich Samenfarbe (gelb/grün) und Samenform (rund/runzlig), voneinander unterschieden. Die Eltern hatten nur gelbe, runde und grüne, runzlige Samen.

In der F_1-Generation fand er nur gelbe, runde Samen. Damit bestätigte sich die Uniformitätsregel.

In der F_2-Generation erhielt er 556 Samen, von denen 315 gelb und rund, 101 gelb und runzlig, 108 grün und rund sowie 32 grün und runzlig waren. Das bedeutet ein Spaltungsverhältnis aller möglichen Phänotypen von 9 : 3 : 3 : 1 und für jedes Merkmal selbst betrachtet wieder von 3 : 1.

Betrachtet man das Kombinationsquadrat (Abb. 1), so fällt auf, dass Erbsen entstanden sind, deren Merkmalskombinationen weder in der Elterngeneration noch in der 1. Tochtergeneration auftraten, nämlich gelb und runzlig sowie grün und rund. Die **Erbanlagen** (Gene) müssen also **neu kombiniert** und **unabhängig voneinander vererbt** worden sein.

Die **3. mendelsche Regel** heißt deshalb auch **Unabhängigkeitsregel** oder **Regel von der Neukombination der Gene.**

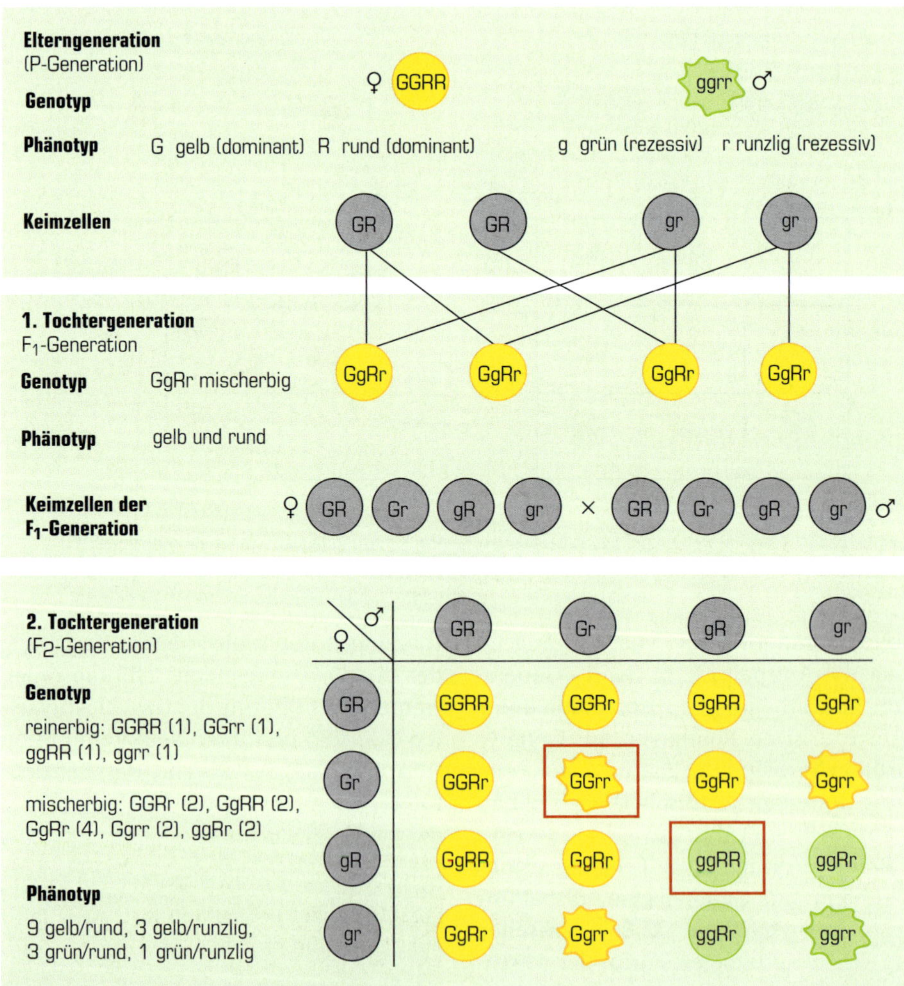

1 ▸ Kreuzungsschemata zur 3. mendelschen Regel (Unabhängigkeitsregel; ▭ reinerbige Neukombinationen)

1

Gregor Johann Mendel – Mönch, Naturforscher und Begründer der Vererbungslehre

Gregor Johann Mendel wurde am 22.7.1822 als Sohn eines fronpflichtigen Bauern geboren. Dieser hielt im Garten seines Hauses Bienen und züchtete edle Obstsorten. Durch ihn und auch durch den Pfarrer und den Lehrer seines Heimatorts wurde Mendel in seiner Liebe zur Natur bestärkt. Frühzeitig lernte er einige biologische Veredlungsmethoden kennen, z. B. das Pfropfen der Obstbäume.

Trotz großer finanzieller Schwierigkeiten studierte er am Philosophischen Institut Olmütz (Olomouc), um Geistlicher zu werden. 1843 trat er als Novize in das Augustinerkloster von Brünn (Brno) ein und erhielt den Klosternamen Gregor.
Sein Theologiestudium an der Universität Brünn begann er 1844, 1847 wurde er zum Priester geweiht. Während des Studiums besuchte er auch Vorlesungen über Landwirtschaft, Obst- und Weinanbau. Diese Vorlesungen wurden von Diebl gehalten, der zusammen mit dem Abt des Brünner Klosters Napp im Klostergarten Versuche mit Pflanzen durchführte. Diesen Versuchsgarten übernahm Mendel 1848.
Da Mendel die Lehramtsprüfung für die Fächer Griechisch, Deutsch und Mathematik nicht bestanden hatte, die er an einem Gymnasium unterrichten sollte, ging er nach Wien und studierte Naturwissenschaft.

1 ▸ G. J. Mendel als Mönch im Kloster

1854 übernahm er in Brünn die Lehrstelle für Naturwissenschaft an der Deutschen Staatsoberrealschule. Im Kloster beschäftigte er sich mit Fragen der Meteorologie und widmete sich der Pflanzen- und Bienenzucht.

1855 begann Mendel mit den **Kreuzungsexperimenten** an Erbsen. Dabei erwies er sich als sehr guter Experimentator und auch als talentierter Theoretiker, der die Mängel und Grenzen in den Arbeiten seiner Vorgänger erfasste.
Mendel wählte ein günstiges Forschungsobjekt und eine geeignete Versuchsdurchführung. Das Objekt fand er in der *Saaterbse (Pisum sativum).*
Die *Saaterbse* ist ein Selbstbestäuber und Selbstbefruchter. Wenn er z. B. gelbe mit grünen Erbsen kreuzte, ging er wie folgt vor. Er entnahm der geöffneten Blüte einer Pflanze, die aus gelbem Samen hervorgegangen war, mit einem Tuschepinsel Pollen und übertrug diesen auf die Narbe einer noch ungeöffneten Blüte einer Pflanze, die aus einem grünen Samen gezüchtet war. Anschließend entfernte er deren Staubblätter. So konnte sich diese Pflanze nicht mehr selbst bestäuben.
Mendel führte seine Kreuzungsexperimente mit einer Vielzahl von Individuen durch und wertete die Ergebnisse mit statistischen Methoden aus. Auf dieser Grundlage konnte er allgemeingültige Regeln ableiten, die mendelschen Regeln.
1865 stellte er seine Ergebnisse vor und veröffentlichte sie 1866 in seinem Aufsatz *„Versuche über Pflanzenhybriden“*. Darin hatte er seine Ergebnisse der modernen Vererbungslehre zusammengefasst. Dieser Artikel fand in der wissenschaftlichen Welt keine Beachtung. Drei Jahre später schrieb er einen Artikel *„Über einige aus künstlicher Befruchtung gewonnene Hieracium-Bastarde“* und gab dann seine Forschungen zur Vererbung auf. Er konzentrierte sich ganz auf sein geistliches Amt und starb am 6. Januar 1884 in Brünn.

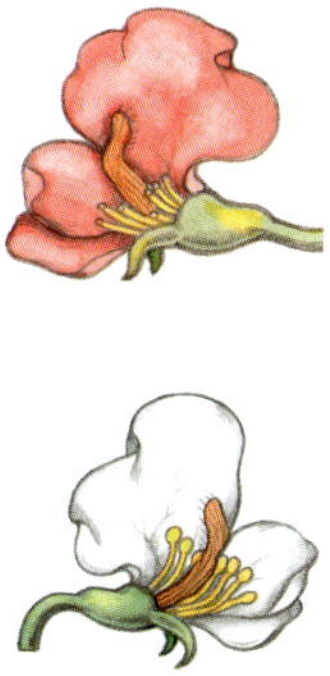

2 ▸ Rosa und weiße Erbsenblüte

Neukombination der Erbanlagen (Gene) und ihre Nutzung

Die **Neukombination** der Erbanlagen ist eine Ursache für die genetische **Vielfalt** (Mannigfaltigkeit und Variabilität) der Organismen. Sie ergibt sich aus der Trennung und Verteilung der Chromosomen mit den Genen bei der Bildung der Geschlechtszellen und der Zufälligkeit der Kombination der Gene bei der Befruchtung.

Bei der *geschlechtlichen Fortpflanzung* werden die Erbanlagen neu gemischt und nach dem Zufallsprinzip verteilt; auf diese Weise entstehen neue, individuelle Erbbilder (Genotypen).

Während der Bildung der Geschlechtszellen kann es zu einem Stückaustausch zwischen den Chromosomen kommen. Dadurch können einige ihrer Gene ausgetauscht werden. Danach verteilen sich die Chromosomen mit den Genen nach dem Zufallsprinzip auf verschiedene Geschlechtszellen.

Jede aus einer Befruchtung hervorgehende befruchtete Eizelle (Zygote) enthält infolge der zufälligen Vereinigung einer Samen- mit einer Eizelle eine einzigartige Ansammlung von Genen. Die geschlechtliche Fortpflanzung sorgt also in jeder Generation für eine **Neukombination** alter Gene zu einer neuen genetischen Ausstattung.

Der Mensch führt bei der **Tier- und Pflanzenzüchtung** gezielt Neukombinationen der Erbanlagen durch. Auch dadurch erhöht sich die Vielfalt der Organismen. So wurden durch Kombinationszüchtung z. B. verschiedene *Kartoffel-* und *Tomatensorten* oder auch Getreidesorten mit höheren Erträgen und größerer Widerstandsfähigkeit gegenüber den Umweltfaktoren gezüchtet (Abb. 1).

Bei der **Züchtung neuer Pflanzensorten** und **Tierrassen** werden vom Menschen bewusst Pflanzen- und Tiermerkmale verändert. Dazu müssen von Wissenschaftlern neue Kombinationen der Erbanlagen in langjährigen **Kreuzungsexperimenten** gesucht werden. Dabei greift der Züchter auf Methoden wie Auslese von Organismen mit bestimmten Merkmalen, gezielte Kreuzung mit ausgewählten anderen Organismen und gründliche statistische Auswertung der Kreuzungsergebnisse über mehrere Generationen zurück. D.h., er wendet die Erkenntnisse von GREGOR MENDEL an.

1 ▸ Durch Züchtung entstanden diese unterschiedlichen Kartoffelsorten.

gewusst · gekonnt

1. Beschreibe das Vorgehen MENDELS bei der Bestäubung seiner Versuchspflanzen. Erkläre seine Vorgehensweise. Welche Schlussfolgerungen leitete er daraus ab?

2. Erst nach vielen Kreuzungsversuchen hat MENDEL die Ergebnisse seiner Untersuchungen in Regeln formuliert. Falls an der Schule vorhanden, mache dich mit dem Simulationsprogramm „Mendel" vertraut. Simuliere Kreuzungen und betrachte am Bildschirm die Merkmale der Nachkommen in der 1. Tochtergeneration.

3. Definiere folgende Begriffe: Gen, Allel, reinerbig, mischerbig, dominant, rezessiv.

4. Ein reinerbig blau blühendes und ein reinerbig weiß blühendes Stiefmütterchen werden miteinander gekreuzt. Die F_1-Nachkommen blühen blau.

a) Ermittle die Art der Merkmalsausbildung.

b) Gib den Eltern und den F_1-Nachkommen entsprechende Symbole.

c) Stelle die Kreuzungsschemata bis zur F_2-Generation auf.

5. Ein blau blühendes und ein rot blühendes Stiefmütterchen werden miteinander gekreuzt.

a) Entscheide anhand der Abbildung, welcher Erbgang vorliegt. Begründe.

b) Gib den Eltern und den Nachkommen entsprechende Symbole und stelle die Kreuzungsschemata bis zur F_2-Generation auf.

6. a) Benenne die allgemeinen Regeln, die sich in dem Erbgang für den Blattrand der Brennnessel widerspiegeln (Abb. unten).

b) Gib den Genotyp zu den dargestellten Phänotypen an. Begründe mit dem entsprechenden Erbgang.

Das Wichtigste auf einen Blick

MENDEL – Begründer der modernen Genetik

GREGOR JOHANN MENDEL (1822–1884) führte von 1855 bis 1864 im Klostergarten zu Brünn (Brno) Kreuzungsexperimente mit der Saaterbse (Pisum sativum) durch. Sie waren die Grundlage für die Formulierung der mendelschen Regeln im Jahre 1865, die die Grundregeln der Vererbung darstellen.

Mendelsche Regeln

1. Uniformitätsregel:
   Kreuzt man reinerbige Eltern, die sich in einem Merkmal unterscheiden, sind alle Nachkommen der F_1-Generation untereinander gleich (uniform).

2. Spaltungsregel:
   Kreuzt man Individuen der F_1-Generation untereinander, so erhält man in der F_2-Generation eine Aufspaltung der Merkmale in festen Zahlenverhältnissen.

3. Unabhängigkeitsregel:
   Kreuzt man reinerbige Eltern, die sich in mehreren Merkmalen unterscheiden, so werden die Erbanlagen (Gene) frei kombiniert und unabhängig voneinander vererbt.

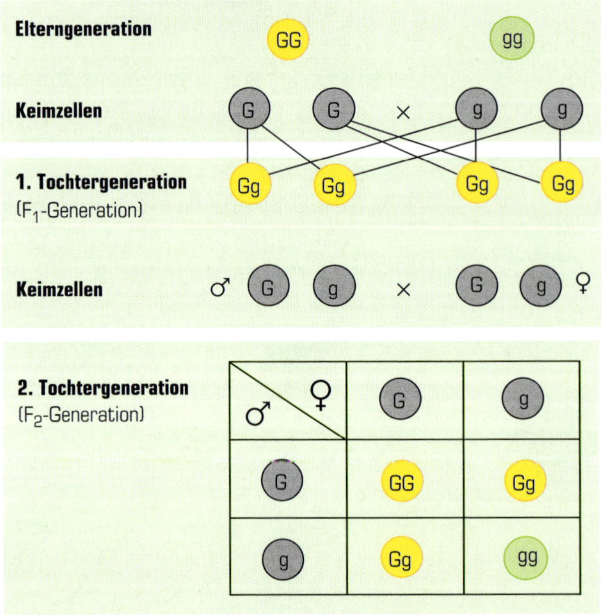

Erbbild (Genotyp)	Erscheinungsbild (Phänotyp)
Gg einheitlich mischerbig	Merkmal einheitlich gelb
GG reinerbig gg reinerbig Gg mischerbig	Merkmalsunterschiede in bestimmten Zahlenverhältnissen gelb zu grün (3 : 1)

1

1.2 Entwicklung der biologischen Vielfalt

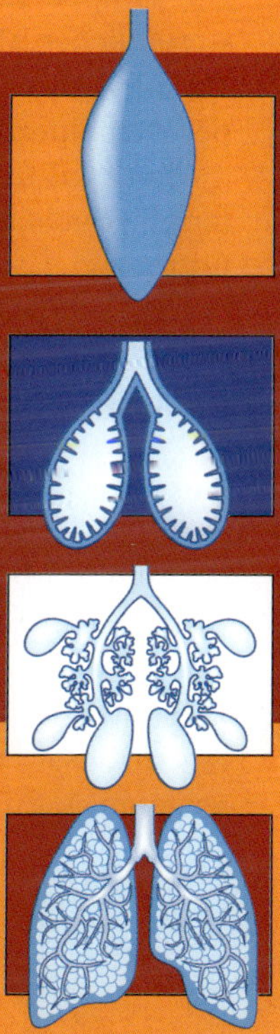

Stammbäume und Stammbaumforschung ▸▸ Analog zu einem Baum im botanischen Sinn ist die Wurzel des Stammbaums die Basis der Betrachtungen. Von dort zweigen sich Stamm und Äste ab. Die Verzweigungen erstrecken sich in unterschiedliche Richtungen. Im Laufe der Zeit kommt es zu einer weitverzweigten Struktur, die aber einen gemeinsamen Ursprung hat.

Differenzierung, Zentralisierung – Belege für die Evolution ▸▸ An bestimmten Organen bzw. Organsystemen kann man die Höherentwicklung der Lebewesen nachvollziehen.

Grundlagen der Evolution ▸▸ Die Kombinationsmöglichkeiten der Gene bei der sexullen Fortpflanzung führt zur Entstehung vieler Varianten von Lebewesen.

Darstellung von Verwandtschaftsbeziehungen in Stammbäumen

Die Gruppe der Wirbeltiere besitzt als wesentliches Merkmal eine Wirbelsäule. Deshalb werden diese Tiere zur Gruppe der **Wirbeltiere** zusammengefasst.

Die Zuordnung der Organismen zu unterschiedlichen Gruppen (z. B. Arten zu Gattungen, Gattungen zu Familien usw.) erfolgt auf der Grundlage **verwandtschaftlicher Verhältnisse.** Diesem Ziel dient die Stammbaumforschung.

Das Wesentliche an einem **Stammbaum** ist - analog zu einem Baum im botanischen Sinne - die Tatsache, dass eine Wurzel die Basis der Betrachtung ist, von wo aus Stamm und Äste abzweigen. Diese Verzweigungen erstrecken sich in zumeist unterschiedliche Richtungen. An jedem dieser Äste kann es in der Folge zu weiteren Astbildungen kommen, sodass im Laufe der Zeit eine weitverzweigte Struktur entsteht, die auf einen gemeinsamen Ursprung zurückzuführen ist. Erste Darstellungen eines Stammbaums aus dem Tier- und Pflanzenreich haben daher auch starke Ähnlichkeit mit dem realen Vorbild eines Baums (Abb. 1).

Die **Stammbaumforschung** bezieht sich auch auf Organismen, die nicht mehr existieren bzw. ausgestorben sind. Über Bauplanmerkmale werden wesentliche Gemeinsamkeiten gefunden, die eine nahe Verwandtschaft belegen, und auch Unterschiede, die eine Abgrenzung ermöglichen. Hierbei werden zwangsläufig auch Fehler passieren, die auch immer wieder zu Veränderungen in der Einschätzung der Verwandtschaftsverhältnisse führen.

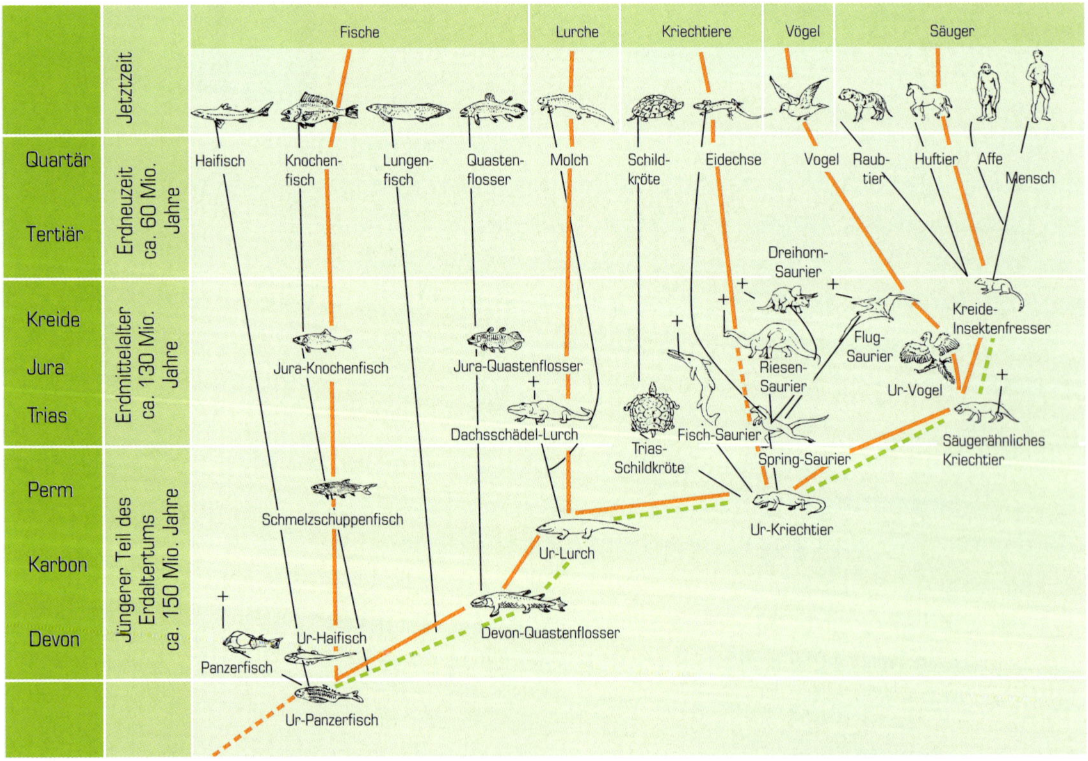

1 ▸ Vereinfachter Stammbaum der Wirbeltiere (▬ Hauptlinien der 5 Klassen, ▪▪▪ hypothetische Verzweigungen, Verzweigungen innerhalb der Klassen)

Am Beispiel des **Stammbaums der Wirbeltiere** kann man die einzelnen Verwandtschaftsbeziehungen nachvollziehen (S. 20, Abb. 1).

Die **ersten Wirbeltiere** entstanden vor etwa 500 Millionen Jahren. Diese Organismen waren im Wasser lebende Tiere, die wir heute in die Gruppe ursprünglicher Fische einordnen würden.

Aufgrund der Fossilfunde und vergleichender Untersuchungen an fossilen und heute lebenden (rezenten) Wirbeltieren lässt sich der Stammbaum der Wirbeltiere aufstellen, dessen Ordnungskriterium die Verwandtschaft der Organismengruppen untereinander ist. Diese Betrachtung soll die „Stammesentwicklung" (Phylogenese) der Wirbeltiere wiedergeben.

Vielfach findet man auch Stammbaumdarstellungen, bei denen versucht wird, weitere Informationen in ein Stammbaumschema einzubringen.

Hierbei entstehen Schemata, die weniger die Artspaltungsprozesse und Verwandtschaftsverhältnisse in den Mittelpunkt der Betrachtungen stellen.

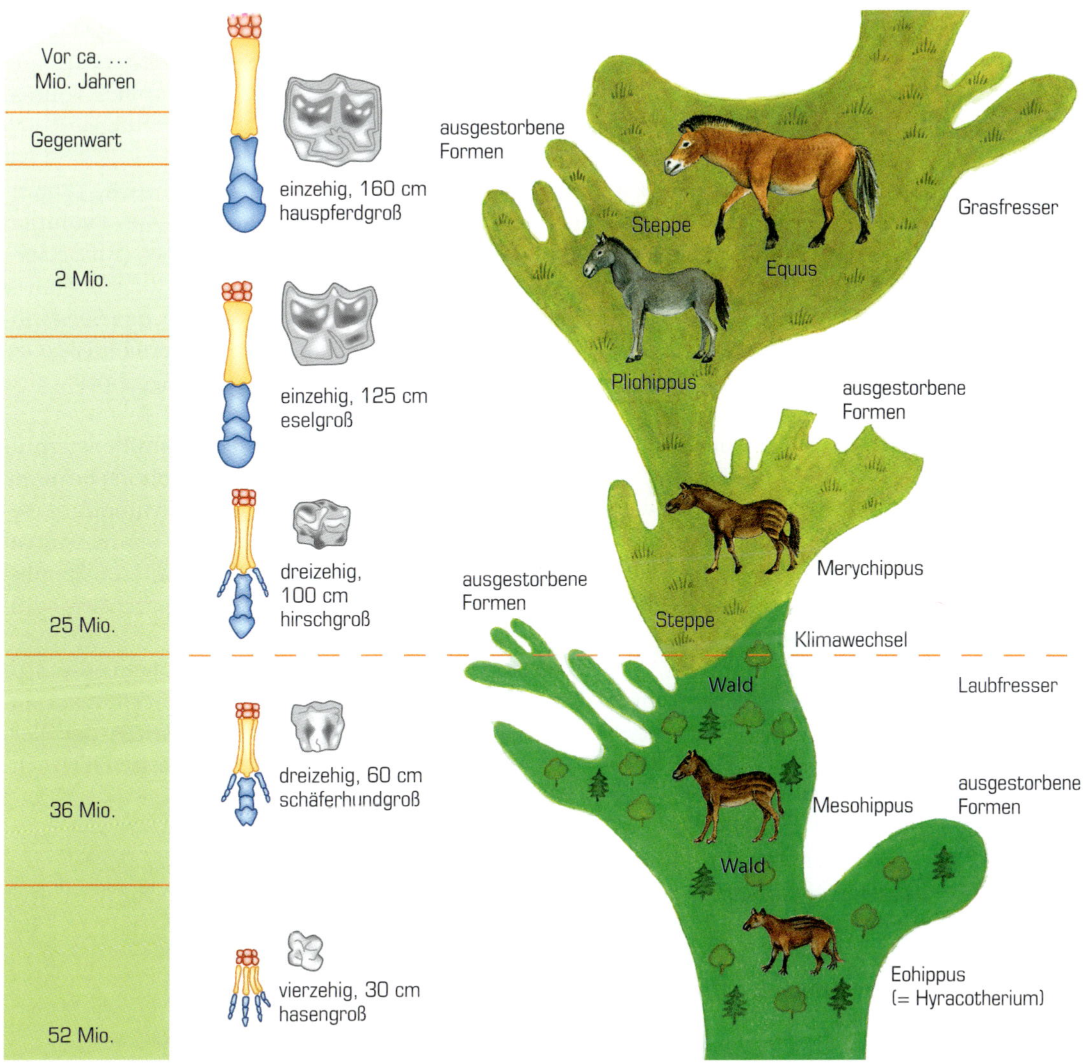

1 ▸ Stammbaum des Pferds

Sie sollen eher einen Überblick über zeitliche Abläufe, Entwicklungstendenzen usw. verschaffen.

Ein Beispiel hierfür ist der sogenannte **Pferdestammbaum** (S. 21, Abb. 1), der mehr die Evolutionstendenzen zusammenfassend beschreibt als die Verwandtschaftsbeziehungen zwischen den einzelnen „Pferdeformen".

1 ▸ Urpferde

Die *Wildpferde,* Vorfahren unserer Hauspferde, lebten in Herden und waren offensichtlich gut an das Leben in der Steppe angepasst. Schon vor hundert Jahren entdeckte man unter den recht zahlreichen Funden fossiler Pferde, z. B. in der Grube Messel bei Darmstadt und in Nordamerika, auch dreizehige, später vierzehige Exemplare.

Der russische Forscher KOWALEWSKIJ (1840 - 1909) beschäftigte sich Ende des 19. Jahrhunderts intensiv mit den Fossilien von Pferden. So untersuchte er neben den Gliedmaßenknochen auch die Zähne der Fossilfunde. Er erkannte interessante Zusammenhänge zwischen der Größe der Tiere, ihren Zähnen und dem Bau ihrer Gliedmaßen sowie dem Alter der Fossilfunde. KOWALEWSKIJ stellte die Hypothese auf, dass die frühesten Vorfahren der Pferde vierzehige Lebewesen gewesen sein mussten.

Diese ersten, nur weniger als hasengroßen pferdeartigen Organismen (Eohippus) lebten in Waldgebieten und fraßen Laub. Er schloss dies aus der geringen Körpergröße sowie der Tatsache, dass die Tiere mit ihren kurzkronigen Zähnen nicht in der Lage waren, Gräser zu zermahlen, sondern höchstens saftige Blätter, Beeren und Ähnliches zerquetschen konnten (S. 21, Abb. 1).

Die Entwicklung verlief aber nicht geradlinig. Auch im Bereich der Pferdeartigen gab es Seitenlinien, die ausstarben, und Verlagerungen der Entwicklung über mehrere Kontinente. Ebenso verlief die Entwicklung in einigen Abschnitten äußerst langsam, während es in anderen in relativ kurzer Zeit große Veränderungen gab.

Die Entwicklung des Pferds vom hasengroßen, laubfressenden Urpferd der Wälder über grasfressende, schnelle Urahnen der Steppenpferde zum heutigen Pferd dauerte über 50 Millionen Jahre.

Für alle Organismengruppen können Stammbäume aufgestellt werden.

Entsprechend existieren auch Stammbaumdarstellungen, die die **Evolution des Menschen** verdeutlichen (Abb. Nachsatzseiten). Solche Abbildungen dienen als grobe Orientierung für das Verständnis von Verwandtschaftsverhältnissen innerhalb einer Organismengruppe.

Häufig ist der Begriff des **Familienstammbaums** aus der Ahnenforschung bekannt, in dem, mit einer festen Symbolik versehen, die Abstammung der Kinder von Vater und Mutter und der weiteren Familie, väterlicherseits und mütterlichseits, dargestellt ist.

Die wesentlichen Aussagen, die sich aus allen Stammbaumdarstellungen ableiten lassen, sind die **Grade der Verwandtschaft,** in der die dargestellten Organismen zueinanderstehen.

Die Stammbaumforschung versucht durch wesentliche Merkmale Verwandtschaftsbeziehungen zwischen Organismengruppen und Organismen aufzudecken und sie schematisch in Stammbäumen darzustellen.

1

Merkmale der Wirbeltierklassen

Die **Fische** leben ständig im Wasser. Sie sind Wassertiere. Alle Lebenserscheinungen wie Fortbewegung, Ernährung, Atmung, Fortpflanzung und Entwicklung finden im Wasser statt. Fische besitzen eine schleimige, mit Schuppen besetzte, feuchte Haut. Sie atmen durch Kiemen. Nach Besamung der abgelaichten Eier und deren äußerer Befruchtung entwickeln sich aus den befruchteten Eiern Fischlarven. Diese wachsen zum Jungfisch und erwachsenen Fisch heran.

Lurche leben die meiste Zeit auf dem Land. Ihre nackte, feuchte Haut schützt sie kaum vor Austrocknung. Deshalb halten sie sich an feuchten Stellen auf dem Land auf bzw. leben im Wasser **(Feuchtlufttiere).** Ihre Fortpflanzung und Entwicklung erfolgt stets im Wasser.

Kriechtiere besitzen eine sehr trockene Haut mit Hornplatten (z.B. Schildkröten) oder Hornschuppen (z.B. Echsen, Schlangen). Die Hornschuppen und Hornplatten verhindern die Abgabe von Wasser aus dem Körper. Deshalb können Kriechtiere auch an trockenen und sehr warmen Stellen der Erde leben. Auch ihre Fortpflanzung und Entwicklung findet auf dem Land statt. Ihre durch innere Befruchtung besamten weichschaligen Eier werden auf dem Land abgelegt. Kriechtiere sind **Trockenlufttiere. Fische, Lurche und Kriechtiere gehören zu den wechselwarmen Tieren.**

Die **Vögel** leben meistens auf dem Land. Sie bewegen sich mithilfe ihrer Flügel in der Luft fort. Sie besitzen eine trockene Haut mit Federn. Ihr Körper wird durch Daunen- und Deckfedern vor Wärmeverlust sowie gegen Wasser und Wind geschützt. An das Fliegen sind die Vögel durch die Ausbildung von Flügeln, einen spindelförmigen Körper, durch hohle Knochen sowie einen starken Brustbeinkamm mit Brustmuskeln angepasst. Vögel legen kalkschalige Eier, die von den Elterntieren ausgebrütet werden.

Säugetiere sind auf dem Land und im Wasser zu Hause. Sie besitzen ein Haarkleid (Fell), das die Abgabe von Wärme aus dem Körper vermindert, und eine Lunge, die aus sehr vielen Lungenbläschen aufgebaut ist. Sie bringen lebende Junge zur Welt, die vom Muttertier gesäugt werden. **Die Vögel und Säugetiere gehören zu den gleichwarmen Tieren (ca. 37 °C Körpertemperatur).**

Jede Wirbeltiergruppe ist durch bestimmte unterschiedliche Merkmale gekennzeichnet. Sie besitzen aber auch wesentliche gemeinsame Merkmale. Die Entwicklung vollzog sich vom Wasser- zum Landleben. Damit verbunden ist auch, dass die Tiere immer unabhängiger von ihrer Umwelt werden. Die Fische können nur im Wasser leben, die Lurche vor allem an feuchten Stellen auf dem Land und im Wasser. Die Kriechtiere und besonders die Vögel und Säugetiere haben alle Lebensräume erobert, das Wasser der Ozeane, Wüsten, den immergrünen Regenwald, hohe Gebirge und Eisgebiete der Antarktis.

Merkmale der Wirbeltierklassen		
	Fische	**Lurche**
Skelett	 Schädel, Wirbelsäule, Rippen, Flossenstrahlen	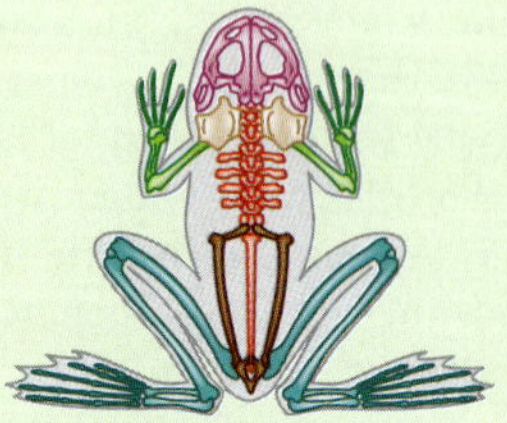 Schädel, Wirbelsäule, Rippen, Schultergürtel, Beckengürtel, Vorder- und Hintergliedmaßenskelett
Körperbedeckung	schleimige Haut (mit Schuppen) 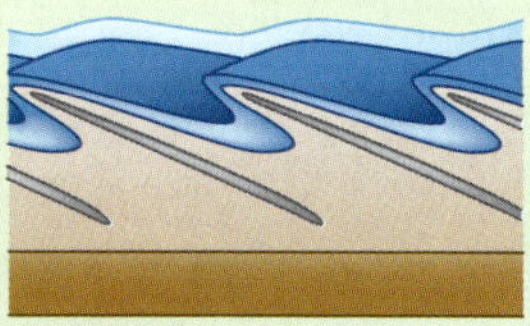	schleimig feuchte, nackte Haut (Drüsen) 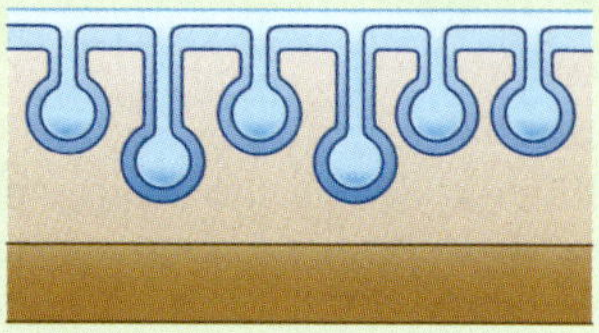
Atmung	Kiemen 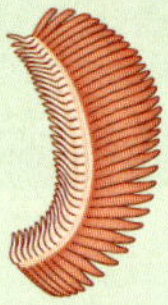	Kaulquappen: Kiemen ausgewachsene Lurche: sackförmige, einfach gekammerte Lunge, zusätzlich: Hautatmung 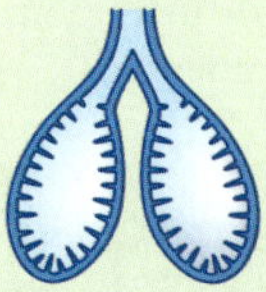
Körpertemperatur	wechselwarm, Körpertemperatur ändert sich mit der Außentemperatur	wechselwarm, Körpertemperatur ändert sich mit der Außentemperatur
Fortpflanzung geschlechtlich	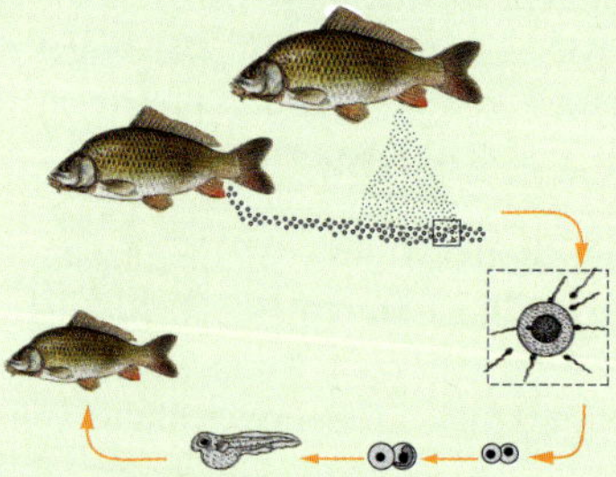 schalenlose Eier; befruchtetes Ei, Fischlarve, Jungfisch, erwachsener Fisch; Entwicklung im Wasser	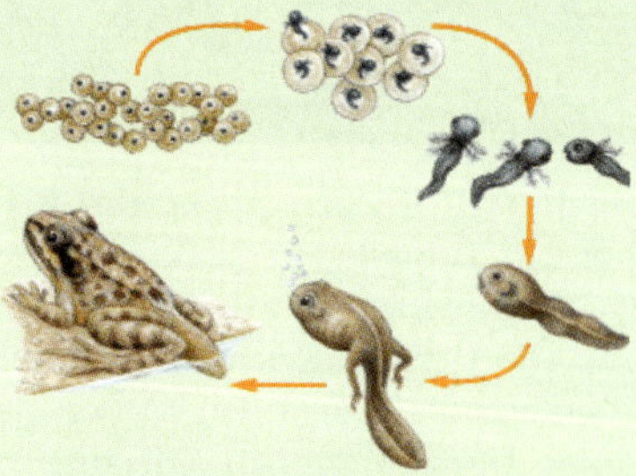 Eier mit Gallerthülle, befruchtetes Ei, Froschlarve (Kaulquappe), Jungfrosch; Metamorphose im Wasser
Befruchtung	meist äußere Befruchtung	äußere Befruchtung (Froschlurche); innere Befruchtung (Schwanzlurche)
Lebensraum	Wasser	Wasser/Land
Abhängigkeit vom Wasser	Wasser notwendig	starke Wasserabhängigkeit

1

Merkmale der Wirbeltierklassen		
Kriechtiere	**Vögel**	**Säugetiere**
 Schädel, Wirbelsäule, Rippen, Schulter-, Beckengürtel, Vorder- und Hintergliedmaßenskelett	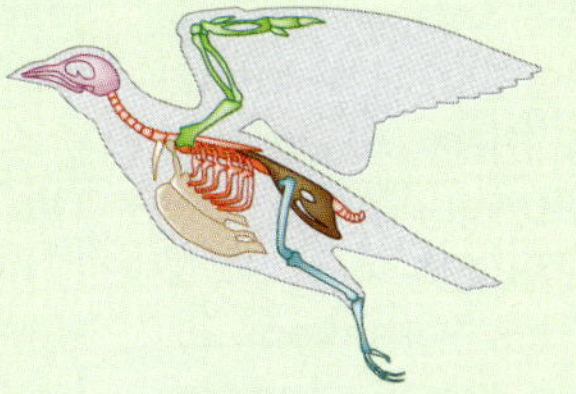 Schädel, Wirbelsäule, Rippen, Brustkorb, Schulter-, Beckengürtel, Vorder- und Hintergliedmaßenskelett	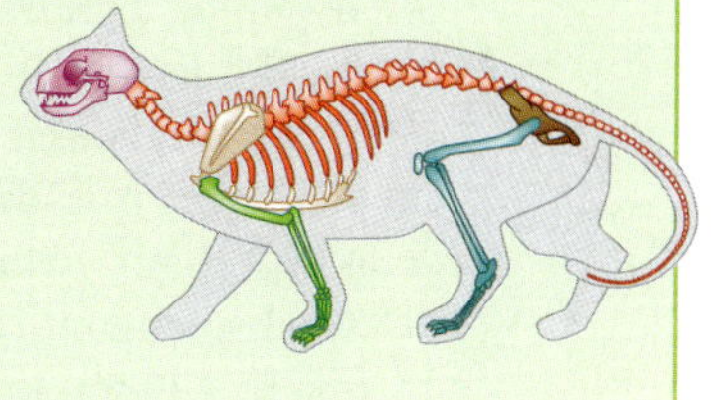 Schädel, Wirbelsäule, Rippen, Brustkorb, Schulter- und Beckengürtel, Vorder- und Hintergliedmaßenskelett
trockene Haut (mit Hornschuppen) 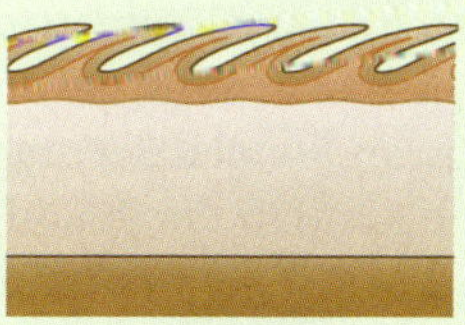	trockene Haut (mit Federn) 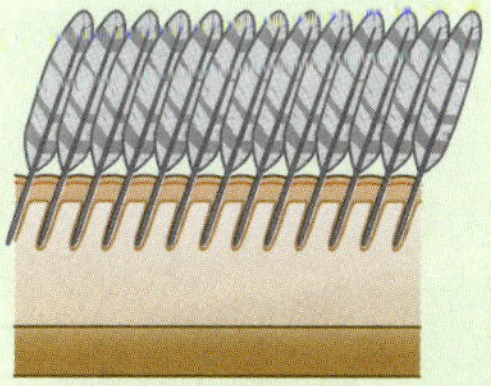	trockene Haut (mit Haaren) 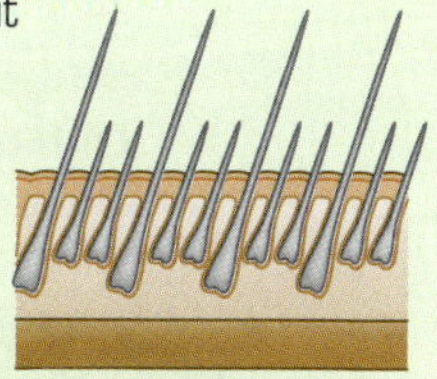
mehrfach gekammerte Lunge 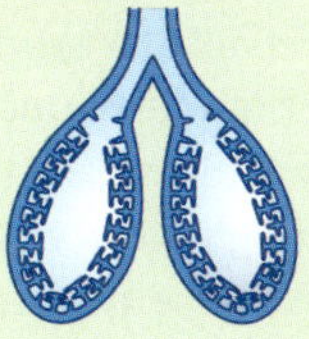	stark gekammerte Lunge (Luftsäcke) 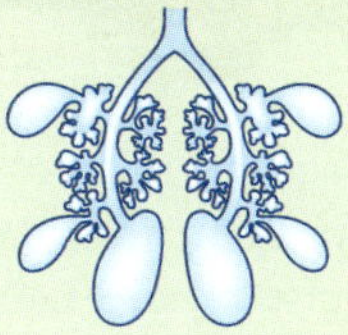	Lunge mit Lungenbläschen 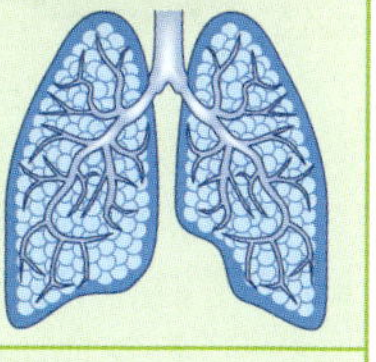
wechselwarm, Körpertemperatur ändert sich mit der Außentemperatur	gleichwarm, Körpertemperatur bleibt immer gleich (ca. 42 °C)	gleichwarm, Körpertemperatur bleibt immer gleich (ca. 37 °C)
 pergament- oder kalkschalige Eier; Schlupf der Jungtiere; Entwicklung an Land innere Befruchtung	 kalkschalige Eier; Ausbrüten der Eier, Schlupf der Jungvögel; Entwicklung an Land innere Befruchtung	 Eizellen im Mutterkörper; Entwicklung im Mutterleib; lebend gebärend, Jungtiere werden gesäugt innere Befruchtung
Wasser/Land	Land/Luft/Wasser	Land/Luft/Wasser
geringe Wasserabhängigkeit	geringe Wasserabhängigkeit	geringe Wasserabhängigkeit

Evolutionserscheinungen am Beispiel der Wirbeltiere

Im Verlauf der Evolution entstehen ständig neue Varianten von Lebewesen, die an die jeweils herrschenden Umweltfaktoren angepasst sind. Diese Angepasstheit wird u. a. durch Abwandlungen des Körperbaus, Veränderungen der Stoffwechselchemie oder des Verhaltens erreicht. Betrachtet man den Evolutionsprozess, so lassen sich im Verlauf der Stammesentwicklung von Lebewesen drei Evolutionserscheinungen erkennen, die diese Angepasstheit hervorbringen: **Spezialisierung, Rückbildung** und **Differenzierung/Zentralisierung** von Organen und Organsystemen.

Der Urlurch (Ichthyostega) lebte überwiegend auf dem Land. Er ist eine Übergangsform zu den auf dem Land lebenden Vierfüßern.

Je später sich die Wege im Stammbaum zweier Lebewesen trennen, desto mehr Gemeinsamkeiten weisen diese Lebewesen auf. Sie besitzen noch gleiche Merkmale vom letzten gemeinsamen Vorfahren. Ein solcher gemeinsamer Vorfahre der vierfüßigen Landwirbeltiere war wahrscheinlich der *Urlurch (Ichthyostega)*. Den Grundbauplan seines Körpers kann man bei allen Landwirbeltieren wiederfinden.

Die Konkurrenz zwischen den ursprünglichen Landwirbeltieren führte zur Besiedlung unterschiedlicher Lebensräume. Im Laufe der Evolution wandelte sich dabei der Grundbauplan der verschiedenen Wirbeltiere ab. Im Vorteil waren in diesem Prozess solche Lebewesen, die durch Mutationen oder Neukombinationen nutzbringende Änderungen in Körperbau und Verhalten vererbt bekamen. Schon kleine Abwandlungen der ursprünglichen Merkmale können dabei einen entscheidenden Vorteil im **Konkurrenzkampf** bedeuten und die **Fortpflanzungsrate** eines Lebewesens erhöhen. Waren die neuen Merkmale dauerhaft von Nutzen, verdrängten die veränderten Lebewesen die ursprünglichen Formen. Die Richtung der **Auslese** bestimmen die einwirkenden abiotischen und biotischen Umweltfaktoren. Das kann man u. a. daran erkennen, dass verschiedene Tiergruppen in gleichen Lebensräumen ähnliche Formen aufweisen (Abb. 1, 2).

1 ▸ Das Nilkrokodil ist gut an das Leben im Wasser angepasst.

2 ▸ Die Körperform von im Wasser lebenden Wirbeltieren ist ähnlich.

1

Die **Spezialisierung** auf ganz bestimmte Umweltfaktoren ist ein Weg, um Konkurrenz zu vermindern. Spezialisten sind gegenüber unspezialisierten Lebewesen in ihren „Spezialdisziplinen“ bedeutend leistungsfähiger (ähnlich: Sprintleistung eines Sprinters im Vergleich zu einem Zehnkämpfer).

Geparde z.B. sind sehr leicht gebaut. Sie erreichen kurzzeitig Geschwindigkeiten von bis zu 120 km/h. Damit sind sie in der Lage, Beutetiere zu jagen, die für andere Raubtiere zu schnell sind. Der leichte Körperbau hat aber auch Nachteile. *Geparde* können große Beutetiere nicht erlegen. Häufig wird ihnen ihre Beute von stärkeren Raubtieren entrissen, gegen die sie sich nicht verteidigen können.

Nahrungsspezialisten wie *Kolibris* können sich wie „Hubschrauber“ an einem Punkt in der Luft halten, um mit ihren Schnäbeln und ihren röhrenförmigen Zungen den Nektar aus den Blütenkelchen zu saugen. Die Form ihrer Schnäbel ist dabei den bevorzugt aufgesuchten Blütenarten angepasst. Fehlen diese Blüten, können die Vögel ihren großen Nahrungsbedarf (das Dreifache ihres Körpergewichts pro Tag) nicht mehr decken, da sie nicht auf andere Blüten ausweichen können.

Die Fähigkeit spezialisierter Arten, Änderungen der Umweltfaktoren zu ertragen, an die sie angepasst sind, ist geringer als die von unspezialisierten Arten. Deshalb kommen spezialisierte Arten nur in bestimmten Lebensräumen vor.

Unspezialisierte Arten, wie z.B. *Schaben* oder *Ratten,* sind dagegen weltweit verbreitet, da sie größere Schwankungen der Umweltfaktoren tolerieren.

M

Die Spezialisierung führt bei Lebewesen durch Veränderungen im Bau bzw. durch Ausbildung bestimmter Verhaltensweisen zu einer besseren Angepasstheit an bestimmte Umweltfaktoren. Dabei wird die Toleranz gegenüber Änderungen dieser Umweltfaktoren verkleinert.

Am Vorhandensein von **homologen Organen** kann man **Spezialisierungen** erkennen. Homologe Organe sind Organe, die den *gleichen* (griech. homos = gleich) stammesgeschichtlichen Ursprung und Grundbauplan aufweisen, deren Bau und Funktion sich aber im Verlauf der Evolution verändert haben.

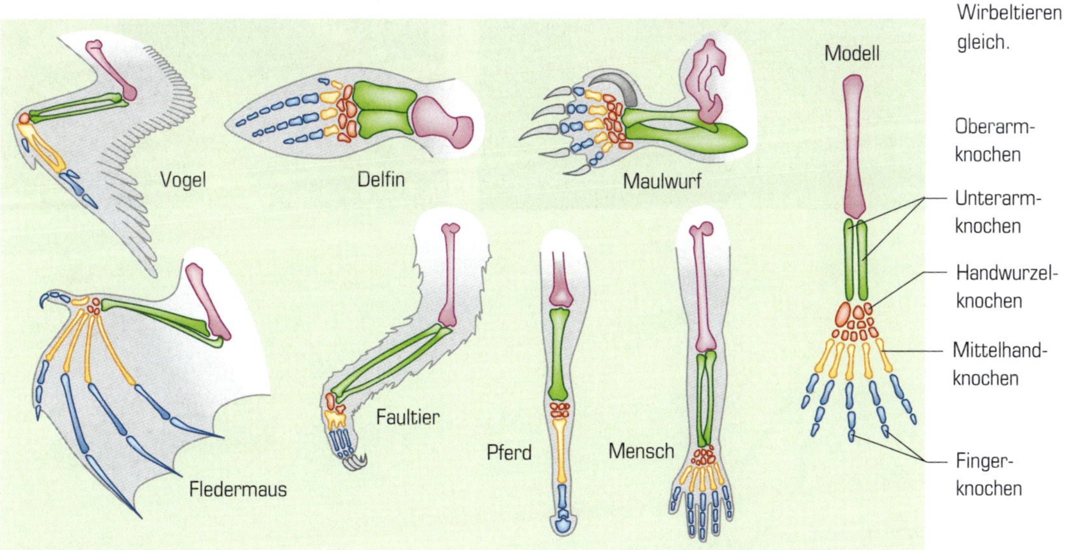

1 ▸ Der Grundaufbau der Vordergliedmaßen ist bei den Wirbeltieren gleich.

Betrachtet man z. B. die **Vordergliedmaßen** verschiedener Wirbeltiere, so fällt auf, dass sie in ihrem Grundaufbau einheitlich sind (S. 27, Abb. 1). Unterschiede bestehen jedoch in Form und Größe der Gliedmaßen. So sind *Fledermäuse* u. a. deswegen flugfähig, weil ihre Vordergliedmaßen durch verlängerte Arm- und Fingerknochen eine genügend große Fläche für Flughäute bilden. *Maulwürfe* können sich durch das Erdreich bewegen, weil ihre Vordergliedmaßen kurz und kräftig gebaut und die Handflächen schaufelförmig gestaltet sind.

M **Homologe Organe haben den gleichen stammesgeschichtlichen Ursprung und den gleichen Grundaufbau.**

Spezialisierte Organe nutzen nichts, wenn deren Gebrauch nicht gesteuert werden kann. Aus einer *Maus* würde noch keine *Fledermaus,* wenn man ihr durch Manipulation des Erbguts Flügel wachsen lassen würde. Es fehlen die **Verhaltensweisen,** die zur Nutzung der Flügel nötig sind. Die Spezialisierung von Körpermerkmalen erfordert auch Veränderungen von Verhaltensweisen. Solche Verhaltensweisen werden zum Nachteil, wenn sich die Umweltfaktoren ändern. Die Igelstacheln (spezielle Körperbedeckung) ergeben im Zusammenspiel mit dem Zusammenrollen (spezielle Verhaltensweise) eine für Räuber undurchdringliche Verteidigung. Gegenüber Autos ist diese Form der Abwehr aber nutzlos.

Veränderungen der Lebewesen können auch **rückläufig** sein, d. h., ehemals vorhandene Organe oder Verhaltensweisen verschwinden im Verlauf der Evolution wieder. Beispielsweise war der Vorfahre der Wale eine in Ufernähe lebende Huftierart, die sich von Schnecken und Muscheln ernährte. Daraus entwickelte sich vor ungefähr 50 Millionen Jahren ein Wal mit Beinen.

1 ▸ Homologe Organe bei Fledermaus und Maulwurf

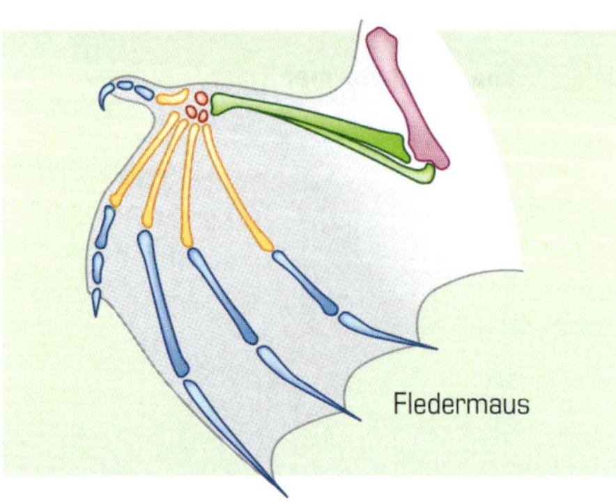

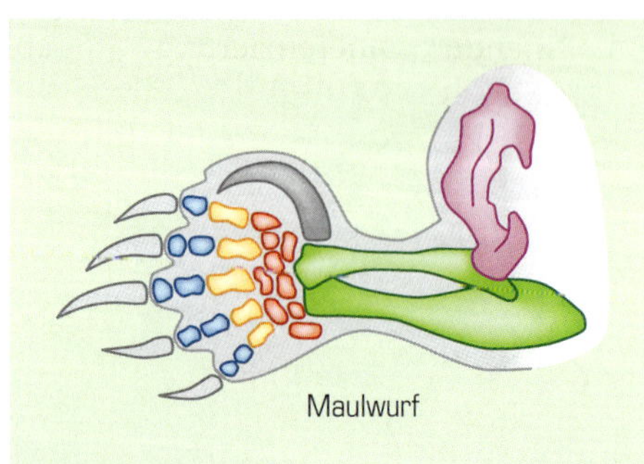

Unterarm-/Unterschenkelknochen

Oberarm-/Oberschenkelknochen

Hand- / Fußwurzelknochen

Mittelhand-/Mittelfußknochen

Finger-/Zehenknochen

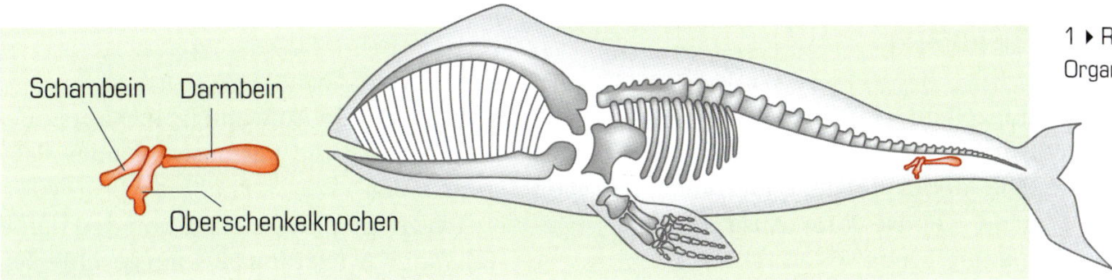

1 ▸ Rudimentäre Organe beim Wal

Dieses etwa fünf Meter lange Raubtier lebte im flachen Wasser der Küsten und lauerte wie ein Krokodil auf Beute. Über Millionen von Jahren führte die Entwicklung zu den heutigen Walen. Im Vergleich mit ihren urtümlichen Vorfahren besitzen heutige Wale keine Laufgliedmaßen mehr. Die Vordergliedmaßen wurden zu Flossen, die Hintergliedmaßen bildeten sich zurück. Beweise dieser **Rückbildung** sind u.a. die Reste des Beckengürtels (Abb. 1). Ähnliche Vorgänge führten zur Entstehung der Hufe beim Pferd (s. Pferdestammbaum) und dem „Verschwinden" der Gliedmaßen bei den Blindschleichen (Abb. 2).

2 ▸ Rückbildung der Gliedmaßen bei Echsenarten

M **Unter rudimentären Organen versteht man rückgebildete, vielfach äußerlich nicht mehr sichtbare Organe, die bei den stammesgeschichtlichen Vorfahren noch voll ausgebildet waren.**

Zunehmende Differenzierung und Zentralisierung von Organen und Verhaltensweisen sind Prozesse, die zu einer größeren Umweltunabhängigkeit der Lebewesen führen. So zeigen z.B. die Atmungsorgane in der Reihenfolge Lurche, Kriechtiere, Vögel und Säugetiere eine zunehmende Differenzierung (s. Tab. S. 24/25). Diese ist an der Zunahme der für den Gasaustausch zur Verfügung stehenden Fläche erkennbar. Die Vergrößerung der Lungenoberflächen wird durch Ausbuchtung und Auffaltung des Lungengewebes erreicht. Der gesteigerte Gasaustausch stellt den Zellen der Lebewesen mehr Sauerstoff für die **Zellatmung** (biologische Oxidation) zur Verfügung. Die Zellatmung wandelt die in der Nahrung enthaltene chemische Energie in für die Lebewesen nutzbare Energieformen um.

Je mehr Energie einem Lebewesen zur Verfügung steht, desto vielfältiger kann es auf seine Umwelt reagieren. Säugetiere und Vögel z.B. erzeugen so über die Atmung ausreichend Energie, um ihre Körpertemperatur, unabhängig vom Klima, in einem bestimmten Temperaturbereich konstant zu halten (gleichwarme Tiere). Dadurch können sie Lebensräume besiedeln, in denen die wechselwarmen Landwirbeltiere (Lurche, Kriechtiere) nicht leben können.

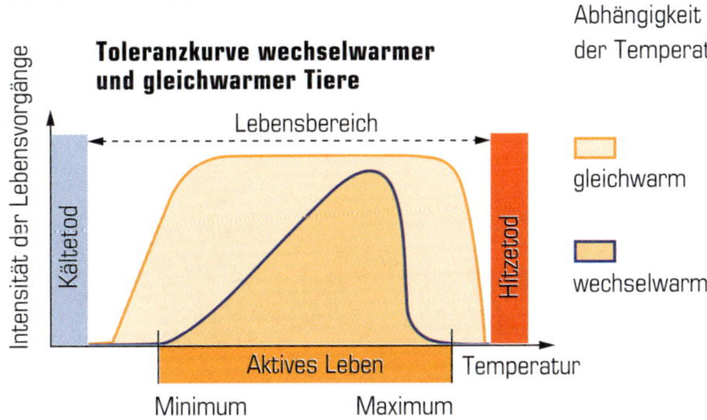

3 ▸ Aktivitätskurven von wechsel- und gleichwarmen Tieren in Abhängigkeit von der Temperatur

Sexualität

Als Sexualität (lat. sexus = Geschlecht) bezeichnet man im biologischen Sinn die Gesamtheit der Körpervorgänge und Handlungen, die mit der „Geschlechtlichkeit“ und den Beziehungen der beiden Geschlechter zusammenhängen.

Einzellige Lebewesen erzeugen ihre Nachkommen durch Teilung ihrer Zelle. Die dabei entstehenden neuen Zellen sind Kopien ihrer Ausgangszelle, sogenannte **Klone**.

Bakterien z.B. teilen sich bei günstigen Umweltbedingungen alle 20 Minuten (Abb. 1). Dabei entstehen in relativ kurzer Zeit Millionen von Nachkommen. Bei dieser großen Anzahl ist die Wahrscheinlichkeit hoch, dass bei einigen Klonen **Mutationen** auftreten. Viele dieser mutierten Klone sterben, da sie nicht lebensfähig sind. Einige können aber am Leben bleiben, wenn sich die Mutationen bei ihnen nicht auswirken oder sogar von Vorteil sind.

Auch andere Organismen pflanzen sich **ungeschlechtlich fort (asexuelle Fortpflanzung).** Samenpflanzen wie *Erdbeeren,* bilden unterirdische Ausläufer, aus denen neue Erdbeerpflanzen wachsen (Abb. 2). Bei einigen *Lurcharten* entwickeln sich die Nachkommen aus unbefruchteten Eizellen. Die ungeschlechtliche Fortpflanzung hat einige Vorteile. Es ist u.a. kein Aufwand (z.B. Nährstoffe, Energie) für die Partnerwahl oder Paarung nötig.

1 ▸ Teilung von Bakterien

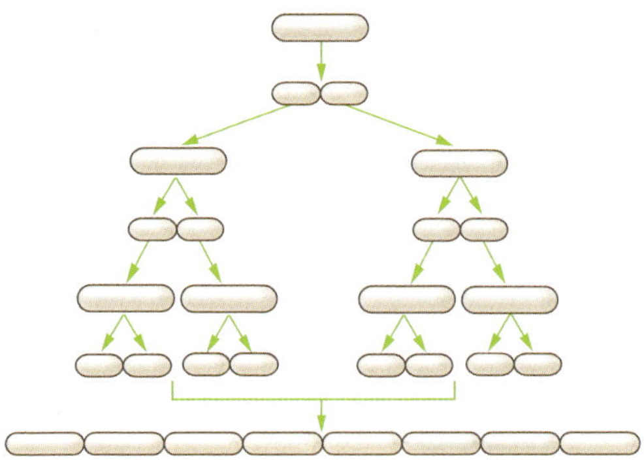

2 ▸ Ungeschlechtliche Fortpflanzung durch Ausläufer

Trotzdem pflanzen sich von den heute lebenden Arten über 99 % auf **geschlechtliche (sexuelle) Art** fort. Das bedeutet, sie nutzen Ei- und Samenzellen zur Erzeugung der Nachkommen. Der hohe Anteil an Lebewesen mit sexueller Fortpflanzung zeigt, dass diese Form der Zeugung von Nachkommen zumindest einen entscheidenden Vorteil gegenüber der asexuellen Fortpflanzung haben muss.

Mit der Entstehung mehrzelliger Lebewesen verlangsamte sich der Fortpflanzungszyklus. Selbst unter günstigen Bedingungen können keine Fortpflanzungsraten wie bei den Bakterien erreicht werden. Es setzten sich solche Mehrzeller in der Evolution durch, deren Zellen auf verschiedene Aufgaben spezialisiert waren.

Die einzelnen Zellen verloren ihre Fähigkeit, andere Zellformen zu bilden. So bilden z.B. Hautzellen nur noch Hautzellen, obwohl in ihnen auch alle anderen Informationen über den Organismus gespeichert sind.

Die Lebewesen erzeugen spezielle **Fortpflanzungszellen** (Eizellen bzw. Samenzellen), die diese universelle Entwicklungsfähigkeit noch haben. Die während der Bildung von Fortpflanzungszellen (Keimzellen) stattfindenden *Kernteilungsvorgänge (Meiose)* sorgen dafür, dass die ehemaligen mütterlichen und väterlichen Chromosomen bei der Bildung der Ei- bzw. Samenzellkerne neu verteilt werden. Beim Menschen sind so 2^{23} = 8 338 608 Kombinationen möglich. Zusätzlich werden noch Stücke der homologen Chromosomenpaare ausgetauscht, wodurch noch mehr Varianten von Fortpflanzungszellen entstehen. Im Prinzip ist jede dieser Zellen genetisch einzigartig.

1

1 ▸ Pfauenhahn zeigt sein imposantes Schwanzgefieder.

Zwei solcher Keimzellen verschmelzen nun bei der Befruchtung und bilden die befruchtete Eizelle, die wiederum einzigartig ist. Keine befruchtete Eizelle gleicht einer anderen, sie sind variabel.

Die **Neukombination der Chromosomen** während der Befruchtung und Meiose ist neben der Mutation ein weiterer Evolutionsfaktor, durch dessen Wirken neue genetische Varianten von Nachkommen entstehen.

Der Vorteil dieser Neukombination ist größer als der Nachteil des erhöhten Nährstoff- oder Energieverbrauchs bei allen Vorgängen, die mit der geschlechtlichen Fortpflanzung zusammenhängen.

Sexuelle Fortpflanzung kann aber nur funktionieren, wenn die Arten über doppelte, von Ei- bzw. Samenzelle stammende Chromosomensätze verfügen. Praktisch gibt es von jedem Gen eine „Sicherheitskopie“. Dadurch kann auch ein vorhandener Genfehler auf einem Chromosom durch das intakte Gen auf dem homologen Chromosom ausgeglichen werden.

Mithilfe von Sexualität sind mehrzellige Lebewesen in der Lage, viele Varianten von Nachkommen zu erzeugen. Dadurch steigen deren Chancen, sich gegen die Konkurrenten um Nahrung, Fortpflanzungspartner und Reviere zu behaupten. Dieser Konkurrenzkampf ist eine der Ursachen für die große **Artenvielfalt (Biodiversität).** Je ähnlicher die Umweltbedingungen sind, desto härter ist der Konkurrenzkampf zwischen den Lebewesen mit gleichen Ansprüchen. Selbst kleine Veränderungen im Erbgut können hier von Vor- oder Nachteil sein.

Bei vielen Tierarten werden die möglichen Sexualpartner von den Weibchen gewählt. Diese „Damenwahl“ erfolgt anhand bestimmter Merkmale im Körperbau und/oder Verhalten des männlichen Tiers. Ob es sich um den Schwanz eines Pfauenhahns (Abb. 1), ein Geweih oder lautstarkes Imponiergehabe handelt, immer werden Informationen über den Zustand der Gene des potenziellen Partners signalisiert.

Die Damenwahl sichert dem Weibchen die „besten“ Gene für ihren Nachwuchs. Erst dadurch lohnt sich der große Aufwand des Weibchens für die sexuelle Fortpflanzung.

Methoden

Vorbereitung auf Prüfungen

Prüfungen sind eine besondere Herausforderung, da sie einen entscheidenden Einfluss auf die Benotung im Fach haben.
Deshalb ist es wichtig, sich so auf die Prüfungen vorzubereiten, dass man mit einem guten „Bauchgefühl" in die Prüfungen gehen kann.
Bei der Vorbereitung auf schriftliche bzw. mündliche Prüfungen gibt es einige Unterschiede.

Schriftliche Prüfung

Schritt 1

Vorbereiten auf die Prüfung

- Zeitig mit der Vorbereitung anfangen
- Inhaltliche Prüfungsschwerpunkte vom Lehrer geben lassen
- Lernstoff in „Portionen" gliedern und öfter wiederholen
- Jemanden zum Zuhören und Abfragen „engagieren"

Schritt 2

Ablauf der schriftlichen Prüfung

- Aufgaben erst durchlesen, nicht sofort mit dem Schreiben beginnen
- Eigene Rangfolge festlegen, nach der man die Aufgaben löst (Umfang, Schwierigkeitsgrad, Bewertungseinheiten)
- Bearbeiten der Aufgabe
  - Genau durchlesen (die Einleitungstexte der Aufgaben enthalten oft Hinweise für die Beantwortung)
  - Wonach ist gefragt?
  - Welche Tätigkeit ist gefordert? (Nennen, Beschreiben, Erklären ...)
  - Stichpunkte notieren (Schmierzettel)
  - Antwort formulieren
  - Gelöste Aufgabe auf Aufgabenzettel abhaken
- Wenn die Lösung einer Aufgabe nicht sofort möglich ist, nicht zu lange „festbeißen", zwischenzeitlich andere Aufgabe lösen; ungelöste Aufgabe am Schluss nochmals bearbeiten. Immer eine Lösung versuchen, mitunter denkt man richtig, ist sich aber nur nicht sicher.
- Regelmäßige Pausen einlegen
- Ab und zu etwas essen (nicht zu viel, das macht träge)

Schritt 3

Kontrollieren der Ergebnisse

Wenn man meint, fertig zu sein, nochmals alles in Ruhe durchgehen und dabei prüfen, ob

- alle Aufgaben bearbeitet wurden
- alles lesbar ist
- alle notwendigen Fehlerkorrekturen vorgenommen wurden

Methoden

Mündliche Prüfung

Schritt ①

Vorbereiten auf die mündliche Prüfung

Bei mündlichen Prüfungen zieht man aus einer Reihe von verdeckten Prüfungsfragen seine Aufgabe. Danach bekommt man Vorbereitungszeit, um die Lösungen in Form eines Vortrags zu erarbeiten.

Neben der inhaltlichen Seite wird auch die Art und Weise des Vortrags bewertet. Deshalb ist es gut, wenn man als Prüfungsvorbereitung vor einer „Person seines Vertrauens" Vorträge zu verschiedenen Themen übt. Dabei hilft es, wenn man eine Abfolge beherrscht, die man auf jedes Thema anwenden kann.

Schritt ②

Ziehen des Themas und Vorbereitungszeit

Zunächst wird das Thema gezogen. Nachdem man den Text durchgelesen hat, geht man in den Vorbereitungsraum.

Hier sollte man sich genau überlegen,

- was alles zum Thema gehört (sind z. B. Experimente gefordert?) und
- wie man das Thema gliedert.

Anschließend werden die Inhalte des Themas stichpunktartig notiert.

Schritt ③

Ablauf der Prüfung

Nach der Vorbereitungszeit wird man in den Prüfungsraum geholt. Der Ablauf ist dann folgender:

- Nennen des Themas
- Angeben der Vortragsgliederung
- Beantworten der Aufgabenstellung entsprechend der Gliederung
- Zusammenfassen der wichtigen Aussagen am Ende des Vortrags (kurz und knapp)
- Beenden des Vortrags

Tipp: Beim Vortrag sollte man versuchen so verständlich wie möglich zu sprechen. Rollbilder, Modelle, Präparate und Skizzen an der Tafel helfen, den Vortrag anschaulich zu gestalten.

An den Vortrag wird sich meist noch ein Gespräch anschließen. Hierbei ist es wichtig, genau auf die Fragen zu achten und bei Unklarheiten nachzufragen.

Besonderheiten

Bei einer mündlichen Prüfung mit Einsprechthema beginnt die Prüfung mit einem Vortrag, der zu Hause vorbereitet werden konnte. Dieser Vortrag soll helfen, Sicherheit für den Rest der Prüfung zu bekommen. Neben dem Inhalt ist es hier besonders wichtig, möglichst gutes Anschauungsmaterial für das Thema einzusetzen.

Nach dem Einsprechvortrag geht die Prüfung mit der Beantwortung der gezogenen Fragestellungen weiter (s. o.).

Wenn Experimente zur Aufgabenstellung gehören, sollte ein Kurzprotokoll angefertigt werden. Diese Punkte sollte das Protokoll auf jeden Fall enthalten:

- Experiment
- Durchführung
- Beobachtung
- Auswertung

Das Experiment hat meistens Bezug zur Aufgabenstellung. Beachte deshalb bei der Auswertung des Experiments die Aufgabenstellung.

gewusst · gekonnt

1. Beschreibe den äußeren Bau von Fischen. Erläutere die Angepasstheit der Fische an ihren Lebensraum anhand von zwei Körpermerkmalen und zwei Verhaltensweisen. Nutze bei der Lösung der Aufgabe die Tabelle auf S. 24.

2. Vergleiche die Körperbedeckung von Fischen, Lurchen und Kriechtieren. Leite Zusammenhänge zwischen der Art der Körperbedeckung und dem besiedelten Lebensraum ab.

3. Die Zauneidechse kann sich lange Zeit sonnen, der Grasfrosch dagegen nicht.
   a) Begründe, warum Grasfrösche sich nicht so lange der Sonne aussetzen können wie Zauneidechsen.
   b) Erkläre die Begriffe Feuchtlufttier und Trockenlufttier.
   c) Erläutere den Zusammenhang von Körperbedeckung, Atmung, Körpertemperatur und Aktivität von Tieren am Beispiel verschiedener Wirbeltiere.

4. Vergleiche die abgebildeten Skelette von Wirbeltieren auf S. 24/25.
   a) Erkläre die Angepasstheit der Skelette an die jeweiligen Fortbewegungsweisen.
   b) Definiere die Begriffe: homologe Organe, Spezialisierung.
   c) Erkläre, warum die Gliedmaßen der Wirbeltiere „homologe Organe“ sind.

5. Atmung ist für sehr viele Lebewesen der entscheidende Vorgang zur Gewinnung von nutzbarer Energie.
   a) Vergleiche die abgebildeten Atmungsorgane auf S. 24/25. Gib für jedes dieser Atmungsorgane zwei Tiere an, die diese besitzen.
   b) Leite aus dem Bau der Atmungsorgane Aussagen über deren Funktionsweise ab.
   c) Beschreibe den Vorgang des Gasaustauschs zwischen den Atmungsorganen und dem Blut.
   d) Stelle die Wortgleichung für die Zellatmung auf und nenne den Zellbestandteil, in dem dieser Vorgang abläuft.

6. Körperbau und Verhalten der meisten Vögel sind an das Fliegen angepasst.
   a) Nenne 5 Körpermerkmale, die den Vögeln das Fliegen ermöglichen. Erläutere für jedes dieser Merkmale, welche Funktion es für das Fliegen besitzt.

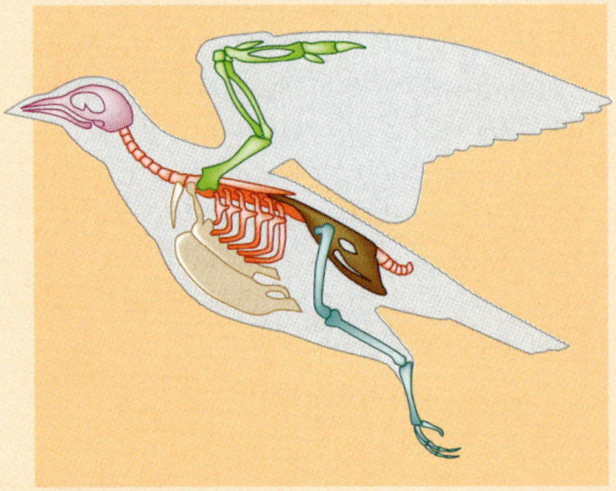

   b) Erkläre, ob das Fliegen die Folge ererbter, erlernter oder beider Verhaltensweisen ist.
   c) Stelle eine Hypothese zur Entstehung flugunfähiger Vögel (z. B. Strauß, Pinguin, S. 35, Abb. links oben) aus ehemals fliegenden Arten unter Anwendung der Evolutionsfaktoren auf.
   d) Nenne Verhaltensweisen, durch die die flugunfähigen Vögel überleben können.

gewusst · gekonnt

7. Die Schnabelformen von Buchfink, Bussard, Specht und Weißstorch sind Ergebnisse der Nahrungsspezialisierung.

a) Nenne Vor- und Nachteile von Spezialisierungen für die Lebewesen.

b) Erläutere am Beispiel der genannten Vögel den Zusammenhang von Schnabelform und Art der aufgenommenen Nahrung.

c) Beschreibe, wie der Schnabel eines Vogels aussehen könnte, der sich von sehr hartschaligen Früchten ernährt. Begründe die Form.

d) Erkläre, warum es sich bei den Schnäbeln der Vögel um homologe Organe handelt.

8. Die zunehmende Differenzierung und Zentralisierung von Nervensystemen ist eine Voraussetzung für komplexe Lern- und Gedächtnisleistungen bei Tieren und Menschen.

a) Erkläre, warum Informationsaufnahme und -verarbeitung lebenswichtige Vorgänge sind.

b) Beschreibe, wie Nervensysteme Informationen erhalten und in welcher Form Informationen transportiert und verarbeitet werden.

c) Ordne den abgebildeten Nervensystemen die Begriffe zu: Zentralnervensystem, Strickleiternervensystem, Netznervensystem.

d) Vergleiche die Leistungsfähigkeit der abgebildeten Nervensysteme miteinander. Stelle eine Reihenfolge dieser Nervensysteme nach zunehmender Leistungsfähigkeit auf.

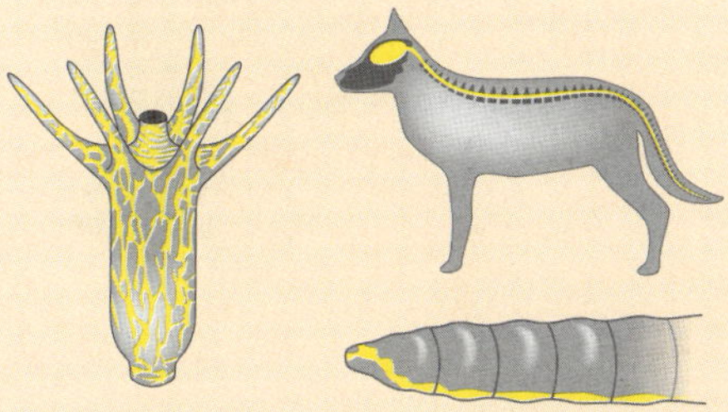

9. Spezialisierung, Rückbildung und zunehmende Differenzierung von Organsystemen sind Erscheinungen, die zur Angepasstheit der Lebewesen an ihre Umwelt führen.

a) Ordne die folgenden Beispiele der jeweils entsprechenden Erscheinung zu:
- Reste des Beckengürtels bei Walen
- verschiedene Formen von Mundwerkzeugen bei Insekten

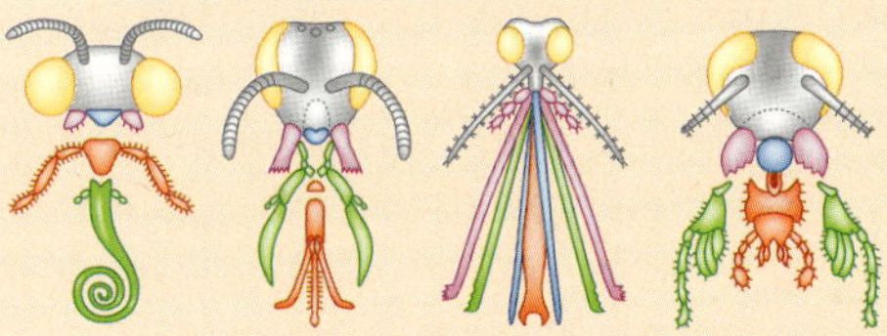

- stromlinienförmige Körper von Pinguin, Delfin, Hecht
- Fehlen des Darms beim Bandwurm
- unterschiedliche Lungenoberfläche bei Wirbeltierklassen

b) Begründe deine Zuordnung.

gewusst · gekonnt

10. Pflanzen bilden für die Tiere eine Grundlage ihres Lebens. Aber auch Pflanzen sind zum Teil auf die Tiere angewiesen. Durch gegenseitige Anpassung entwickelten sich zahlreiche Wechselbeziehungen.

a) Skizziere den Grundaufbau einer Samenpflanze und beschrifte die Organe. Nenne die Funktionen der einzelnen Pflanzenorgane.

b) Stelle die Wortgleichung der Fotosynthese auf. Erläutere zwei Reaktionsbedingungen für diesen Vorgang.

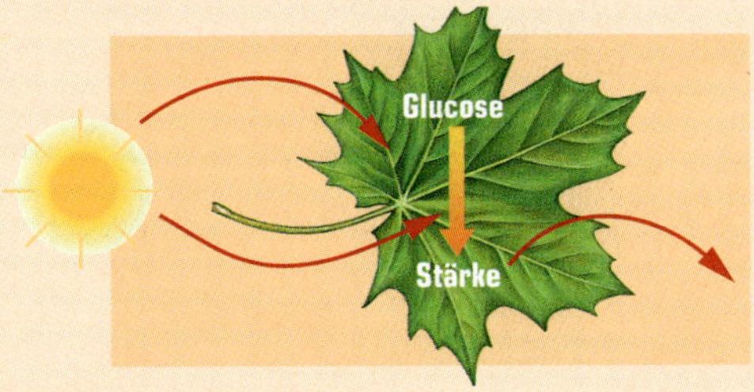

c) Erkläre, warum der Prozess der Fotosynthese die Grundlage für das Leben der Tiere darstellt.

d) Stelle Zusammenhänge zwischen den verschiedenen Blattformen von Pflanzen und ihren Lebensräumen her.

e) Beschreibe Wechselbeziehungen zwischen Pflanzen und Tieren am Beispiel
- der Bestäubung von Blüten
- der Verbreitung von Früchten und Samen

11. Fortpflanzung ist eines der Merkmale von Lebewesen.

a) Definiere den Begriff Fortpflanzung.

b) Erläutere, warum der Übergang von der äußeren zur inneren Befruchtung eine Anpassung an das Landleben darstellt.

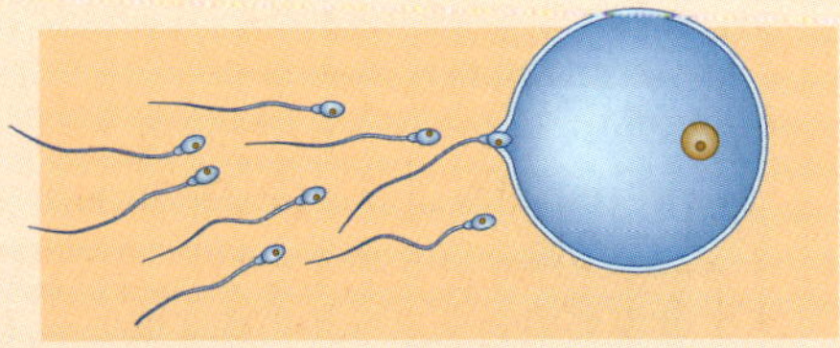

c) Vergleiche die asexuelle mit der sexuellen Fortpflanzung. Stelle geeignete Vergleichskriterien in einer Tabelle zusammen.

d) Beschreibe Körpermerkmale und Verhaltensweisen von Tieren, die als „Schlüsselreize" auf mögliche Fortpflanzungspartner wirken.

12. Bakterien sind die erfolgreichste und älteste Lebensform auf der Erde.

a) Nenne Umweltbedingungen, die für die Entwicklung von Bakterien günstig sind.

b) Erkläre, warum Bakterien sich sehr schnell an veränderte Umweltbedingungen anpassen können.

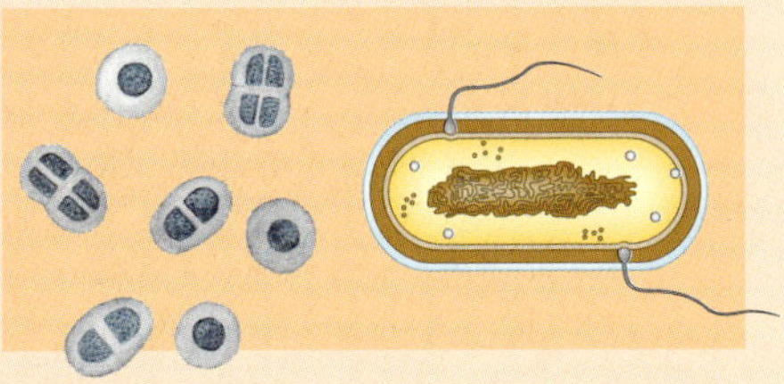

13. Die heutige Vielfalt an Lebewesen ist nur ein Bruchteil der Vielfalt, die auf der Erde existiert hat.

a) Erkläre, warum der Rückgang der Artenvielfalt eine Gefahr für die Erhaltung des Lebens auf der Erde darstellt.

b) Nenne Gründe, die zum Aussterben von Arten führen.

c) Erkläre, warum die tropischen Regenwälder eine solch große Vielfalt von Lebensformen aufweisen.

d) Bewerte die Abholzung der Regenwälder aus der Sichtweise von:
- Biologen
- Endverbrauchern
- Pharmakologen
- Forstunternehmern
- Einwohnern der jeweiligen Länder

1

Das Wichtigste auf einen Blick

Weitere Belege der Evolution

Evolutionstendenzen bzw. -richtungen führen zur besseren Angepasstheit der Organismen an die Umwelt.

Zunehmende Differenzierung und Zentralisierung von Zellen, Geweben und Organen führen zur Leistungssteigerung, z. B. Blutgefäßsysteme der Wirbeltiere, Nervensysteme.

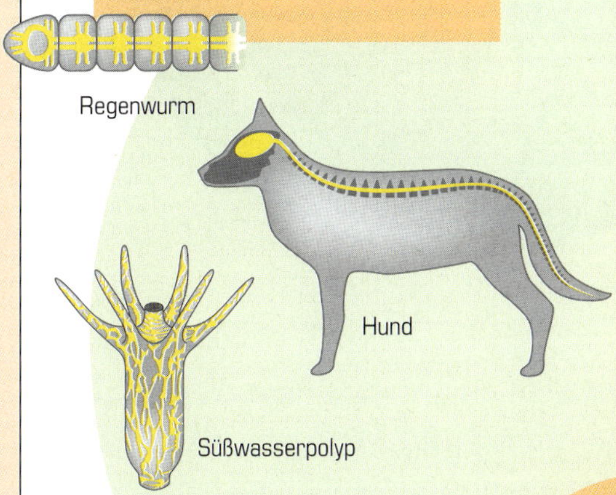

Spezialisierung im Bau bzw. in den Verhaltensweisen führt zur Konzentration der Leistungsfähigkeit auf eine oder wenige Leistungen, z. B. Mundwerkzeuge der Insekten, Schnabelformen.

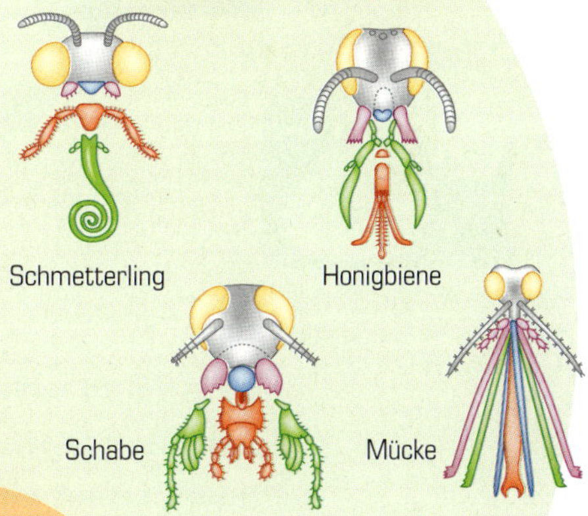

Wirkung auf

Homologe Organe sind ursprungsgleich, weisen aber Veränderungen in Bau und Funktion auf, z. B. Vordergliedmaßen der Wirbeltiere.

Analoge Organe sind im Ursprung unterschiedlich, weisen aber Ähnlichkeiten in Bau und Funktion auf, z. B. Vogel- und Insektenflügel.

Rudimentäre Organe haben im Verlauf der Evolution ihre Funktion teilweise oder vollständig verloren, z. B. Reste von Beckenknochen beim Wal.

1.3
Die Evolution des Menschen

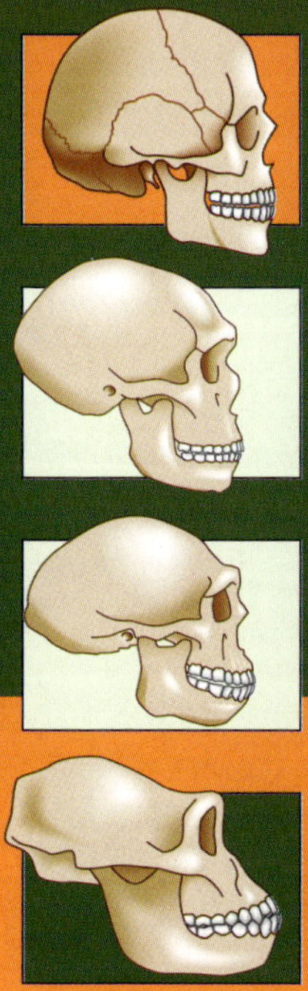

Hypothesen für den Ursprung des Menschen ▸▸ Wissenschaftler streiten sich hauptsächlich um die Frage, wann und wie der heutige moderne Mensch die Welt besiedelte. Die einen meinen, dass der Homo sapiens seinen Ursprung ausschließlich in Afrika hat. Die anderen behaupten, dass sein Ursprung parallel in verschiedenen Teilen der Welt liegt.

Spuren führen nach Afrika ▸▸ 1924 wurden in einem südafrikanischen Steinbruch die Überreste eines zweieinhalb Millionen Jahre alten Schädels freilegt. DARWINS Theorien von der Entstehung des Menschen als Nachfahr des Affen schien belegbar. 1974 entdeckte man „Lucy" in Äthiopien; sie war 3,2 Millionen Jahre alt und wies Merkmale von Menschen und Affen auf. Im Oktober 2000 fand man in Kenia die Überreste des bisher ältesten Hominiden, des sogenannten „Millennium-Manns".

Ursprung des Menschen

Schon DARWIN vermutete, dass die Ursprünge des Menschen in Afrika liegen müssten. Zu dieser Annahme gelangte er durch die Tatsache, dass Afrika die Heimat der *Gorillas* und *Schimpansen* ist, die unsere nächsten stammesgeschichtlichen Verwandten im Tierreich sind. Beweisen konnte er diese Vermutung nicht, dazu fehlte u. a. das Wissen über die Genetik.

Nach der zurzeit vorherrschenden Theorie begannen unsere unmittelbaren Vorfahren erst vor ungefähr 100 000 bis 150 000 Jahren von Afrika aus die anderen Kontinente zu besiedeln (Out-of-Africa-Hypothese).

Dabei folgten sie den Spuren einer anderen Menschenart, die schon vor ca. 2 Millionen Jahren anfing, andere Kontinente als Lebensräume zu entdecken. Gruppen des *Homo erectus* zogen über Generationen hinweg entlang den Küsten nach Europa und Asien. Zurzeit ist es nicht klar, ob es zu einer Vermischung zwischen den beiden Menschenformen kam oder ob *Homo sapiens* die alteingesessenen Vertreter des *Homo erectus* verdrängte.

Einige Wissenschaftler vertreten die Ansicht einer direkten Linie der Menschwerdung. Für sie stammen die heutigen Menschen linear von den *Australopithecinen* über *Homo habilis* und *Homo erectus* ab. In verschiedenen Regionen der Erde hätten sich aus Gruppen von *Homo erectus* unsere Vorfahren entwickelt (multiregionale Hypothese). Nach ihrer Meinung gab es weniger fossile Menschenarten, als heute angenommen wird. Viele der als eigene Art beschriebenen fossilen Menschenformen wären demnach nichts anderes als genetische Varianten der Hauptlinie.

1 ▸ Homo habilis

2 ▸ Homo erectus

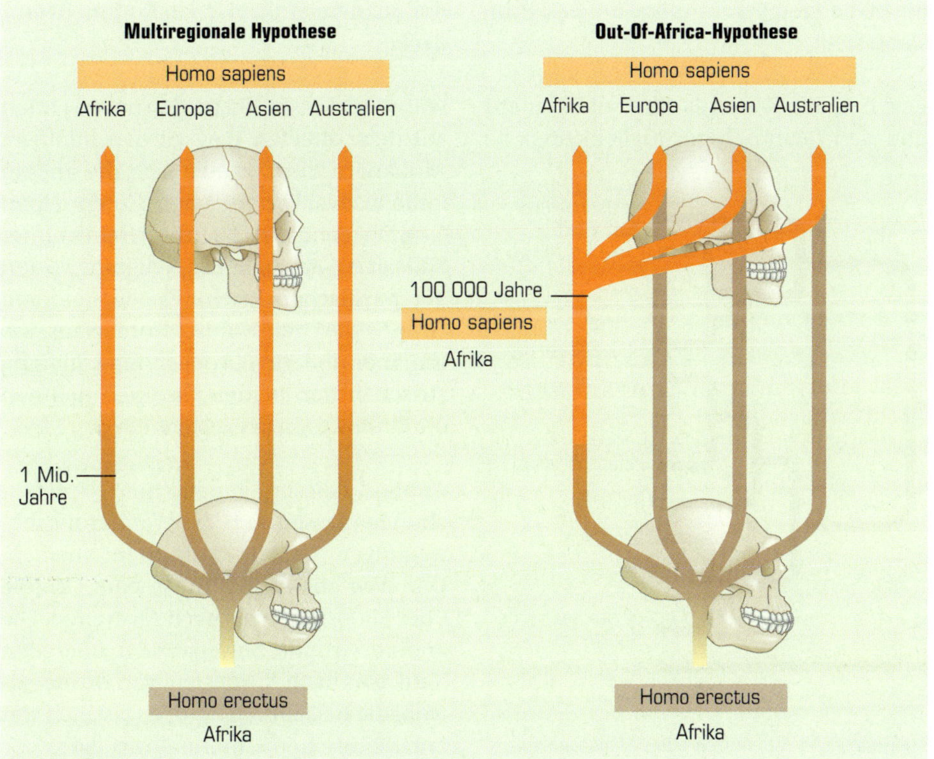

Man hat Spuren verschiedener Menschenformen gefunden, die ein zeitgleiches Auftreten in einigen Regionen der Erde belegen.

In Europa z. B. lebten *Neandertaler*, die europäischen Nachfahren des *Homo erectus*, und *Jetztmenschen* für mindestens 10 000 Jahre nebeneinander, vielleicht sogar miteinander.

Ein weiterer Beleg für das Nebeneinander verschiedener Menschenformen wurde 2003 auf der indonesischen Insel Flores entdeckt. Forscher fanden fossile Überreste zwergwüchsiger Nachfahren des *Homo erectus*, die erst vor 12 000 Jahren ausstarben. Zu diesem Zeitpunkt war diese Insel vom *Homo sapiens* aber schon besiedelt.

Der **Stammbaum der Menschen** wird in den nächsten Jahren sicher noch oft verändert, da jeder neue Fossilienfund die bisherigen Erkenntnisse auf den Prüfstand stellt.

Erst mit der Kenntnis über die Genetik und den technischen Möglichkeiten für DNA-Analysen können Verwandtschaften zweifelsfrei nachgewiesen werden.

Der italienische Evolutionsbiologe und Genetiker LUCA CAVALLI-SFORZA veröffentlichte zusammen mit seinen Mitarbeitern 1994 den unten abgebildeten genetischen Stammbaum des **Jetztmenschen** (Abb. 1). Er wurde auf der Basis von weltweiten DNA-Tests erstellt. Dabei wurden jeweils bei Vertretern aus 42 Eingeborenenpopulationen die gleichen 110 Gene untersucht.

Aus dem Stammbaum wird ersichtlich, dass sich die anfangs einheitliche Linie in zwei Hauptlinien trennte. Dies bestätigt die Hypothese vom gemeinsamen Ursprung aller Menschen. Dass diese Wurzeln in Afrika liegen, wird vor allem durch die zahlreichen Fossilfunde bestätigt. Es gibt keine Funde fossiler Menschen außerhalb Afrikas, die älter als 2 Millionen Jahre sind. Alle älteren Funde hat man nur auf dem afrikanischen Kontinent entdeckt.

Während die eine der beiden neuen Linien auf dem direkten Weg zu den heutigen Afrikanern führt, spaltet sich die andere Linie in zwei Gruppen auf: Zu der einen Gruppe gehören u. a. die Ureinwohner Südasiens, Australiens, Neuguineas und der pazifischen Inseln. Zu der anderen Gruppe die Ureinwohner Nordasiens, die Indianer und die Europäer. Eine Stellung zwischen den beiden Gruppen nehmen die Ureinwohner Ostasiens ein.

Anhand dieser genetischen Untersuchungen lassen sich die Wanderungsbewegungen unserer Vorfahren ableiten. Der Weg aus Afrika führte eine Gruppe über Südostasien bis nach Australien. Die andere Gruppe bewegte sich über den Kaukasus nach Nordasien, von wo aus sowohl die Besiedlung Europas als auch der amerikanischen Kontinente erfolgte.

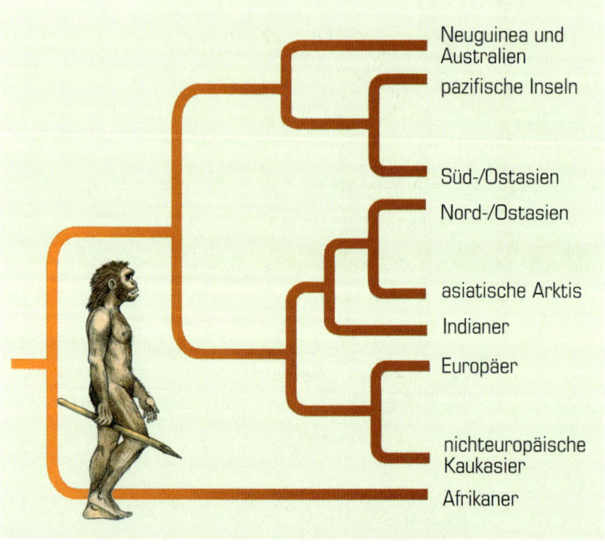

1 ▸ Genetischer Stammbaum des Menschen

Vielfalt des heutigen Menschen

Wie auch immer die Entwicklung vonstatten ging, Tatsache ist, dass alle heute lebenden Menschen einer **Art** angehören. Das bedeutet, es bestehen keine biologischen Schranken hinsichtlich der Zeugung fortpflanzungsfähiger Nachkommen.

Weiterhin haben alle Menschen gemeinsame stammesgeschichtliche Wurzeln, die wahrscheinlich in Afrika liegen.

Wie kommt es aber zu den sichtbaren Unterschieden im Aussehen der Menschen?

Unsere genetischen Anlagen sind ein Mosaik von Verwandtschaften mit den verschiedenen Menschenaffenarten. Je später unsere Wege sich trennten, desto mehr Gemeinsamkeiten lassen sich mit den einzelnen Menschenaffenarten finden.

Mit unseren engsten Verwandten im Tierreich, den *Schimpansen*, stimmen wir durchschnittlich zu 98,2 % genetisch überein. Das bedeutet, einige Teile unseres Erbguts sind wenig identisch mit dem Schimpansenerbgut, andere wiederum stimmen überein.

Obwohl jeder Mensch einmalig ist, unterscheiden wir uns genetisch kaum voneinander. So treten z. B. zwischen zwei nicht verwandten Menschen weniger Unterschiede im Erbgut auf als zwischen zwei nicht verwandten Schimpansen. Ungefähr 30 % der Gene eines Menschen stimmen mit denen aller anderen Menschen überein. Wir sind untereinander demnach näher verwandt als die Schimpansen untereinander. Trotzdem fallen die Unterschiede beim Menschen eher ins Auge als bei Schimpansen. *Wieso?*

Als Art bezeichnet man Individuen, die in ihren wesentlichen Merkmalen übereinstimmen, sich untereinander geschlechtlich fortpflanzen und fruchtbare Nachkommen erzeugen.

1 ▸ Im Verhalten kann man deutliche Gemeinsamkeiten zwischen Schimpansen und Menschen beobachten.

Klimatische Auslese

Die Unterschiede stecken bei uns vor allem in den Genen, die für die Gestaltung der Körperoberfläche verantwortlich sind. Hier wirkt die Auslese durch Klimafaktoren. Sichtbare Unterschiede zwischen den Menschen sind demnach die Folge der Evolution des Menschen in unterschiedlichen klimatischen Regionen. Da die Besiedlung der Lebensräume über lange Zeiträume erfolgte, hatten die neuen Varianten die nötige Zeit, um sich durchzusetzen.

In den *kalten asiatischen Steppen* z. B. bildeten sich kompakte, abgerundete Körper, die der Kälte und dem eisigen Wind wenig Angriffsfläche boten.

Im Verhältnis zum Volumen wird die Körperoberfläche verringert. Dadurch treten weniger Wärmeverluste auf. Kleine Nasen und schmale Atemwege verhindern Erfrierungen der Atemwege. Die Augen werden durch fettverstärkte Augenlider vor der Kälte isoliert und die Lidfalten bewirken zusätzlich einen Schutz vor dem Wind bzw. aufgewedelten Staub. Die Pigmentierung (Färbung) der Haut gewährleistet einen ausreichenden UV-Schutz, lässt aber noch genügend UV-Anteile hindurch, um Vitamin D zu bilden.

Anders sehen die Verhältnisse im *tropischen Regenwald* aus. Bei einer Luftfeuchtigkeit von 100 % und Temperaturen von 20 bis 30 °C entsteht das Problem, dass der Schweiß kaum noch für Abkühlung sorgen kann, da zu wenig verdunstet.

In den afrikanischen Regenwäldern leben die kleinwüchsigen *Pygmäen*. Mit kleinen Körpern steigt das Verhältnis von Oberfläche zu Volumen zugunsten der Oberfläche. Über die größere Körperoberfläche kann mehr Wärme an die Umgebung abgegeben werden. Weiterhin müssen kleine Menschen zur Fortbewegung weniger Energie aufbringen, da sie leichter sind. Die Muskulatur ist weniger belastet, wodurch auch weniger Wärme an die Umgebung abgegeben werden muss.

Die Nasen der *Pygmäen* sind breit und haben große Atemöffnungen, da die Atemluft nicht vorgewärmt und angefeuchtet werden muss. Die dunkel gefärbte Haut absorbiert die intensive UV-Strahlung und verhindert Schädigungen der tieferen Hautschichten.

Die Vorfahren der heutigen *Schimpansen* dagegen blieben in ihren ursprünglichen Lebensräumen. Dadurch fand keine vergleichbare **klimatische Auslese** unter den Schimpansenpopulationen statt.

Die Unterschiede im Erbgut von *Schimpansen* betreffen deshalb kaum solche Gene, die Informationen für die Gestaltung der Körperoberfläche enthalten.

1 ▸ Inuit (Eskimos)

2 ▸ Pygmäe

1 ▸ Haut, Haare und Körperproportionen sowie Geruch bilden Schlüsselreize.

Sexuelle Auslese

Bei der Wahl unserer Partner lassen wir uns sehr stark vom Aussehen leiten. Wir reagieren unbewusst auf **Schlüsselreize,** die uns Informationen über den potenziellen Partner liefern. Insbesondere *Haut, Haar* und *Körperproportionen* werden bewertet, da deren Aussehen über den gesundheitlichen Zustand (indirekt auch über den Genbestand) Auskunft gibt.

Aber auch andere Sinne liefern Informationen. Bei Tests mit *Mäusen* hat man z. B. herausgefunden, dass der **Körpergeruch** verrät, inwieweit ein Tier als Partner infrage kommt. Je näher verwandt die Tiere miteinander sind, desto ähnlicher ist ihr Geruch. Geschwister werden bei der Partnerwahl ignoriert, wenn andere Partner mit einem attraktiveren Geruch zur Verfügung stehen.

Auch beim **Menschen** übermittelt der Geruch **Signale,** die wir unbewusst wahrnehmen. So verändert sich z. B. das Geruchsempfinden der Frauen während der fruchtbaren Tage. In dieser Zeit werden Gerüche von männlichem Schweiß (allerdings nicht von jedem Mann) als attraktiv empfunden, während man sonst darüber sicher die Nase rümpft. „Jemanden nicht riechen können“ bedeutet also biologisch gesehen, dass dieser von seinen Genen her nicht zu einem passt.

In der Werbung werden genau diese Schlüsselreize zur Überbringung einer Botschaft genutzt, z. B. durchtrainierter muskulöser Mann, der Getränke bringt.

Damit ist gewährleistet, dass die Erbanlagen der Nachkommen viele Genvarianten beinhalten und neu kombiniert sind. Die Überlebenschancen der Nachkommen steigen.

Unsere Vorstellungen darüber, wie unser „Wunschpartner“ aussehen soll, werden sehr stark von den Menschen geprägt, die uns in der Kindheit umgeben. Deshalb wählt man meist Partner aus einer bestimmten Population (z. B. Hautfarbe, Gesichtszüge).

Schlüsselreize, z. B. Körperrundungen bei Frauen, unterliegen aber auch dem Zeitgeist.

Die **sexuelle Auslese** führt dazu, dass einzelne Merkmale bei der Wahl des Fortpflanzungspartners besonders beachtet werden und deren Träger einen höheren Fortpflanzungserfolg haben. Dadurch können diese Merkmale in der nächsten Generation verstärkt auftreten.

Die sexuelle Auslese ist eine weitere Ursache für die Entstehung verschiedener Menschengruppen. M

Kulturelle Evolution

Die **Stammesgeschichte des Menschen** und der Menschenaffen trennte sich vor ca. 6 bis 7 Millionen Jahren. Ungefähr 4 Millionen Jahre besiedelten dann die frühen Formen des Menschen die afrikanischen Lebensräume, ohne Werkzeuge oder künstlerische Spuren zu hinterlassen.

Der Faustkeil – ein Beleg der handwerklichen Fertigkeiten

Erst vor ca. 2 Millionen Jahren entwickelten sich Menschenformen, die sich durch ein vergrößertes Gehirn von den bis dahin auftretenden Formen unterschieden. Das vergrößerte *Hirnvolumen* war u. a. die Voraussetzung für die Entwicklung einer Sprache. Man geht heute davon aus, dass vor allem die Entwicklung der Sprache die **kulturelle Entwicklung** des Menschen vorangetrieben hat.

Die ältesten Spuren gezielter Handwerkskunst des **Jetztmenschen** wurden in Südafrika gefunden. Man schätzt die Knochenwerkzeuge, kunstvoll behauenen Steinspitzen und Symbolzeichnungen in Ocker auf ungefähr 70 000 Jahre. Ähnliche Funde kannte man bis dahin nur aus Europa. Diese hatten allerdings nur ein Alter von bis zu 32 000 Jahren.

Ältere Funde in Australien (ca. 62 000 Jahre) belegen, dass schon der aus Afrika auswandernde Jetztmensch Fertigkeiten in der Werkzeug- und Waffenherstellung und auch kulturelle Fähigkeiten besaß.

Vor ungefähr 40 000 Jahren begann eine bis dahin in Umfang und Geschwindigkeit beispiellose technische und kulturelle Entwicklung der Menschen. In Europa hat man viele modern aussehende Gegenstände eiszeitlicher Menschen gefunden. Man fand sehr fein gearbeitete Steinklingen und Werkzeuge aus Stein und Knochen sowie zahlreiche Skulpturen von Tieren und Menschen aus den verschiedensten Materialien.

Höhlenmalereien aus dieser Zeit belegen die künstlerischen Fertigkeiten der damaligen Menschen. Eine Ursache dieser Entwicklung sehen Wissenschaftler in der Konkurrenz zwischen unseren Vorfahren und dem *Neandertaler.* Auch von den *Neandertalern* sind hochwertige Werkzeuge und Gebrauchsgegenstände aus dieser Zeit gefunden worden.

Durch die allmähliche Zunahme der Bevölkerungsdichte in Europa waren beide Menschengruppen, sowohl die eingesessenen Neandertaler als auch die Neuankömmlinge aus Afrika, gezwungen, ihre Arbeitstechniken weiterzuentwickeln.

1 ▸ Biologische und kulturelle Evolution des Menschen

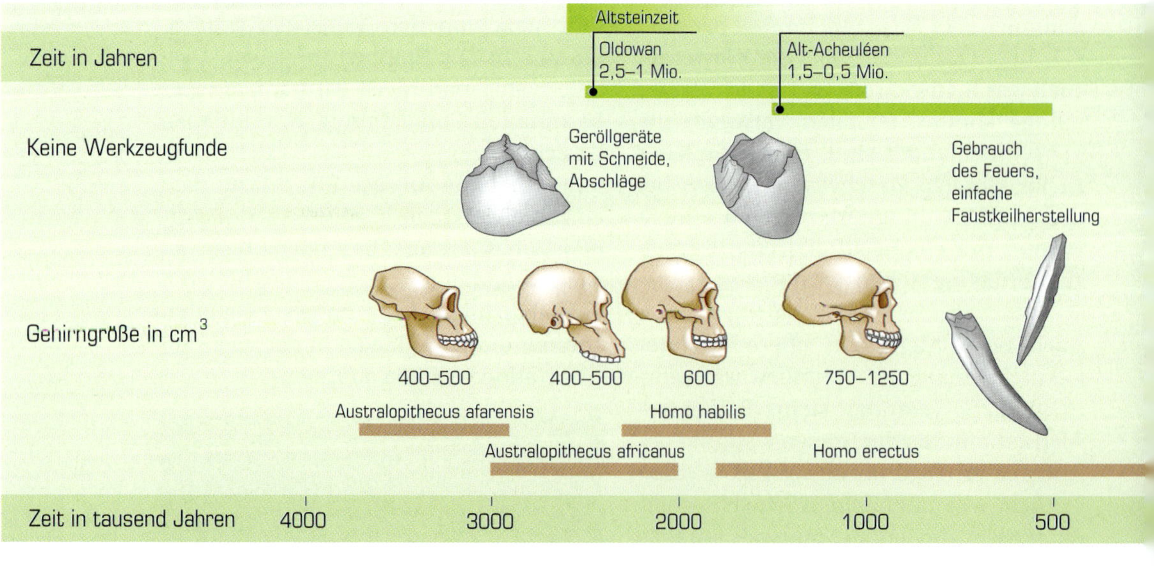

1

Gleichzeitig mussten die sozialen Verbindungen innerhalb der Gruppen gestärkt werden, wobei kulturelle Rituale und Traditionen einen wichtigen Beitrag leisteten. Durch den Gebrauch einer immer komplexeren Sprache waren unsere Vorfahren in diesem Wettbewerb wahrscheinlich im Vorteil. Sie konnten die vorhandenen Ressourcen der Umwelt besser nutzen als die *Neandertaler*, da sie Erfahrungen differenzierter austauschen und Verbesserungen schneller umsetzen konnten. Hinzu kamen eine geringere Säuglingssterblichkeit, die höhere Lebenserwartung und eine höhere Fruchtbarkeit im Vergleich zu den *Neandertalern.*

Unsere Vorfahren konnten sich daher viel stärker vermehren als die *Neandertaler,* die wahrscheinlich in ungünstigere Lebensräume abgedrängt wurden.

Diesem Druck waren die *Neandertaler* auf Dauer nicht gewachsen. Nachdem sie Zehntausende Jahre den Eiszeiten und klimatischen Verhältnissen getrotzt hatten, verschwanden die *Neandertaler* vor ca. 35 000 Jahren aus Europa. Ihre Lebensräume wurden vom **Jetztmenschen** übernommen. Diese folgten in kleinen Gemeinschaften als Nomaden den wandernden Tierherden und wichen dem immer wieder vordringenden Eis nach Süden aus.

Vor ca. 20 000 Jahren zwang eine Eiszeit unsere Vorfahren, sich für 5 000 Jahre in den Mittelmeerraum zurückzuziehen. Die eingeschränkten Jagdmöglichkeiten führten wahrscheinlich zu einer weiteren Verbesserung der Jagd- und Werkzeugtechniken.

Zahlreiche Funde von Schmuck- und Kunstgegenständen dieser Periode belegen, dass der Lebensstandard der Menschen für damalige Verhältnisse hoch war. Nach dem Zurückweichen des Eises erfolgte die endgültige Besiedlung Europas.

Mit dem Übergang von der Lebensweise des Jagens und Sammelns zum sesshaften Ackerbau begann der Mensch, seine *biologische Evolution* zu verlangsamen und seine *kulturelle Evolution* weiter zu beschleunigen. Durch die gezielte Nutzung und Züchtung von Pflanzen und Tieren standen größere Nahrungsmengen zur Verfügung. Nahrung war nicht länger ein Auslesefaktor, da sie ständig am selben Ort nachwuchs.

Die Himmelsscheibe von Nebra ist eine Metallplatte aus der Bronzezeit mit Goldapplikationen. Sie gilt als älteste konkrete Sternenabbildung der Menschheitsgeschichte.

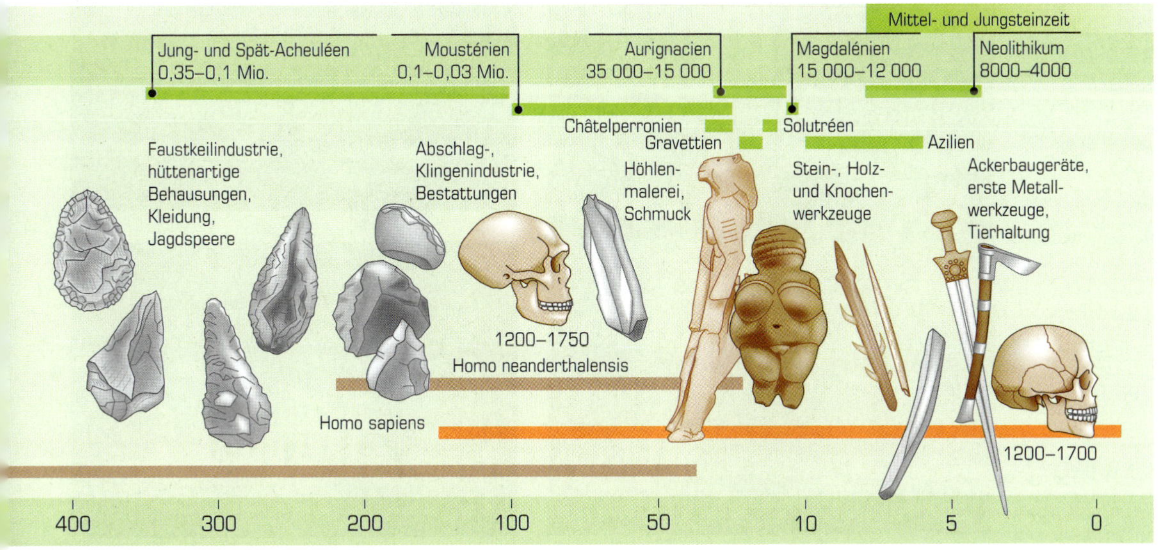

Es kam zu einem beschleunigten Bevölkerungswachstum in den Anbaugebieten, die ständig vergrößert werden mussten, was schließlich zur Herausbildung von Städten und Stadtstaaten führte.

In diesen existierte der alte Stammesverband von maximal 200 Menschen nicht mehr, sodass neue Führungsstrukturen entstanden, um im Kampf um die Ressourcen zu bestehen und die Menschen lenken zu können. Nur so konnten sich einheitliche kulturelle Vorstellungen entwickeln. Begleitet von einem tief greifenden Wandel der ursprünglichen Lebensweise ging damit auch eine weitere Aufteilung der Menschen in Gruppen einher. Der Besitz von materiellen und kulturellen Werten bedeutete dabei hohes Ansehen. Anstelle der sozial gleich gestellten Jäger und Sammler unterteilt sich die Bevölkerung immer mehr in *Besitzende* und *Besitzlose*.

In den Städten entwickelten sich verschiedene *Religionen* und *Kultrituale*, wobei Feste, Kunst und Handwerk die Verehrung der jeweiligen Gottheiten förderten und andererseits das Regieren ermöglichten.

Mit dem Entstehen der **Stadtstaaten** nahm die Häufigkeit und Härte der Konflikte zwischen Menschengruppen zu. Konnte man sich zur Zeit der Jäger und Sammler noch ausweichen, war dies kaum noch möglich, da die beanspruchten Gebiete immer größer wurden. Es kam zu Kriegen um Land und Vormachtstellungen. Um die Bevölkerung auf diese Konflikte einzuschwören, war es nötig, sich vom Konkurrenten eindeutig abzugrenzen. Neben religiösen Motiven wurden dabei auch immer äußere Merkmale der Menschen als abgrenzende Merkmale herangezogen.

Der Begriff **Rasse** wird in unserem Sprachgebrauch sehr häufig in unterschiedlichem Sinne verwendet. Dabei kommt es zur Vermengung biologischer und kulturell geschichtlicher Inhalte.

Von Rassen spricht man vor allem im Zusammenhang von Tier- und Pflanzenzüchtungen (z. B. Hunderassen).

1 ▸ Religionen, Kultrituale und Verehrung von Gottheiten entwickeln sich früh in den Städten.

2 ▸ Hütten und Paläste in Südafrika

1 ▸ Menschen unterschiedlicher geografischer Herkunft

2 ▸ Kinderarbeit ist in den Ländern der Dritten Welt an der Tagesordnung.

Alle Angehörigen einer Art werden dabei bestimmten Gruppen zugeteilt und voneinander abgegrenzt. Die Abgrenzung erfolgt meist anhand sichtbarer, genetisch bedingter Merkmale. Dabei ist die Wahl der Merkmale willkürlich, es kommt also darauf an, **wer** die Auswahl trifft.

Die *Einteilung von Hunderassen* ist z. B. weltweit uneinheitlich, da weder die *Einteilung nach der Aufgabe* der Hunde (z. B. Schäferhunde) noch die *Einteilung nach der Gestalt* immer eine klare Abtrennung ermöglichen. Die Standards für Rassen sind außerdem in jedem Land anders.

Menschen bilden keine aus Züchtung hervorgegangenen Gruppen. Zwischen ihnen kam es von jeher zu genetischen Vermischungen, sodass die genetischen Unterschiede zwischen zwei Menschen einer Hautfarbe größer sein können als die zwischen zwei Menschen unterschiedlicher Hautfarbe.

An und für sich wäre die *Einteilung in geografisch verschiedene Gruppen* beim Menschen nicht problematisch, wenn nicht unzulässigerweise Unterschiede im Aussehen eng mit entsprechenden kulturellen Fähigkeiten verknüpft würden. Daraus wird dann häufig eine Überlegenheit der eigenen „Rasse" abgeleitet, die biologisch in keiner Weise begründbar ist.

Überlegenheiten einzelner Gruppierungen im Verlauf der Menschheitsgeschichte waren meist das Ergebnis von günstigen natürlichen und gesellschaftlichen Bedingungen. Da diese Bedingungen nicht auf Dauer vorhanden waren, ging auch die erlangte Vormachtstellung dieser Gruppen wieder verloren.

Im Verlauf der Geschichte konnte man beobachten, dass viele Weltreiche entstanden und zerfielen. Sie waren der kulturellen Auslese nicht mehr gewachsen.

Wohin führt die Entwicklung?

Die Folge der regionalen Konflikte wären weitere Millionen Flüchtlinge, die versuchen werden, ein menschenwürdigeres Dasein in anderen Ländern zu finden.

Die **Evolution der Menschen** im stammesgeschichtlichen Sinn ist weltweit praktisch nicht mehr vorhanden. Reisemöglichkeiten und medizinischer Fortschritt sind nur zwei Gründe dafür, dass die **Evolutionsfaktoren Auslese** und **Isolation** auf Menschen keine artbildende Wirkung mehr haben.

Während die Menschheit Hunderttausende von Jahren benötigte, um etwa im Jahr 1500 n. Chr. ein Anwachsen der Erdbevölkerung auf eine halbe Milliarde Menschen zu erreichen, dauerte es bis zur ersten Milliarde um 1800 nur noch 300 Jahre, für die zweite Milliarde 123 Jahre und für die weiteren 4 Milliarden bis zum heutigen Zeitpunkt sogar nur noch ca. 70 Jahre. Im Augenblick nimmt die Erdbevölkerung pro Jahr um rund 80 Millionen Menschen zu. Setzt sich dieser Trend fort, steigt die Zahl bis zum Ende dieses Jahrhunderts auf ca. 11 Milliarden Menschen.

Da die höchste Bevölkerungszunahme in den strukturell wenig entwickelten Ländern Afrikas, Lateinamerikas und Asiens zu beobachten ist, kann man davon ausgehen, dass eine bessere Ausbildung sowie eine Verbesserung der Gesundheits- und Sozialsysteme sowie der Einkommensverhältnisse in diesen Ländern zu einer Stabilisierung der Zahl der Weltbevölkerung beitragen könnten. Für die **nachhaltige Entwicklung der Umwelt** ist eine solche Stabilisierung auf nicht zu hohem Niveau unbedingt erforderlich. Die Tragfähigkeit der Erde wird u. a. durch die Menge an verfügbarer Nahrung, nutzbaren Energieressourcen und die Möglichkeiten der Schadstoffbeseitigung begrenzt.

Entscheidend für die Menge an Menschen, die die Erde besiedeln können, ist deren **Pro-Kopf-Ressourcenverbrauch.** Zurzeit gibt es hinsichtlich der Nutzung verfügbarer Ressourcen ein starkes Nord-Süd-Gefälle. Etwa 20 % der Weltbevölkerung leben in wirtschaftlich entwickelten Ländern und verbrauchen 80 % aller verfügbaren Ressourcen. Mit deutschen Pro-Kopf-Verbrauchsraten, die gut 15-mal so hoch sind wie die indischen, ist die gesamte Umweltbelastung von 80 Millionen Deutschen höher als die von 900 Millionen Indern. In Zukunft werden die Ressourcen auf der Erde immer knapper. Deshalb ist eine nachhaltige Lebensweise der Menschen in allen Ländern der Welt erforderlich.

Nachhaltige Entwicklung erfordert eine Organisation des Lebens und Produzierens, die nicht auf Kosten der Natur, anderer Menschen, anderer Regionen und anderer Generationen erfolgt. Insbesondere muss sich bei den Menschen in den industriell entwickelten Ländern die Erkenntnis durchsetzen, dass die Probleme (soziale, ökonomische, politische) der Entwicklungsländer globale Probleme sind. Gelingt es nicht, diese durch internationale Hilfen und Unterstützung zu bewältigen, werden sich die bis dahin regionalen Konflikte in den Krisenregionen ausweiten.

1 ▸ Entwicklung der Weltbevölkerung

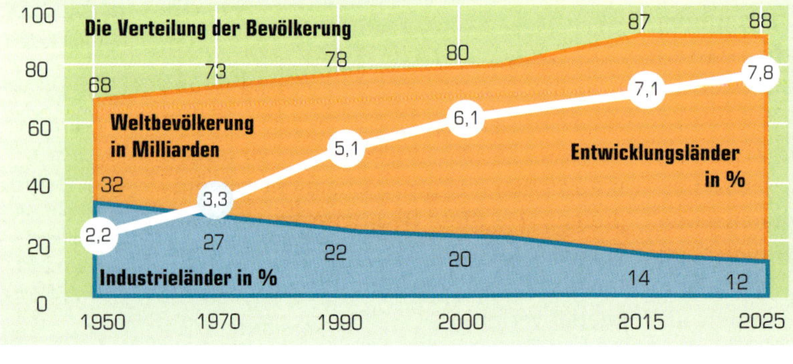

gewusst · gekonnt

1. Menschen sind vielzellige Lebewesen. Ihre unterschiedlichen Zelltypen bilden die Gewebe, diese wiederum die Organe.

a) Benenne die in der Abbildung gekennzeichneten Zellbestandteile. Gib deren jeweilige Funktion an.

b) Vergleiche anhand der Abbildungen tierische und pflanzliche Zellen miteinander.

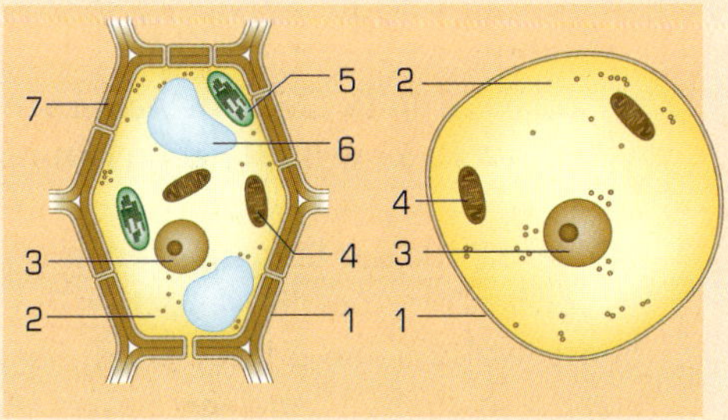

c) Erkläre die Begriffe: Gewebe und Organ.

d) Beschreibe den Zusammenhang zwischen Bau und Funktion am Beispiel verschiedener Organe des Menschen.

e) Stelle mithilfe der folgenden Begriffe eine Übersicht der Lebewesen zusammen. Ordne jeweils eine entsprechende Art zu:
Tiere, Bakterien, Samenpflanzen, tierische Einzeller, Wirbeltiere, Moose, Pilze, pflanzliche Einzeller, Algen, wirbellose Tiere, Farne, Hutpilze, Lebewesen, Schimmelpilze, Pflanzen.

2. Menschen nutzen wie die meisten Lebewesen Keimzellen zur Fortpflanzung. Diese sind durch Meiose aus Körperzellen entstanden.

a) Beschreibe den Unterschied zwischen den Chromosomensätzen menschlicher Körper- und Keimzellen.

b) Vergleiche die Veränderungen der Chromosomensätze bei Mitose und Meiose.

c) Stelle ein Kreuzungsschema für die Vererbung des Geschlechts beim Menschen auf.

3. Menschen gehören zur Klasse der Säugetiere, d.h., ihr Grundaufbau und ihre grundlegenden Verhaltensweisen stimmen mit dem der meisten Säugetiere überein.

a) Vergleiche die Körperbedeckung und das Skelett bei Mensch und Schimpanse.

b) Nenne Verhaltensweisen, die bei Menschen und Säugetieren zu finden sind.

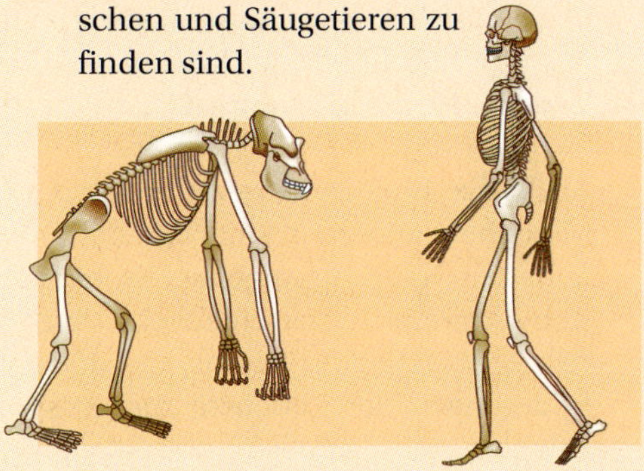

4. Alle heute lebenden Menschen gehören derselben Art an. Die sichtbaren Unterschiede zwischen verschiedenen Menschenpopulationen sind u.a. die Folge der sexuellen Auslese.

a) Erläutere den Artbegriff am Beispiel des Homo sapiens.

b) Beschreibe Unterschiede zwischen verschiedenen Menschenpopulationen.

c) Nenne sexuelle Schlüsselreize, die die Auslese beim Menschen beeinflusst haben könnten.

5. Insbesondere die Körperoberfläche von Lebewesen wird durch klimatische Auslese verändert. Auch beim Menschen findet man die meisten Unterschiede zwischen den Populationen in den Genen, die für die Körperoberfläche verantwortlich sind.

gewusst · gekonnt

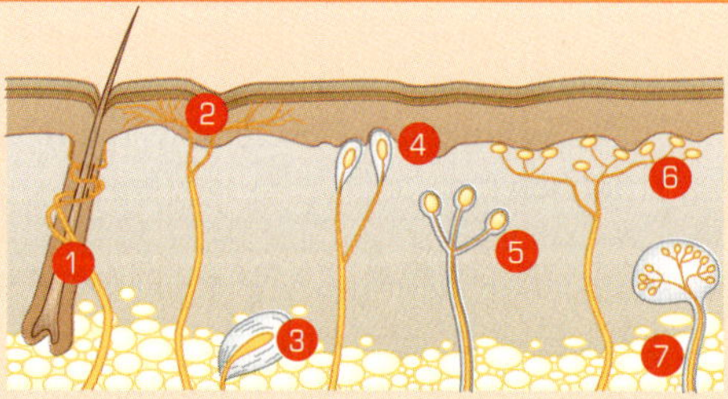

a) Ordne den gekennzeichneten Teilen der Haut die entsprechende Bezeichnung zu.
b) Gib die Funktionen der einzelnen Teile an.
c) Beschreibe die Angepasstheit von Körperform und -oberfläche verschiedener Menschengruppen.

6. Auch die Ernährungsgewohnheiten der Menschen änderten sich mit dem veränderten Nahrungsangebot. Es bildeten sich regional unterschiedliche Ernährungsgewohnheiten heraus, die den Anforderungen der Lebensräume entsprachen.
   a) Stelle einen Zusammenhang zwischen der Art der aufgenommenen Nahrung und dem jeweiligen Lebensraum her.
   b) Beschreibe die Verdauungsvorgänge, die in Mundhöhle, Magen und Dünndarm ablaufen.

7. Fossilienfunde und genetische Analysen belegen, dass es im Verlauf der Stammesentwicklung mehrere Menschenformen gab.
   a) Erläutere die Bedeutung von Fossilien für die Abstammungslehre.
   b) Beschreibe die Entstehung einer Fossilienart.
   c) Stelle nach selbst gewählten Kriterien eine Übersicht fossiler Menschenformen zusammen.
   d) Nenne Gründe, warum einige Wissenschaftler die Australopithecinen als Übergangsform bezeichnen.

8. Die Neandertaler und unsere Vorfahren lebten für viele Jahrtausende zusammen in Europa. Dann starben die Neandertaler vor ungefähr 35 000 Jahren aus.
   a) Vergleiche Neandertaler und eiszeitliche Jetztmenschen hinsichtlich Körperbau und Lebensweise.
   b) Beschreibe, welche Auswirkungen die Entstehung einer Wort- und Zeichensprache auf die Lebensweise unserer Vorfahren hatte.
   c) Nenne Gründe, die zum Aussterben der Neandertaler geführt haben könnten.

9. Mit dem Ende der Eiszeiten vor ca. 10 000 Jahren veränderten die Menschen ihre Lebensgewohnheiten grundlegend. Sie gingen zur sesshaften Lebensweise der Ackerbauern und Viehzüchter über.
   a) Nenne Vor- und Nachteile dieser Umstellung.
   b) Erläutere den Zusammenhang zwischen der Umstellung der Lebensweise und der ständigen Zunahme der Weltbevölkerung.
   c) Begründe, warum die biologische Evolution des Menschen praktisch kaum noch stattfindet.

10. Die große Zahl an Menschen auf der Erde ist eine der Ursachen für viele unserer heutigen Probleme. Dabei ist nicht die eigentliche Anzahl das Problem, sondern u.a. die unüberbrückbaren Gegensätze zwischen verschiedenen Menschengruppen.
   a) Nenne globale Probleme der Menschheit und ihre Ursachen.
   b) Bei Konflikten werden sehr häufig die Unterschiede zwischen den Menschengruppen als Argumente verwendet. Erkläre.
   c) Begründe, warum die Verwendung des „Rassenbegriffs“ auf Menschen genetisch nicht gerechtfertigt ist.

1

Das Wichtigste auf einen Blick

Wechselbeziehungen zwischen biologischer und kultureller Evolution des Menschen

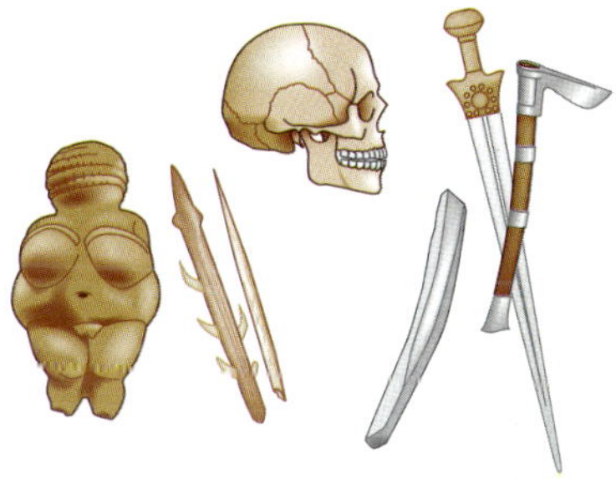

Während der stammesgeschichtlichen Entwicklung des Menschen gab es enge Wechselbeziehungen zwischen der biologischen und der kulturellen Evolution.

Komponenten der biologischen Evolution	Komponenten der kulturellen Evolution
• aufrechter Gang und aufrechte Körperhaltung • Vergrößerung und Differenzierung des Gehirns • Zunahme geistiger Fähigkeiten	• planvolle Herstellung von Werkzeugen und deren Gebrauch • Erzeugung und Gebrauch des Feuers • Entwicklung der Sprache und der Schrift

Tätigkeiten des Menschen

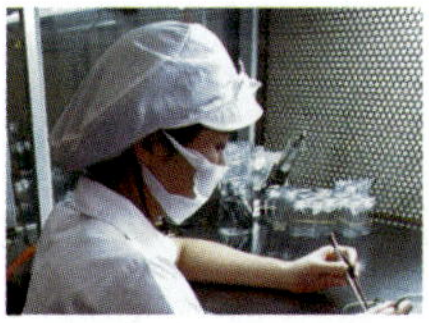

▸ Forschung

▸ Bildung

▸ Arbeit

▸ Kunst

Variabilität der Menschen in unterschiedlichen Kulturkreisen der Erde

Alle heute auf der Erde lebenden Menschen gehören zur gleichen Art bzw. Unterart Homo sapiens sapiens. Vertreter aller Kulturgruppen des Menschen sind zu hohen Leistungen befähigt. Die Vielfalt der Menschen zeigt sich vor allem innerhalb der Gruppen. Die Gruppen unterscheiden sich genetisch nur geringfügig. Die äußerlich auffälligen Merkmale (z. B. Hautfarbe) entwickelten sich in Anpassung an bestimmte Umwelt- und Klimabedingungen.

▸ Mongolide

▸ Negride

▸ Europide

2 Die Erde – ein globales System

2.1 Struktur, Beeinflussung und Analyse eines Ökosystems

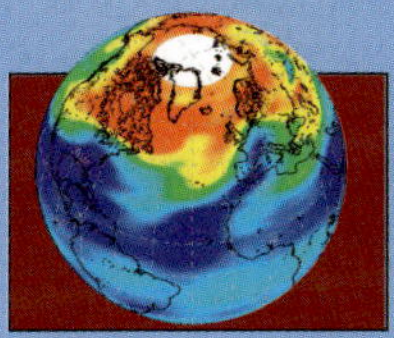

Globalisierung ▸▸ Darunter versteht man ein weltweites Netz von Wirtschafts- und Nachrichtenverbindungen. Die dadurch erzeugten Verflechtungen ermöglichen es, in kürzester Zeit Informationen auszutauschen und auf wirtschaftliche Erfordernisse zu reagieren.

Globale Umwelt ▸▸ Alle Ökosysteme der Erde sind untereinander vernetzt. Deshalb wirken sich lokale Umweltschädigungen oft global aus. Die Vernichtung von Regenwäldern z. B. hat weltweit Einfluss auf das Klima.

Umweltschutz ▸▸ Schutz und Erhaltung der Vielfalt der Lebensräume und Arten ist eine nur weltweit zu lösende Aufgabe. Die Globalisierung bietet die Möglichkeit, Umweltschutzmaßnahmen in der ganzen Welt zu koordinieren und Ressourcen zu bündeln.

Ökosysteme – Bereiche unserer Umwelt

Lebewesen haben auch Einfluss auf das Klima. Sie erzeugen sogenannte Mikroklimata, wodurch z. B. die Luftfeuchtigkeit beeinflusst wird.

Unsere natürliche Umwelt ist durch eine Vielfalt verschiedener Ökosysteme geprägt. Auf den ersten Blick fallen Wiesen, Wälder, Seen und Felder auf. Durch bestimmte Merkmale unterscheiden sie sich voneinander. Wälder z. B. besitzen eine Baumschicht, die das Bild bestimmt. Für Gewässer ist das Wasser charakteristisch.

Alle Ökosysteme weisen eine bestimmte Grundstruktur auf. Einmal ist dies der Lebensraum **(Biotop)** mit seinen Eigenschaften (z. B. Temperatur, Licht- und Wasserverhältnisse). Diese Eigenschaften stehen in vielfältigen Wechselverhältnissen (S. 55, Abb. 1). In Abhängigkeit von den Eigenschaften des Biotops haben sich zahlreiche Arten angesiedelt, die eine Lebensgemeinschaft bilden **(Biozönose).** Biotop und Biozönose bilden eine untrennbare Einheit. Diese Einheit wird **Ökosystem** genannt (Abb. 1).

Wechselbeziehungen von Umweltfaktoren

In jedem Ökosystem bestehen zwischen den verschiedenen Umweltfaktoren vielfältige Wechselbeziehungen (S. 55, Abb. 1). Ein Beispiel für Wechselbeziehungen zwischen **abiotischen Faktoren** bietet der Sauerstoffgehalt des Wassers. Je kälter das Wasser ist, desto höher ist dessen Gehalt an gelöstem Sauerstoff.

Von großer Bedeutung sind die Beziehungen zwischen **abiotischen und biotischen Faktoren** (den Lebewesen).

Licht z. B. ist unerlässlich für die Fotosynthese und beeinflusst daher insbesondere Pflanzen. Bäume bilden hohe Stämme und ermöglichen dadurch den Laubblättern ein günstiges Lichtangebot. Bei vielen Singvögeln hängt der Sangesbeginn z. B. von der Lichtintensität ab. Großen Einfluss auf Lebewesen haben auch **Wasser**, **Temperatur** und **Nährstoffangebot**.

1 ▸ Ökosystem

2

Drei verschiedene Bienenformen im Bienenstaat

Die Königin (bis 20 mm)

- weibliche Biene mit gut entwickelten Geschlechtsorganen
- nur sie legt im Juni täglich ca. 3 000 Eier
- Mundwerkzeuge und Sammeleinrichtungen rückgebildet
- wird gefüttert
- lebt 3 bis 5 Jahre
- Entwicklungszeit 16 Tage, aus befruchtetem Ei

Der Drohn (bis 18 mm)

- männliche Biene mit gut ausgebildeten Geschlechtsorganen
- Rüssel verkürzt
- Sammeleinrichtungen und Stachel fehlen
- wird mit Blütenstaub gefüttert
- dient der Fortpflanzung
- lebt nur wenige Wochen,
- Entwicklungszeit 24 Tage, aus unbefruchtetem Ei

Die Arbeitsbiene (bis 15 mm)

- weibliche Biene mit verkümmerten Geschlechtsorganen
- guter Flieger
- sammelt Blütenstaub und Nektar, pflegt die Brut, baut die Waben, verteidigt das Volk
- besitzt Sammeleinrichtungen, Rüssel, Stachel
- lebt 4 bis 6 Wochen
- Entwicklungszeit 21 Tage, aus befruchtetem Ei

Königin

Drohn

Arbeitsbiene

Umgekehrt beeinflussen Lebewesen (biotische Faktoren) auch abiotische Faktoren. So ist z. B. die Temperatur in einem Waldbestand höher als im umliegenden Freiland.

Lebewesen können nur dort gedeihen, wo die abiotischen Faktoren ihren Ansprüchen entsprechen. Einige Arten sind so eng an einen bestimmten Faktor angepasst, dass sie als **Zeigerarten** für diesen Faktor dienen. Vorteil dieser engen Bindung an einen bestimmten Faktor ist die im Vergleich zu unspezialisierten Arten höhere Lebensfähigkeit. Der Vorteil verkehrt sich jedoch ins Gegenteil, wenn sich dieser bestimmte Umweltfaktor ändert.

Vielfältig sind die Wechselbeziehungen zwischen den **biotischen Faktoren, den Lebewesen, in einem Ökosystem**. Die *Konkurrenz* um Nahrung und Lebensraum sind z.B. häufig zu beobachten. *Symbiose* und *Parasitismus* sind weitere Beispiele dieser Wechselbeziehungen. Eine besondere Form der Wechselwirkung zwischen Individuen einer Art ist die *Staatenbildung* z.B. bei Bienen. Solche Gemeinschaften sind in der Lage, spezielle Lebensbedingungen zu schaffen und mehr Nachkommen zu versorgen als eine vergleichbare Menge einzelner Bienen.

Diese hohe **Fortpflanzungsrate** kann nur durch Arbeitsteilung erreicht werden. (Die Fortpflanzungsrate, in der Soziobiologie Fitness genannt, ist ein Maß für den genetischen Beitrag der Individuen zur nächsten Generation, vereinfacht wird häufig nur die Zahl der überlebenden Nachkommen angegeben.) Körperbau und Verhaltensweisen der einzelnen Bienen entsprechen dabei den jeweils zu erfüllenden Aufgaben (Übersicht).

Fitness im soziobiologischen bzw. evolutionsbiologischen Sinn hat nichts mit der körperlichen Fitness eines Lebewesens zu tun.

Die Wechselbeziehungen in einem Ökosystem sind gegenüber Störungen sehr anfällig. Deshalb ist es wichtig, ihren Zustand ständig zu beobachten, um Gefahren für die Stabilität eines Ökosystems rechtzeitig zu erkennen.

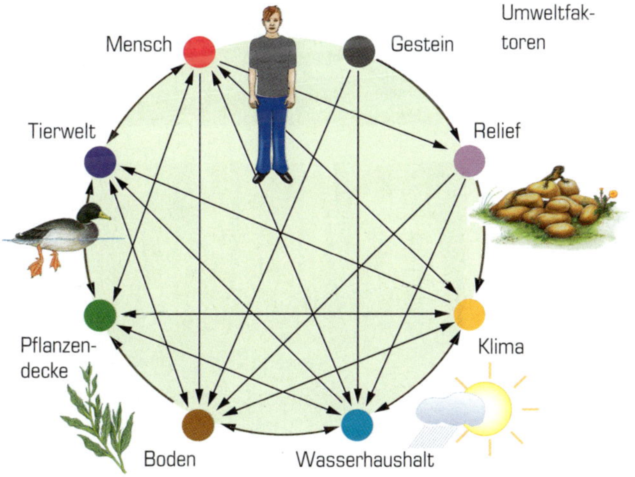

1 ▸ Wechselwirkungen von Umweltfaktoren

Angepasstheit der Lebewesen

Lebewesen, die zu einer Art gehören, können miteinander fruchtbare Nachkommen zeugen.

Beim Wettbewerb um die Ressourcen eines Ökosystems können nur die Arten bestehen, die den herrschenden Umweltbedingungen angepasst sind. Diese Angepasstheit ist eine Ursache dafür, dass jedes Ökosystem typische Lebensgemeinschaften aufweist. Die Angepasstheit der Arten äußert sich auf verschiedene Weise. Sie betrifft nicht nur einzelne Individuen der Art, sondern die jeweilige Population.

Als Population bezeichnet man die Gesamtheit aller Individuen einer Art, die zur gleichen Zeit in einem bestimmten Lebensraum leben. Sie bilden eine Fortpflanzungsgemeinschaft.

Bekannt ist die **Angepasstheit des Baus** von Pflanzen an die Wasserverhältnisse (u.a. Hydro-, Hygro-, Meso- und Xerophyten). Oft richten Organismen ihren **Lebensrhythmus** nach den herrschenden Lebensbedingungen. So erfolgt die Fortpflanzung der Tiere meist in Zeiten, in denen günstige Umweltbedingungen (z.B. günstige Temperaturen, genügend Nahrung) vorhanden sind. Fehlen diese Bedingungen verschieben sich z.B. die Vegetationsphasen der Pflanzen. Säugetiere bringen weniger oder gar keine Nachkommen zur Welt.

Angepasstheit an Umweltbedingungen äußern sich auch im **Erscheinungsbild** von Arten bzw. Ökosystemen. In Regionen mit Jahreszeiten ändern sich die Umweltfaktoren periodisch. Entsprechend bilden z.B. viele Säugetiere ein Sommer- bzw. ein Winterfell aus. Wälder in diesen Regionen weisen *jahreszeitlichbedingte Aspekte* auf (Abb. 1).

Vielfältig sind die Angepasstheiten an zeitweilig **ungünstige Lebensbedingungen**. Den Winter überdauern manche Tierarten, indem sie Winterruhe halten bzw. in Winterschlaf verfallen. Bei vielen Pflanzen sind Rhizome oder Zwiebeln ausgebildet, die im Boden überleben und meist schon sehr zeitig im Frühjahr, noch vor der Ausbildung der Laubblätter hoher Pflanzen, austreiben und blühen.

Auch die **Einnischung** ist ein Ausdruck der Angepasstheit. Oft leben verschiedene Arten (z.B. Entenarten auf einem See) auf engstem Raum. Je ähnlicher die Ansprüche der einzelnen Arten sind, desto größer ist normalerweise die Konkurrenz zwischen ihnen.

1 ▸ Frühlings-, Sommer-, Herbst- und Winteraspekt eines Buchenwalds

2

1 ▸ Eine Stechmücke (Anopheles) mit ihren Mundwerkzeugen

Dies wird durch die Belegung **ökologischer Nischen** vermieden. Eine ökologische Nische kann bedeuten, dass die einzelnen Arten verschiedene Gebiete des Ökosystems besiedeln, dass andere Aktivitätsphasen (tag- oder nachtaktiv) gegeben sind oder dass verschiedene Nahrungsquellen oder Brutmöglichkeiten genutzt werden.

Bei Tieren lässt sich die Angepasstheit nicht nur an ihrem Bau, sondern auch an ihrem **Verhalten** ablesen, wobei der Zusammenhang von Bau und Funktion immer von Bedeutung ist. Die Mundwerkzeuge einer weiblichen *Stechmücke* sind z. B. so gestaltet, dass sie zu einem Stechrüssel geformt werden können. Mithilfe dieses Stechrüssels saugt die *Stechmücke* Blut (Abb. 1). Dieses Verhalten ist bei der Mücke angeboren. Die Form der Flügel und ihre koordinierte Bewegung, das Aufspüren der Beutetiere durch entsprechende Sinnesorgane sind weitere Belege für solche Bau- und Funktionszusammenhänge. Erst die Summe dieser Merkmale ergibt die Angepasstheit der Mücke an ihre Lebensweise.

Wenn sich die Umweltbedingungen ändern, müssen sich die Lebewesen diesen Änderungen anpassen. Das erfordert aber meist längere Zeiträume. Dabei spielt die **Vielfalt an Arten** eines Ökosystems eine wichtige Rolle. Die Größe der einzelnen Populationen wird aber durch Umweltfaktoren begrenzt (z. B. Nahrungsangebot). Je größer die Populationen sind, umso höher ist die Wahrscheinlichkeit, dass einige Varianten darunter sind, die Voraussetzungen besitzen, auch unter den veränderten Bedingungen zu existieren.

Die Vielfalt der Arten wird in der Fachsprache als Biodiversität bezeichnet.

Um Ökosysteme zu erhalten, ist es daher sehr wichtig, dafür zu sorgen, dass möglichst viele Arten den entsprechenden Lebensraum besiedeln.

Stoffkreislauf und Energiefluss

Ökosysteme sind **offene Systeme**. Stoffe und Energien (z.B. durch Sonnenstrahlung) gelangen in das Ökosystem, umgekehrt werden ständig Stoffe und Energien an die Umwelt abgegeben. Ökosysteme befinden sich deshalb in ständiger Veränderung. Im Ergebnis dieser vielfältigen Veränderungen entsteht ein relativ stabiles Gleichgewicht.

Es entwickeln sich im Ökosystem ausgewogene **Stoffkreisläufe** zwischen Produzenten, Konsumenten und Destruenten (Abb. 1).

Im Gegensatz dazu bildet der **Energiefluss** im Ökosystem keinen Kreislauf. Die Energie der Sonne stellt dabei die wichtigste Energiequelle für Lebewesen dar. Diese Energie wird durch die Fotosynthese umgewandelt und in Form von chemischer Energie von den Lebewesen für ihre Lebensprozesse genutzt. Da Energie nicht erschaffen werden kann, nimmt der ursprüngliche Energieinhalt der Stoffe im Verlauf des Energieflusses in der Nahrungskette immer weiter ab. Das hat Einfluss auf die Anzahl und Größe der Lebewesen in Ökosystemen.

Stoffkreisläufe und Energiefluss sind Kennzeichens der Nahrungsbeziehungen eines Ökosystems. Anhand der vorhandenen *Nahrungsketten* und *Nahrungsnetze* lassen sich demzufolge Aussagen zur Qualität des biologischen Gleichgewichts im Ökosystem treffen.

1 ▸ Stoff- und Energiefluss in einem Ökosystem

→ Energiefluss

→ Stofffluss

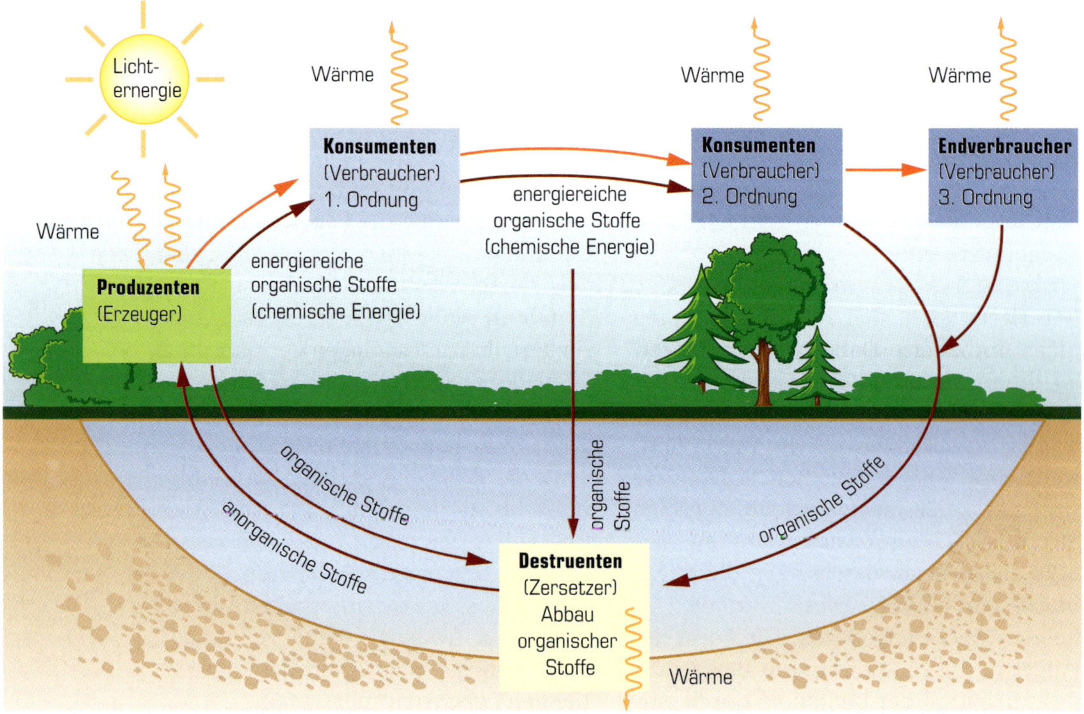

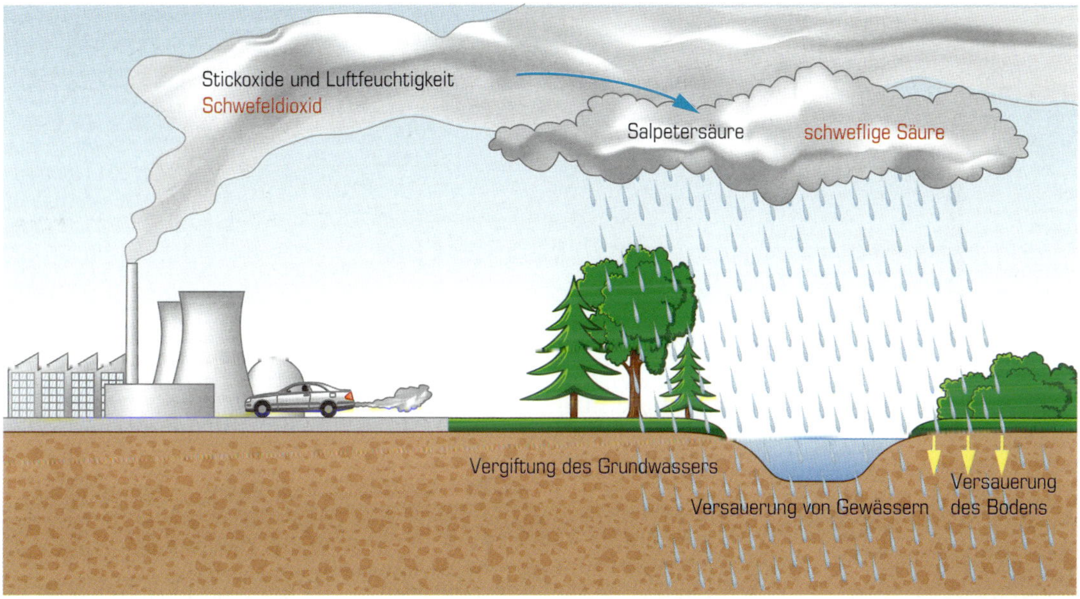

1 ▸ Entstehung und Wirkung des sauren Regens

Einfluss menschlicher Tätigkeit auf Ökosysteme

Viele Einwirkungen menschlicher Tätigkeit auf die natürlichen Lebensbedingungen erfolgen lokal (z. B. im Ort deiner Schule). Sie wirken sich aber zunehmend regional und global (weltweit) mit verheerenden Folgen für viele Arten und auch den Menschen aus.

Erstens bewirkt der **saure Regen** (Abb. 1) weltweite Veränderungen der Lebensbedingungen. Er kommt durch die Lösung von Schadstoffen im Wasser in der Atmosphäre zustande, vor allem von *Schwefeldioxid* und *Stickoxiden* (z. B. in Auspuffgasen enthalten). Dabei werden Säuren gebildet. Diese Säuren gelangen mit den Niederschlägen in den Boden, bewirken z. B. eine Veränderung des pH-Werts und schädigen die Pflanzen.

Zweitens wirkt der **Treibhauseffekt** ebenfalls global. Er wird durch die Treibhausgase ausgelöst. Dazu gehören K*ohlenstoffdioxid, Distickstoffoxid, Methan, Ozon, Wasserdampf* und *Fluorchlorkohlenwasserstoff (FCKW).*

Bis auf FCKW sind alle anderen Stoffe natürliche Bestandteile der Atmosphäre. Sie lassen die Sonnenstrahlen ungehindert durch, behindern aber die Wärmeabstrahlung von der Erde. Dadurch wird die Erde von einer „schützenden Hülle“ umgeben, der wir eine angenehme durchschnittliche Temperatur von +15 °C zu verdanken haben; sonst würden –18 °C herrschen.

Der Anteil der Treibhausgase wird ständig erhöht, vor allem durch die Verbrennung **fossiler Energieträger** (z. B. in Kraftwerken, Hausheizungsanlagen).

Die „Hülle“ wird dichter. Die Folge: Die Durchschnittstemperatur auf der Erde steigt sehr schnell. Tritt diese Erwärmung ein, würde eine weltweite Klimaänderung die Folge sein. Niederschlagsverteilung und nachfolgend Vegetationszonen würden sich verschieben. Dieser Prozess ist bereits im Gange.

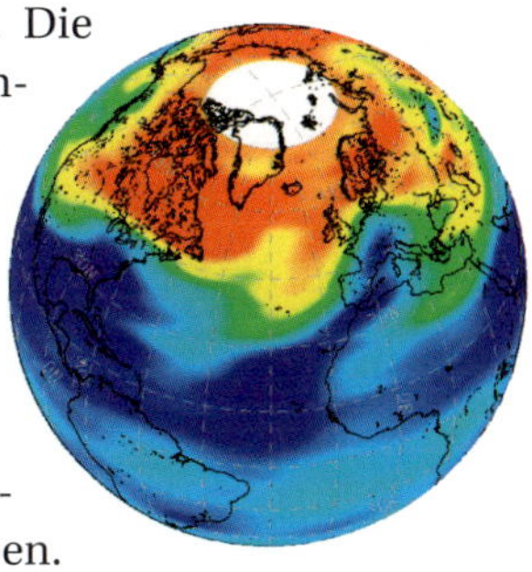

Man rechnet damit, dass sich die Erde voraussichtlich bis zum Jahre 2050 um 2,5 bis 3 °C erwärmt.

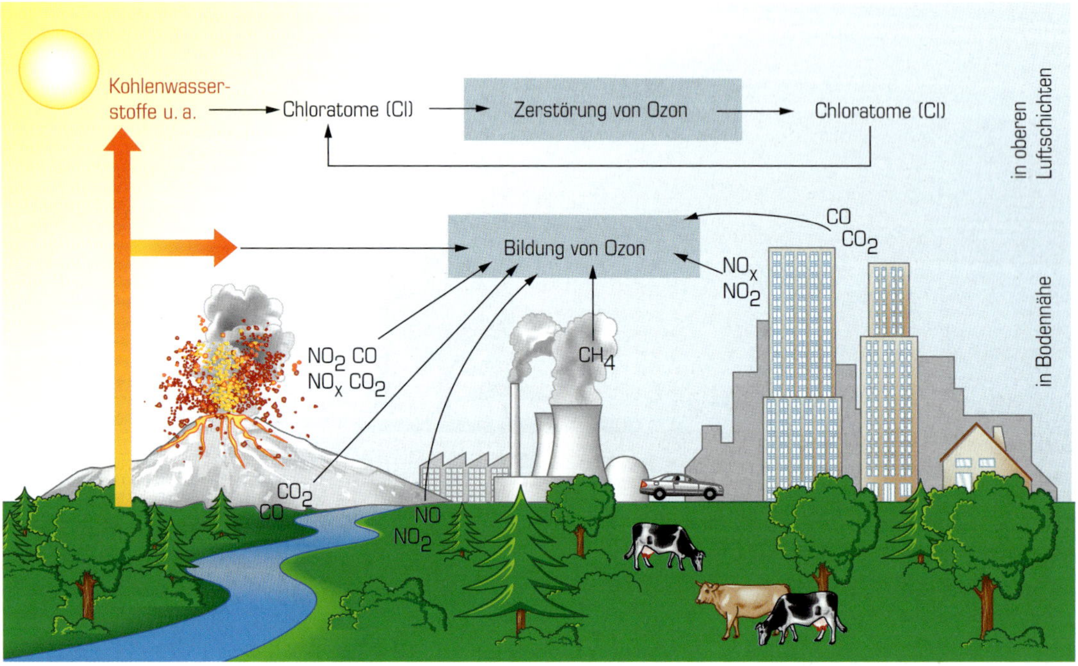

1 ▸ Ozonbildung in Bodennähe und Ozonabbau in den oberen Luftschichten

Durch Abschmelzen des Eises der Pole und Gletscher käme ein Anstieg des Meeresspiegels zustande. Dies alles würde zur **Vernichtung zahlreicher Arten führen.**

Drittens ist die zunehmende Ausdünnung der **Ozonschicht** bedrohlich. Als natürlicher Bestandteil der Luft ist Ozon sowohl in den unteren als auch in den oberen Luftschichten der Atmosphäre anzutreffen (Abb.1).

In Bodennähe sind höhere Anteile unerwünscht, da Ozon bei stärkerer Konzentration z. B. die Schleimhäute angreift (Hustenreiz) und Pflanzen schädigt.

In den **oberen Luftschichten** ist Ozon dagegen lebensnotwendig. Es wirkt wie ein UV-Filter und absorbiert UV-Strahlen. Dadurch schützt es den Menschen, die Tiere und die Pflanzen vor den schädigenden Wirkungen der UV-Strahlung.

Der Ozongehalt in etwa 20 km Höhe verringert sich von Jahr zu Jahr. An dieser Ausdünnung sind u. a. Kohlenwasserstoffe (FCKW) beteiligt, die z. B. aus Treibgasen und Kühlmitteln stammen und in die oberen Luftschichten gelangen. Die Chloratome aus diesen Verbindungen bewirken in einem komplizierten Prozess die Zerstörung der Ozonschicht.

Sie werden in diesem Prozess wieder frei und können erneut wirksam werden. Die Folge ist eine Zunahme der UV-Strahlung (teilweise bereits um 30 %) mit schädigenden Auswirkungen auf Pflanzen, Tiere und den Menschen (u. a. Zunahme von Hautkrebs).

Viertens wirkt sich die **Zerstörung von Lebensräumen** (Biotopen) ebenfalls auf unsere Umwelt aus. Werden z. B. in einem Feuchtgebiet durch Entwässerung die Bedingungen gravierend verändert, wird damit feuchtigkeitsliebenden Pflanzenarten die Lebensgrundlage entzogen. Sie bilden aber wiederum die Lebensgrundlage für Verbraucher (Konsumenten), was letztlich zum Rückgang z. B. der Lurche und des Storchs führt. Das Ökosystem bricht zusammen.

2

Fünftens kann schon die **Vernichtung einer Art** die Kreisläufe in einem Ökosystem erheblich stören.

Die *Große Brennnessel* (Abb. 3) beispielsweise sehen viele nur als „Unkraut" an. Sie ist Nahrungsgrundlage für Raupen verschiedener Tagfalter (Abb. 1 und 2).

Von ihnen ernähren sich wiederum eine Reihe von Verbrauchern (Konsumenten 2. Ordnung), u. a. Singvögel. Schon die teilweise Ausrottung der *Großen Brennnessel* würde die kreislaufähnlichen Beziehungen in Ökosystemen empfindlich stören.

M

Der Mensch beeinflusst derzeit die natürlichen Kreisläufe in einer solchen Weise, dass dadurch für die Natur und ihn selbst große Gefahren erwachsen.

Es ist ein gründliches Umdenken unerlässlich, wenn der Mensch nicht selbst seine Existenzgrundlage unumkehrbar zerstören will.

Die Aufgabe besteht deshalb heute mehr denn je darin, Rohstoffe und Energieträger zu sparen und wirkungsvoll zu nutzen. Und zwar so, **dass die grundlegenden Bedürfnisse der gegenwärtig lebenden Menschen befriedigt werden und gleichzeitig die Lebensgrundlagen für künftige Generationen erhalten bleiben (nachhaltige Entwicklung).**

Wesentliche Voraussetzung, um eine nachhaltige Entwicklung zu erreichen, sind detaillierte Kenntnisse der natürlichen Lebensbedingungen der Organismen.

1/2 ▸ Raupen des Tagpfauenauges und des Admirals

3 ▸ Die Große Brennnessel als Nahrungsgrundlage für die Raupe vieler Tagfalter

Zudem ist es wichtig, Veränderungen in allen Bereichen unseres Lebens anzustreben, wobei ökologische, wirtschaftliche und soziale Aspekte als Einheit gesehen werden müssen.

Um dies zu erreichen, ist es vor allem wichtig, dass alle über ein anderes „Wohlstandsmodell“ nachdenken und wieder lernen, im Einklang mit der natürlichen Umwelt zu leben. Das ist nicht einfach.

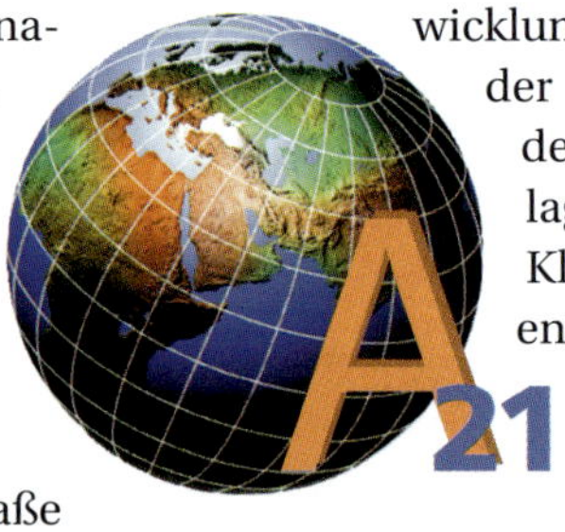

Zu der Aufgabe, die Lebensgrundlagen auch für künftige Generationen zu erhalten, zählt z. B. auch, den **ökologischen Landbau** zu fördern, in verstärktem Maße **nachwachsende Rohstoffe** (z. B. Raps, Chinaschilf) zu nutzen und **Renaturierungen** dort vorzunehmen, wo das möglich ist.

Die Belastung der Umwelt macht vor Ländergrenzen nicht Halt. Deshalb ist eine **internationale Zusammenarbeit** erforderlich. Diese Zusammenarbeit äußert sich u. a. in einer Reihe von *Konferenzen zum Schutz der Umwelt* (z. B. der Konferenz der Vereinten Nationen für Umwelt und Entwicklung 1992 in Rio de Janeiro, in deren Ergebnis die Agenda 21 beschlossen wurde; der Klimakonferenz 1997 in Kioto). Sie äußert sich auch in *internationalen Konventionen und Vereinbarungen,* z. B. zur Einrichtung geschützter Feuchtgebiete in verschiedenen Staaten (Ramsar-Konvention 1971), in der Richtlinie über die Erhaltung wild lebender Vogelarten.

Ziel der Agenda 21 ist eine **globale Partnerschaft,** die auf eine nachhaltige Entwicklung ausgerichtet ist. Damit soll der zunehmenden Zerstörung der natürlichen Lebensgrundlagen und der wachsenden Kluft zwischen Nord und Süd entgegengewirkt werden.

In der Agenda 21 werden die Kommunen aufgerufen, eine eigene *lokale Agenda 21* aufzustellen, die speziell auf die Gemeinden zugeschnitten ist. Die lokale Agenda 21 zielt auf eine nachhaltige Entwicklung, die umweltverträglich, sozial gerecht und wirtschaftlich tragfähig ist. Die Betätigungsfelder können u. a. sein: Verkehr, Landschaftspflege und Naturschutz, Energie und Klimaschutz, Boden, Wasser und Abwasser, Wirtschaft und Arbeit, Tourismus und Erholung, Jugend und Bildung.

Jede Kommune muss einige für sie besonders relevante Themen im Sinne von **„Global denken – lokal handeln“** in den Vordergrund stellen.

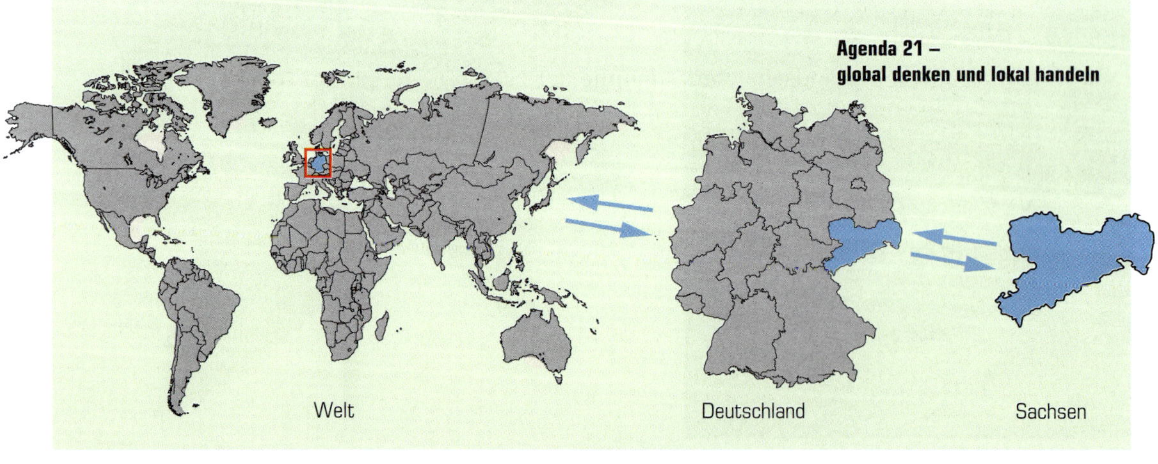

1 ▸ Greenpeace fordert das Einhalten des Fangverbots von Walen.

Analyse eines Ökosystems

Durch natürliche Prozesse, beispielsweise durch Feuer, Erdbeben, Überschwemmungen, aber vor allem durch menschliche Tätigkeit erfolgen ständig Eingriffe in Ökosysteme. Diese Eingriffe verändern Ökosysteme gravierend. Deshalb ist eine laufende **Analyse** des Zustands der Ökosysteme erforderlich.

Zuständig für die Kontrolle der Einhaltung von Umweltbestimmungen, aber auch für die Durchführung von Zustandsanalysen der Ökosysteme sind die Umweltämter der Kreise und Bundesländer. Die Ergebnisse ihrer Analysen werden jährlich in einem **Umweltbericht** veröffentlicht.

Zeigen sich akute Gefahren, beispielsweise massenweiser Algenwuchs in Gewässern, erhöhte Ozonwerte der Luft, werden entsprechende Maßnahmen ergriffen (z. B. Einschränkung des Autoverkehrs). Umweltämter sind gemeinsam mit Naturschutzverbänden und Forschungseinrichtungen auch für die Erfassung von Lebewesen (u. a. Pflanzen, Tiere, Pilze, Flechten) in ihrem Zuständigkeitsbereich verantwortlich. Jede Veränderung wird dabei genau aufgelistet.

Um den **ökologischen Zustand eines Gebiets** einschätzen zu können, sind umfangreiche Untersuchungen erforderlich. Dazu gehört auch eine Bestandsaufnahme der Faktoren, die für ein Ökosystem charakteristisch sind:

- Aufbau
- Umweltfaktoren
- typische Lebewesen
- Stoff- und Energiefluss
- Belastung durch Fremdeinwirkung

Eine Möglichkeit, wie man die **Analyse eines Ökosystems** planen und durchführen kann, wird am Beispiel eines Sees auf den folgenden Seiten dargestellt.

Projekt

Der See als Ökosystem

Seen prägen das Landschaftsbild in Teilen von Deutschland wesentlich mit. Sie sind nicht nur eine Wasseransammlung, sondern gleichzeitig Lebensraum für viele Organismen. Dieser Lebensraum weist z. B. gegenüber einem Wald viele Besonderheiten auf. Sie zu erkunden ist sehr wichtig.

Das Umfeld eines See

Für die Beurteilung eines Sees ist dessen Umfeld von großer Bedeutung, weil von ihm viele Einflüsse auf einen See ausgehen (z. B. Eintrag von Schadstoffen). Viele Gewässer sind umgeben von landwirtschaftlichen Nutzflächen, von Wäldern oder liegen als Teich inmitten eines Dorfs.

- *Gibt es Zu- bzw. Abflüsse?*
- *Ist der See von landwirtschaftlichen Nutzflächen (z. B. Feldern, Grünland) oder Wald umgeben?*
- *Liegen Siedlungen, Betriebe in der Nähe des Sees?*
- *Sind Gefahren für den See erkennbar?*

1. *Erkunde das Umfeld eines ausgewählten Sees und trage die Ergebnisse in eine Skizze ein. Beachte dabei die Gesichtspunkte, die in der Randspalte aufgeführt sind.*

Zonierung des Sees

Seen und Teiche weisen meist eine gut erkennbare Zonierung auf (Abb.). Sie kann in Abhängigkeit vom Seetyp unterschiedlich sein. Ein See besteht aus verschiedenen Zonen, die jede einen eigenen Lebensraum bilden. Diese Lebensräume bieten für Organismen jeweils unterschiedliche Lebensbedingungen.

2. *Versuche von einer geeigneten Stelle am Ufer aus einige der Zonen zu erkennen. Fertige eine eigene Skizze an und beschrifte sie.*

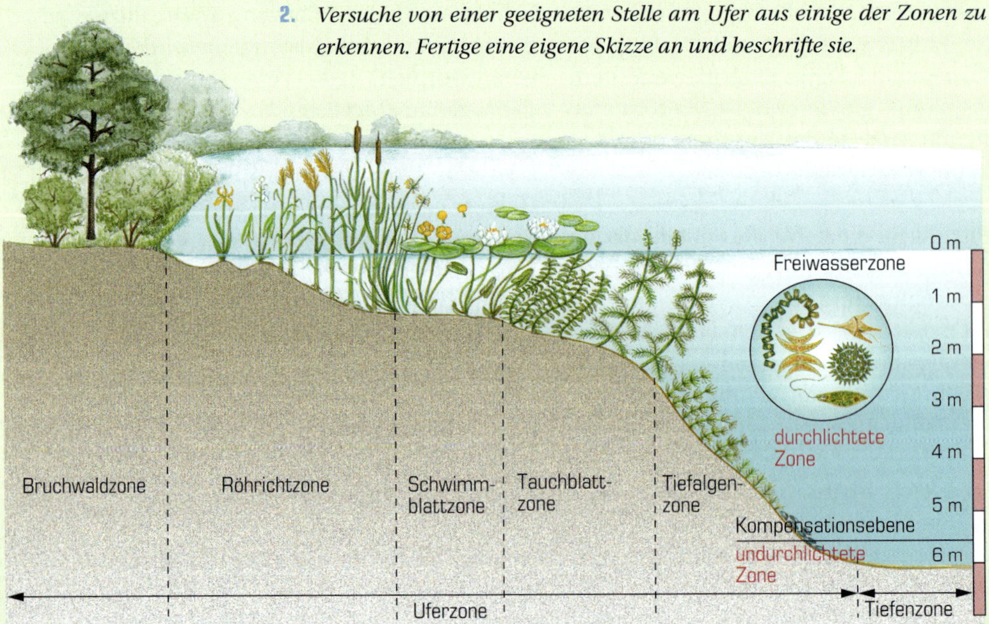

Projekt

Abiotische Faktoren eines Sees

Lebewesen können nur dort existieren, wo die Lebensbedingungen ihren Ansprüchen genügen. Die Lebensbedingungen in einem See werden durch die vorhandenen abiotischen Umweltfaktoren weitgehend mitbestimmt.

Zu diesen Umweltfaktoren gehören u.a. das Licht, die Temperatur und der Sauerstoffgehalt, der pH-Wert des Wassers sowie seine Belastung mit Schadstoffen.

Über den Grad der Verschmutzung des Wassers von Gewässern geben einfache Untersuchungen einen gewissen Aufschluss. Hinweise erhält man schon, wenn man die Trübung und Farbe sowie den Geruch des Wassers einschätzt.

3. *Ermittle die Trübung (Qualität) und Farbe von Wasser eines Sees. Gehe nach folgender Anleitung vor:*

Materialien:
Bechergläser oder andere Glasbehälter aus Weißglas, Wasserproben

Durchführung:
Schöpfe mit einem Glasbehälter Wasser aus dem Gewässer.
Beurteile die Qualität und die Farbe des Wassers nach folgender Skala.

Farben	Qualität
durchsichtig blau	unbelastet
schwach gelblich, gelblich, gelb	wahrscheinlich Abwasserbelastung, z. B. durch Eisen
gelblich braun	verstärktes Algenwachstum durch Nährstoffreichtum
gelblich grün, grün	verstärktes Algenwachstum durch Nährstoffreichtum
braun	belastet durch Eisen, Humusteilchen, evtl. durch Sickerwasser verursacht
grauschwarz	belastet durch Faulstoffe

Auswertung:
Ermittle mögliche Ursachen für den Zustand des Gewässers.
Beschreibe am Beispiel je einer Pflanze und eines Tieres mögliche Auswirkungen der Wasserqualität auf die Lebensvorgänge dieser Organismen. Notiere die Ergebnisse.

Projekt

4. *Ermittle den Wassergeruch eines Sees. Gehe folgendermaßen vor:*

Materialien:
Gläser, Messzylinder, Flaschen mit Korken, Wasserproben

Durchführung:
Gib Gewässerproben jeweils in eine Flasche, verschließe sie.
Schüttle sie kräftig.
Beschreibe nach Öffnung der Flasche den Geruch der Gewässerprobe.
Nutze zur Einschätzung folgende Geruchsqualitäten: aromatisch, süßlich, faulig, modrig.
Entscheide, mit welcher Intensität die jeweilige Geruchsqualität auftritt: schwach, stark, sehr stark.
Registriere die Ergebnisse in einer Tabelle.

Auswertung:
Fertige dazu eine Tabelle an.
Ermittle Ursachen für den Geruch des Wassers eines Gewässers.

1 ▸ Geruchsprobe

Aufschluss über die **Belastung des Wassers** eines Gewässers vermitteln u.a. auch die Sichttiefe und **die Einwirkung von Schadstoffen** auf Wasserorganismen.
Die **Sichttiefe** ist ein einfaches Maß, um die Lichtdurchlässigkeit einzuschätzen. Sie wird mithilfe der *secchischen Scheibe* (Abb. 2) ermittelt. Die Sichttiefe ist diejenige Tiefe, in der die secchische Scheibe noch gerade zu erkennen ist. Je sauberer das Wasser ist, desto größer ist die Sichttiefe.
Geringe Sichttiefe (unter 3 m) deutet auf Belastungen des Gewässers hin.

5. *Miss die Sichttiefe eines Sees. Gehe nach folgender Anleitung vor:*

Materialien:
weiße Scheibe an Leine mit Dezimetereinteilung oder secchische Scheibe

Durchführung:
Bestimme die Sichttiefe an verschiedenen Messstellen durch Absenken der Scheibe.
Lies die Sichttiefe an der gemeterten Leine ab, wenn die Scheibe gerade noch zu erkennen ist, und protokolliere die Ergebnisse.

Auswertung:
Schätze die Belastung des Wassers unter Berücksichtigung der Sichttiefe ein.

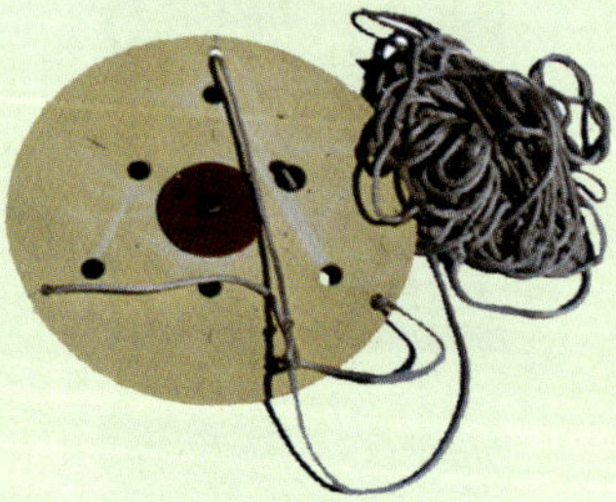

2 ▸ Secchische Scheibe

2

Projekt

Der **pH-Wert** ist ein weiterer wesentlicher Faktor. Er zeigt an, ob eine Lösung neutral, sauer oder basisch ist. Der pH-Wert hat großen Einfluss auf Lebewesen. Lebewesen sind an bestimmte pH-Werte angepasst. Sie entwickeln sich nur normal, wenn der entsprechende pH-Wert gegeben ist. Viele Fische z. B. können nur im Bereich eines bestimmten pH-Werts leben.

6. *Ermittle den pH-Wert von Wasserproben.*
   Gehe nach folgender Anleitung vor.

   Materialien:
   Wasserproben, Testpapier bzw. Indikatorstäbchen, pH-Messgerät (Abb. 1, 2)

   Durchführung:
   Halte ein Teststäbchen bzw. ein Indikatorstäbchen 1 Sekunde in die Wasserproben und vergleiche mit der Farbskala.
   Halte die Elektrode des pH-Messgeräts in die Wasserproben, lies den Messwert ab und notiere die Messwerte.

   Auswertung:
   Vergleiche die pH-Werte der Wasserproben.
   Werte die pH-Werte im Hinblick auf die Bedeutung für die Organismen.

pH-Grenzwerte (Vorzugswerte)	
Süßwasserfische	pH 7 (6–8)
Meeresfische	pH 8,2–8,4

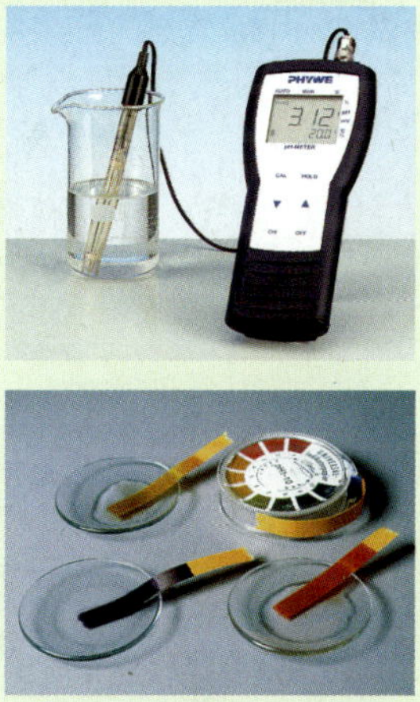

1 ▸ Geräte und Materialien zur Untersuchung des pH-Werts

Lebewesen eines Sees

Ein See bietet zahlreichen Lebewesen Lebensmöglichkeiten. Alle im Wasser lebenden Organismen (z. B. Algen, Unterwasserpflanzen, Fische, Krebstiere, tierisches Plankton) sind an die im Wasser herrschenden Lebensbedingungen angepasst. Dabei kommen in den einzelnen Zonen unterschiedliche Organismenarten vor. Die Organismenarten der **Bruchwald-**, **Röhricht-** und **Schwimmblattzone** sind meist gut zu erkennen.

7. *Ermittle mithilfe von Bestimmungsbüchern die Vielfalt der Organismen des untersuchten Sees. Halte dabei gezielt nach Zeigerorganismen Ausschau. Ordne der Bruchwald-, Röhricht- und Schwimmblattzone jeweils drei Pflanzen- und Tierarten zu.*
   Fertige dazu eine Tabelle an.

In der **Tauchblattzone** leben die Pflanzen völlig untergetaucht. Sie müssen das spärlich anfallende Licht maximal ausnutzen.

8. *Wähle aus der Tabelle der ermittelten Lebewesen (Aufgabe 7) je Zone eine Pflanzen- und eine Tierart aus und erkläre deren Angepasstheit an den Lebensraum.*

2 ▸ Laichkraut

Projekt

In der **Freiwasserzone** lebt eine Vielfalt von Lebewesen. Auf der Wasseroberfläche beobachtet man verschiedene Vogelarten, im Wasser die unterschiedlichsten Fischarten, Krebstiere, Schnecken sowie zahlreiche Kleinstlebewesen. Die im Wasser schwebenden Lebewesen werden als Plankton bezeichnet.

Besonders wichtig ist das pflanzliche Plankton (Abb. 1). Am Tag produziert es organische Stoffe und Sauerstoff. Es erhöht den Sauerstoffgehalt des Wassers und ist Nahrungsquelle für Kleinkrebse und einige Jungfische.

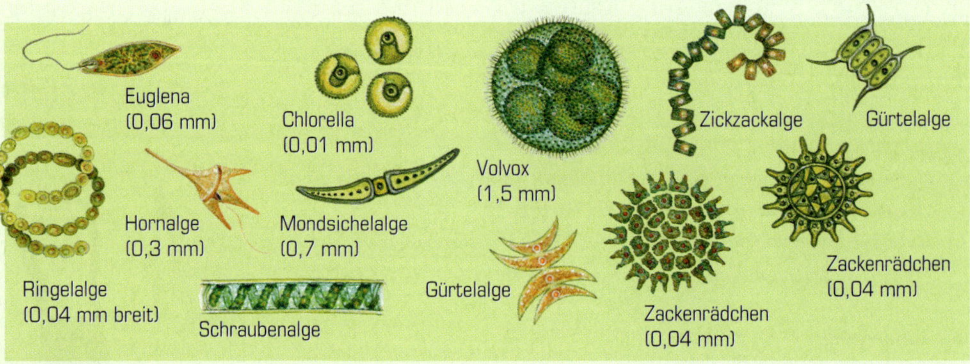

1 ▸ Pflanzliches Plankton

Tierisches Plankton (Abb. 2), zu dem u. a. *Wasserflöhe* und andere *Kleinkrebse* zählen, ist wiederum Nahrungsgrundlage für andere Wassertiere (z B. Fische, Larven von Insekten).

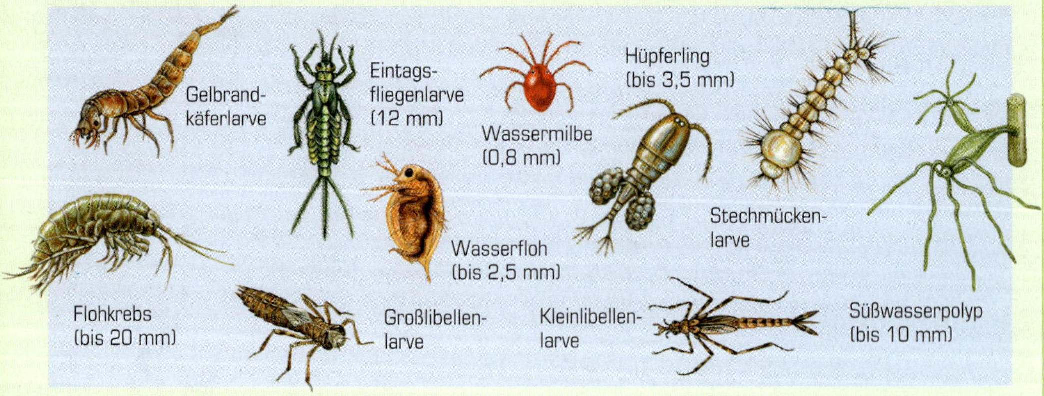

2 ▸ Tierisches Plankton

9. *Befrage Angler oder Fischer, welche Fischarten im See zu finden sind. Ordne sie in Fried- und Raubfische. Begründe deine Zuordnung.*

10. *Entnimm eine Wasserprobe und betrachte sie mithilfe eines Mikroskops.*
Prüfe, ob von den oben abgebildeten Kleinstlebewesen (Plankton) einige in der Probe vorkommen.

Projekt

11. *Viele wirbellose Tiere wie Schnecken, Spinnen, Insekten und deren Larven zeigen vielfältige Anpassungen an ein Leben im Wasser. Betrachte die Abbildung. Beschreibe den Zusammenhang von Bau und Funktion am Beispiel der verschiedenen Atmungsmechanismen.*

Zwischen den Lebewesen eines Sees bestehen vielfältige Beziehungen. Diese **Wechselbeziehungen** werden besonders deutlich, wenn man fragt: „Wer frisst wen?"
Infolge der Nahrungsbeziehungen bestehen zwischen den Organismen eines Sees zahlreiche Abhängigkeiten, die in einfachen Nahrungsketten (Abb. rechts) bzw. komplexen Nahrungsnetzen ihren Ausdruck finden.

Nahrungskette

12. *Versuche weitere Nahrungsketten bzw. Nahrungsnetze in einem See aufzustellen. Begründe sie.*

13. *Am Anfang von Nahrungsketten stehen immer Pflanzen mit Chlorophyll. Begründe diese Aussage.*

14. *Auch im Ökosystem See wirken abiotische und biotische Faktoren. Erläutere dies an Beispielen.*

15. *Der See ist ein Ökosystem. Begründe diese Aussage.*

Unsere Seen sind gefährdet

In manchen Seen ist die Belastung durch den Menschen, z. B. durch Schadstoffe und Müll, so groß, dass z. B. Fische sterben. Der Freizeitsport gefährdet die Gewässer ebenfalls.

16. *Nenne Ursachen, durch die die Lebensbedingungen in einem See verändert werden können.*

17. *Ist der von dir untersuchte See ebenfalls in Gefahr? Beurteile die Belastung des von dir untersuchten Sees. Gehe auch auf das Vorhandensein bzw. Fehlen von Zeigerarten ein.*

18. *Nenne Maßnahmen, die dem Schutz dieses Sees dienen. Begründe die Wahl deiner vorgeschlagenen Maßnahmen.*

gewusst · gekonnt

1. Ermittle im Umfeld deines Wohnorts Maßnahmen (Vorgänge), die Umweltbelastungen mit verursachen könnten. Gehe auf Konflikte ein, die in diesem Zusammenhang auftreten können.

2. Nimm Kontakt mit der unteren Naturschutzbehörde deines Kreises auf. Informiere dich über Umweltprobleme in deinem Kreis und über Maßnahmen, um diese Probleme zu lösen.

3. Ermittle im Umfeld deines Heimatorts stark gefährdete und gesetzlich geschützte Arten.

4. Beschreibe einige Formen des Flächenschutzes anhand von Beispielen aus deinem Heimatland.

5. Die Kreisläufe in der Natur werden durch natürliche Vorgänge und derzeit vor allem durch Auswirkungen der menschlichen Tätigkeit bedrohlich belastet. Informiere dich darüber im Internet.

6. Erläutere an Beispielen aus deiner Umgebung, wo Lebensräume von Pflanzen und Tieren nachhaltig zerstört wurden. Versuche die Auswirkungen auf das Biotop darzustellen. Nutze dazu auch grafische Mittel.

7. Erläutere an selbst gewählten Beispielen Belastungen von Stoffkreisläufen, die durch menschliche Tätigkeit zustande kommen. Nenne und begründe Maßnahmen, um diese Belastungen zu verhindern bzw. zu verringern.

8. Beschreibe die Entstehung des sauren Regens, auch mithilfe des Internets, z. B. www.schuelerlexikon.de oder www.google.de. Erläutere seine Auswirkungen auf Lebewesen. Nenne und begründe Maßnahmen, um Auswirkungen des sauren Regens zu verringern.

9. Eine ernste Bedrohung für die Ökosysteme der Erde ist der Treibhauseffekt. Nutze das Internet zur Beantwortung der Fragen.
   a) Beschreibe die Entstehung des Treibhauseffekts.
   b) Welche Auswirkungen sind möglicherweise zu erwarten?
   c) Erläutere Möglichkeiten, um Schaden abzuwenden.

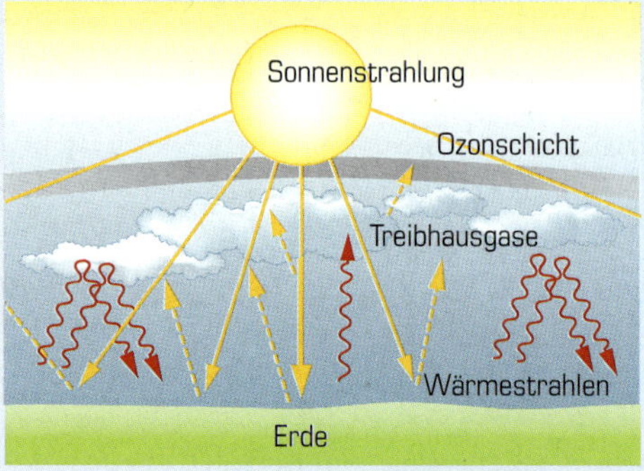

10. Die Artenvielfalt ist für das Leben auf der Erde und damit für den Menschen unerlässlich. Begründe diese Aussage.

11. Informiere dich mithilfe des Internets über Maßnahmen zum Umweltschutz und Naturschutz in deinem Heimatland und in deinem Heimatkreis.

12. Erläutere auch mithilfe des Internets den Begriff „nachhaltige Entwicklung“. Beschreibe Konsequenzen, die sich daraus für Veränderungen unserer Lebensgewohnheiten sowie die Art und Weise der Produktion ergeben.

13. Was könnte jeder Einzelne zum Schutz und zur Erhaltung der Artenvielfalt (von Pflanzen- und Tierarten) tun?

Das Wichtigste auf einen Blick

Gefahren, die der Umwelt drohen

Umweltgefahren sind unterschiedlich bedingt. Sie kommen durch **natürliche Vorgänge** (Prozesse) und durch **Auswirkungen der Tätigkeit des Menschen** zustande.

Beispiele der menschlichen Beeinflussung

übermäßige Freisetzung von Stoffen, vor allem von Schadstoffen	Vernichtung von Arten	Vernichtung von Lebensräumen u. a. durch Rodung, Entwässerung, Rohstoffabbau, Bebauung
• Treibhauseffekt • saurer Regen • Ausdünnung der Ozonschicht • Zerstörung der Lebensbedingungen für viele Arten	• Verringerung der Artenvielfalt, damit Störung des natürlichen Gleichgewichts in der Natur	• Zerstörung von Lebensstätten für viele Arten, damit auch der kreislaufähnlichen Beziehungen in Ökosystemen

Maßnahmen zum Schutz der Umwelt

Die Erhaltung und der Schutz der Artenvielfalt als unsere Lebensgrundlage erfordert internationale Zusammenarbeit und die Mitwirkung jedes Einzelnen. Ziel muss eine nachhaltige Entwicklung auf allen Gebieten sein.

Maßnahmen

Erhaltung von Lebensräumen für Organismen	Erhaltung natürlicher Lebensräume (z. B. Hecken, Trockenrasen, Feuchtgebiete)
Verringerung der Abgabe von Schadstoffen (u. a. Autoabgase, CO_2-Ausstoß der Industriebetriebe und Haushalte), Reinigung von Abwässern	Sicherung von Flächenschutzgebieten (Nationalparks, Biosphärenreservate, Naturparks, Naturschutzgebiete, Landschaftsschutzgebiete)
Ermittlung und Schutz gefährdeter Arten	Schutz besonderer Objekte wie Alleen und Moore

2.2 Gesundheit und Krankheit

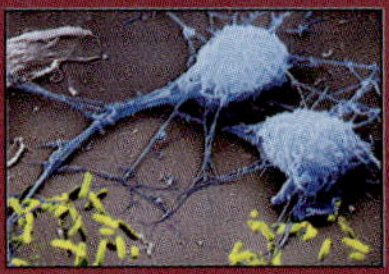
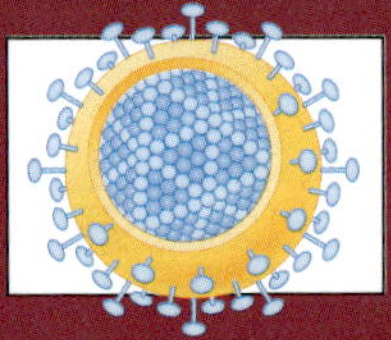

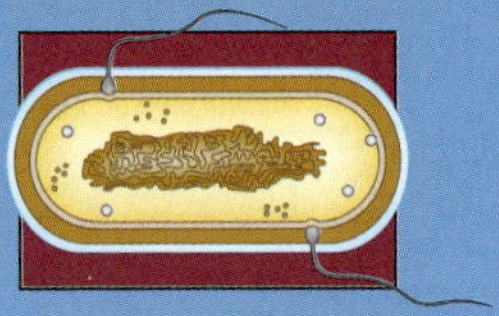

Gesund und munter ▸▸ Es gibt tausend Krankheiten, aber nur eine Gesundheit. Gesundheit ist zwar nicht alles, aber ohne Gesundheit ist alles nichts. Diese und viele andere Sprichwörter ranken sich um das Thema Gesundheit.

Krank und schwach ▸▸ HIPPOKRATES meinte, dass ... die Krankheiten uns nicht aus heiterem Himmel befallen, sondern sich aus täglichen Sünden wider die Natur entwickeln. Wenn sich diese gehäuft haben, brechen sie unversehens hervor. Ein anderer sagte dazu: Wer nicht eher isset, als ihn hungert, und nichts trinket als das liebe Wasser, der wird selten krank.

Neu und gefährlich ▸▸ Durch den Massentourismus in exotische Länder werden Krankheiten eingeschleppt, die in unseren Breiten nie auftraten und deshalb wenig erforscht sind.

2

Begriffsbestimmungen – Gesundheit und Krankheit

Jeder von uns kann fast sofort entscheiden, ob er sich gesund oder krank fühlt. Unsere Erfahrungen haben uns gelehrt, zwischen **Gesundheit** und Krankheit zu unterscheiden. In der Wissenschaft ist die Erklärung und Trennung der beiden gegensätzlichen Begriffe bzw. Zustände unseres Körpers jedoch sehr schwer. Zu viele **innere Faktoren** und **äußere Faktoren** wirken auf das Gleichgewicht zwischen Gesundheit und Krankheit ein.

Eine endgültige Erklärung des Begriffs „Gesundheit" gibt es bis jetzt noch nicht. Im Allgemeinen kann aber gesagt werden, dass Gesundheit aus dem *Gleichgewicht zwischen Körper (Physis), Geist (Psyche) und Umwelt* resultiert.

1948 hat die Weltgesundheitsorganisation (WHO) Gesundheit *„als Zustand des vollen körperlichen, geistigen und sozialen Wohlbefindens und nicht nur des Freiseins von Krankheiten und Gebrechen"* definiert.

Ist das Gleichgewicht zwischen Körper, Geist und Umwelt gestört, wird der Mensch krank. **Krankheit** wird demnach als Störung der Regulations- bzw. Anpassungsfähigkeit des Organismus bei der Aufrechterhaltung dieses Gleichgewichts betrachtet.

Das „Sich-krank-Fühlen" kann man am Beispiel der Zahnkaries gut erklären. Wenig widerstandsfähiges Zahnmaterial, ein *innerer Faktor*, bewirkt, dass die Zähne anfällig für Karies sind. Kommen dazu mangelnde Mundhygiene und zuckerreiche Ernährung als *äußere Faktoren*, haben bakterielle Karieserreger (äußerer Faktor) ein leichtes Spiel. Die Zahnsubstanz wird zerstört. Ab einem bestimmten Zeitpunkt bemerken wir mit der Zunge Löcher in den Zähnen, ein Alarmsignal. Wir fühlen uns noch nicht krank. Nur wer weiß, dass jetzt schnellstens zahnärztliche Hilfe notwendig ist, sucht eine Zahnarzt auf. Werden die Zähne weiter zerstört, die Löcher tiefer, kommt es zu Zahnschmerzen. Je nach Schmerzempfindlichkeit und momentanem Befinden beginnen wir uns mehr oder minder krank zu fühlen. Oft wird der Zahnarzt erst aufgesucht, wenn die Schmerzen unerträglich sind.

Innere und äußere Faktoren lösen eine Krankheit aus. Ob wir uns aber krank bzw. noch gesund fühlen, hängt wiederum von unserem eigenen Empfinden ab, das ebenfalls von vielen Faktoren beeinflusst wird.

Innere Faktoren sind ererbte Anlagen und von uns kaum beeinflussbar. Äußere Faktoren sind dagegen von uns beeinflussbar.

M

Gesundheit entsteht im Gleichgewicht zwischen Körper, Geist und Umwelt. Krankheit wird als Störung dieses Gleichgewichts betrachtet.

Innere Krankheitsursachen (Faktoren)	Äußere Krankheitsursachen (Faktoren)
• Alterungsprozesse • embryonale Fehlbildungen • ererbte Anfälligkeiten/Anlagen • Erbkrankheiten	• Umweltbedingungen • Krankheitserreger • Ernährungszustand • soziale Verhältnisse
→ sind kaum beeinflussbar	→ sind z. T. beeinflussbar

Übertragung und Verlauf von Infektionskrankheiten

Die direkte Übertragung ist auch beim Stillen durch Muttermilch möglich. Indirekt können Errger auch durch verseuchte Gegenstände oder Flüssigkeiten übertragen werden.

Infektionskrankheiten werden durch Krankheitserreger verursacht. Dazu müssen die Erreger zuerst auf den Menschen übertragen werden. Die Ansteckung (Infektion) kann auf direktem oder indirektem Weg erfolgen.

Die **direkte Übertragung** kann von Mensch zu Mensch durch Infektionserreger aus der Umgebung vor sich gehen, z.B. durch Schmier- oder Tröpfcheninfektion, beim Geschlechtsverkehr oder während der Geburt. **Indirekt** können die Erreger durch Lebensmittel und Trinkwasser, durch Tiere (z.B. Insektenstiche) oder durch Bluttransfusionen übertragen werden.

Maximal zwei Jahre kann die Inkubationszeit der Kala-Azar-Krankheit dauern. Sie wird durch Geißeltierchen verursacht und kommt in wärmeren Ländern vor.

Unsere gesamte äußere und innere Körperoberfläche dient den vielfältigen Erregern dabei übrigens als Eintrittspforte (Abb. 1). Sind die Krankheitserreger in den Körper gelangt, sagt man, der Mensch ist infiziert.

Im Körper vermehren sich die Erreger sofort. Das dient ihrer Arterhaltung, schädigt aber den Wirt. Das menschliche Abwehrsystem beginnt zu reagieren. Erste Krankheitsanzeichen **(Symptome)** werden sichtbar, man wird krank. Solche Symptome können u.a. Mattigkeit, Unwohlsein, Gliederschmerzen sein.

Die Zeit zwischen Infektion und Ausbruch der Krankheit wird als **Inkubationszeit** bezeichnet. Die Dauer der Inkubationszeit kann von Krankheitserreger zu Krankheitserreger sehr unterschiedlich sein.

Inkubationszeiten

Krankheit	Dauer
Nahrungsmittelvergiftung	12–48 Stunden
Virusgrippe	1–3 Tage
Wundstarrkrampf	4–60 Tage
Keuchhusten	1–3 Wochen
Tollwut	1–6 Monate

Beim Ausbruch der **Krankheit** treten zunächst unspezifische Krankheitsanzeichen (u.a. Fieber) auf. Ihnen folgen dann typische Symptome (z.B. Hautauschlag, Husten), an der die Art der Krankheit und der Erreger erkannt werden können.

Im Innern des Körpers kommt es dabei zum Wechselspiel zwischen den sich vermehrenden Krankheitserregern und der aktivierten Immunabwehr, die alle Möglichkeiten nutzt, den Erreger zu vernichten.

1 ▸ Körperoberfläche mit möglichen Eintrittspforten

2

Der Kampf des Immunsystems kann durch medizinische Hilfe unterstützt werden. Wird der Erreger vernichtet, tritt die Genesung ein, man wird gesund. In der Regel wird eine Immunität gegen den Erreger herausgebildet. Bei erneuter Ansteckung wird man nicht mehr krank. Unterliegt jedoch die Immunabwehr, kann nach sehr langwierigem Krankheitsverlauf im schlimmsten Fall der Tod eintreten.

Durch vorbeugende Maßnahmen kann die Ansteckung mit Krankheitserregern verhindert oder die Schwere des Krankheitsverlaufs vermindert werden.

Schutzimpfungen führen zur Herausbildung einer Immunität gegen entsprechende Erreger. Nach einer erneuten Infektion wird das Immunsystem sehr schnell aktiv und vernichtet den Erreger, noch bevor er sich zu stark vermehren kann. Die Krankheit bricht nicht aus.

Vorbeugende Maßnahmen sind u. a. eine gesunde Lebensweise und Hygiene.

M

Durch das Eindringen von Krankheitserregern in den Körper kommt es zur Ansteckung. Nach der Inkubationszeit bricht die Krankheit aus. Nach der Genesung liegt eine Immunität gegen die Krankheit vor.

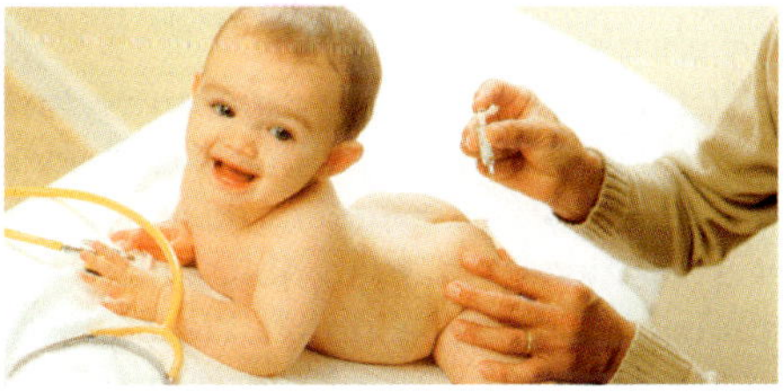

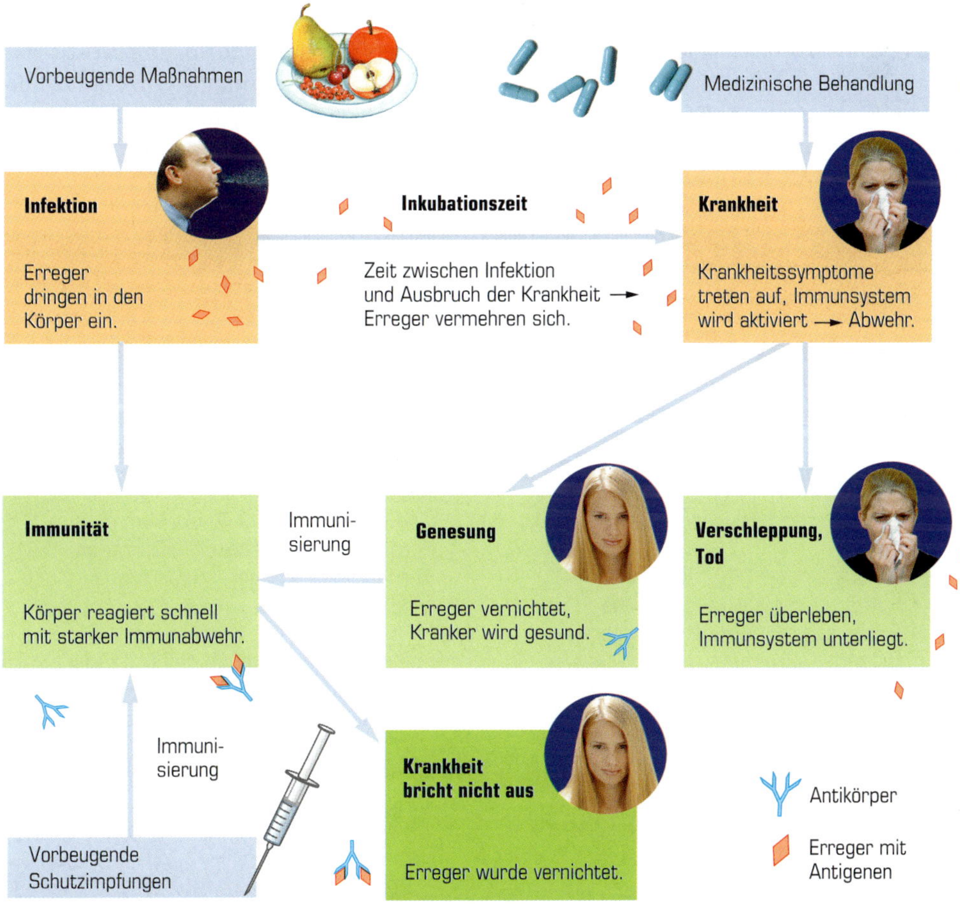

1 ▸ Entstehung und Verlauf einer Infektionskrankheit

Das Immunsystem

Immun: lat. immunis = frei von, gefeit gegen, unempfindlich

Gegen die krank machende Wirkung von fremdartigen Substanzen entwickelten sich bei den Organismen Abwehrmechanismen, die in ihrer Gesamtheit als **Immunsystem** bezeichnet werden.

Aus immunologischer Sicht ist für Organismen alles fremd, was nicht ihren eigenen Strukturen entspricht. Diese Fremdstrukturen werden als **Antigene** bezeichnet. Sie werden zum Auslöser von Abwehrreaktionen.

Nicht biologische Strukturen, wie Implantate aus Kunststoffen (Silikon) oder Metallen (Titan), werden dagegen im Prinzip nicht erkannt. Aber auch sie können nicht selten durch Wechselwirkungen mit dem Organismus Abwehrreaktionen auslösen.

Unspezifische Immunantwort

Von Geburt an verfügen wir über eine sogenannte **unspezifische Abwehr.** Verschiedene Abwehrmechanismen verhindern das Eindringen von fremden Organismen. Es werden **passive und aktive Formen** unterschieden (Tab.).

Spezifische Immunantwort

Die Abwehrmechanismen der unspezifischen Immunabwehr können lediglich das Überleben in den ersten Lebenstagen oder -wochen sichern.

Gegen Krankheitserreger (sie sind in der Regel hoch spezialisierte Parasiten) reicht diese Abwehr aber nur in Ansätzen aus.

Wenn Krankheitserreger die Barrieren der unspezifischen Abwehr überwunden haben und in den Organismus eingedrungen sind, vermehren sie sich außerordentlich schnell. Der Kontakt des Körpers mit den Eindringlingen führt zur **spezifischen Immunabwehr.** Die Krankheitserreger werden in der Regel erfolgreich bekämpft und eine Immunität gegen sie wird ausgebildet.

Unspezifische Abwehr	
Passive Mechanismen	**Aktive Mechanismen**
• Haut weist Wasser und Schmutz ab.	• Kleine und Große Fresszellen mit amöbenartigen Eigenschaften umfließen fremde Mikroorganismen und verdauen sie in ihrem Innern.
• Tränenflüssigkeit spült, die Augenlider wischen die Augen.	• Große Fresszellen geben Signalstoffe ab, die Fieber auslösen – Reaktionen des Körpers verlaufen schneller, Bakterien werden durch zu hohe Temperaturen gehemmt.
• Schleimhäute binden Fremdpartikel und ihre Wimpern transportieren sie nach außen.	• Das Komplementsystem des Bluts löst enzymatisch Zellen auf.
• Hoher Säuregehalt des Magens (Magensäure) oder der Haut hemmen Bakterienwachstum.	• Natürliche Killerzellen töten erkrankte Körperzellen ab.
• Tränen- und Speichelflüssigkeit wirken Bakterien abwehrend.	• Wirkstoffe töten Bakterien ab bzw. verhindern die Vermehrung von Viren.
• Nicht krank machende Bakterien auf der Haut und im Verdauungstrakt konkurrieren gegen krank machende.	

Blut – ein besonderer Saft

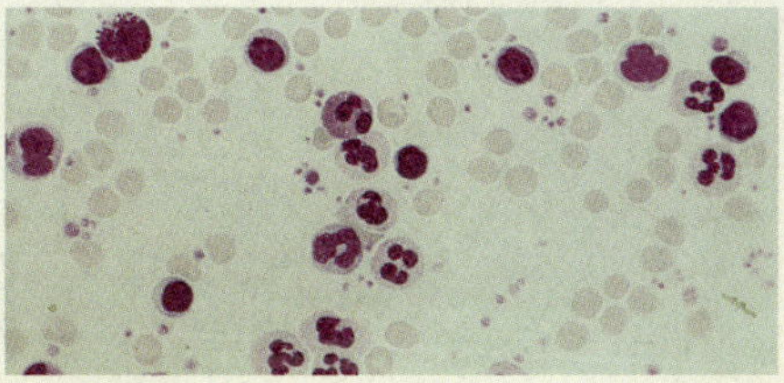

1 ▸ Blutausstrich

Blut ist für die Menschen etwas ganz Besonderes. In vielen Geschichten oder Mythen geht es um diesen „Saft“. Dem Blut wurden und werden die guten oder schlechten Eigenschaften von Menschen zugeschrieben.

Biologen und Mediziner definieren Blut als Organsystem, dessen Zellen sich in sehr viel extrazellulärer Flüssigkeit bewegen. Die durchschnittliche Blutmenge eines 70 kg schweren Menschen beträgt etwa 5–6 Liter. Es erfüllt zahlreiche Funktionen, u. a.:

- den Transport von Atemgasen, Nähr- und Baustoffen
- den Transport von Hormonen und Wirkstoffen
- den Wärmetransport (Temperaturregulation)
- die Aufrechterhaltung des Wasser- und Ionenhaushalts
- die Abwehr von Fremd- und Giftstoffen
- den Verschluss von Wunden (Blutgerinnung)

All den Aufgaben wird es durch seine Zusammensetzung gerecht.

Es gibt vier Hauptblutgruppen. Je nach dem Auftreten oder Fehlen bestimmter Eiweiße (Antigene) auf der Oberfläche der roten Blutzellen werden sie als Blutgruppe A, B, AB oder 0 bezeichnet.
Da sich im Blutplasma jeweils die Antikörper gegen das Antigen anderer Blutgruppen befindet, kommt es beim Vermischen von Blut verschiedener Blutgruppen zu Immunreaktionen.

Blut

zelluläre Bestandteile (45 %) | Blutplasma (55 %)

Rote Blutzellen	**Weiße Blutzellen**	**Blutplättchen**	**Fibrinogen**	**Blutserum**
Anzahl in 1 mm^3 Blut			Eiweiß 3 %	Wasser 90 % Eiweiße 5 % Fette ca. 0,8 % Glucose ca. 0,1 % Kochsalz 0,6 %
4,5–5 Mio.	5000–11 000	15 000–400 000		
Lebensdauer in Tagen:				
100–120	1 → viele Jahre	5–11		
Transport von Sauerstoff und Kohlenstoffdioxid	Abwehr von Fremd- und Giftstoffen	Blutgerinnung	Blutgerinnung	Transport und Lösung von Stoffen

Granulocyten (67 %) **Kleine Fresszellen**	**Lymphocyten (27 %)**	**Makrophagen (6 %)** **Große Fresszellen**
„Fressen“ von Krankheitserregern	Abwehrreaktionen der spezifischen Immunabwehr, Immunität	„Fressen“ von Krankheitserregern, Aktivierung der spezifischen Immunabwehr

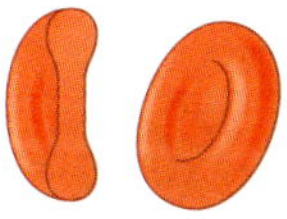

Rote Blutzellen

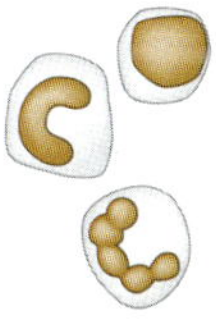

Weiße Blutzellen

Blutplättchen

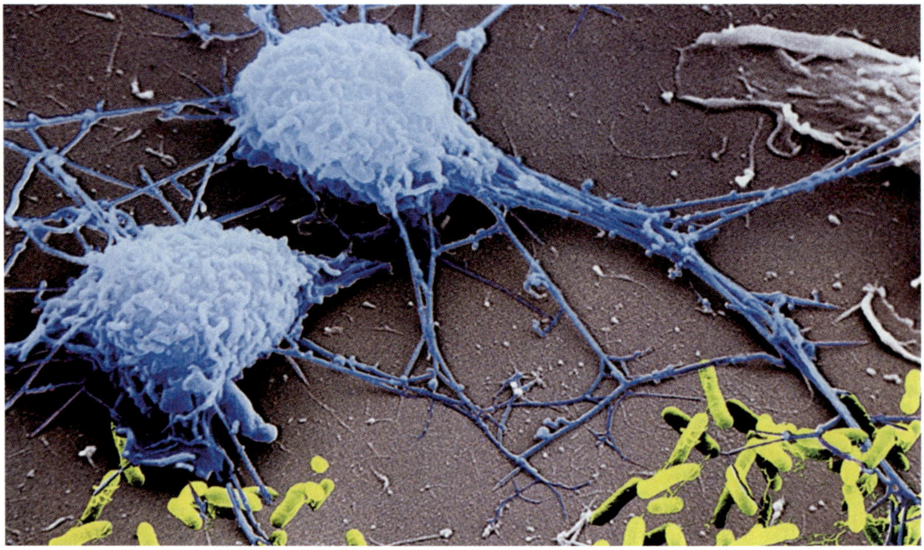

1 ▸ Auf der REM-Aufnahme sind zwei Makrophagen zu sehen, die Bakterienzellen angreifen.

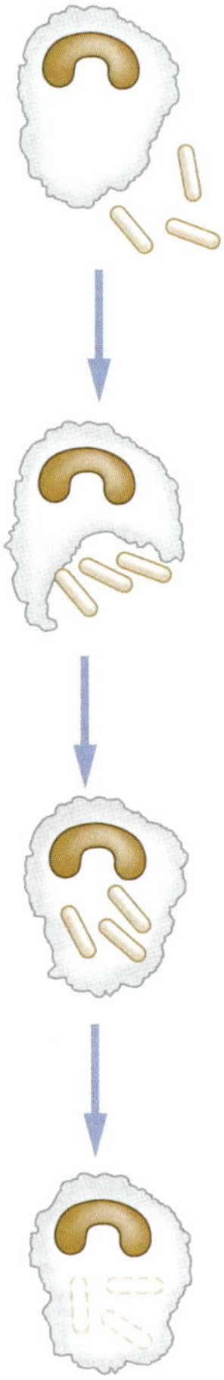

2 ▸ Weiße Blutzelle (Fresszelle) nimmt Krankheitserreger auf und vernichtet sie.

Das Funktionsprinzip der **spezifischen Immunabwehr** ist eigentlich recht einfach. Eingedrungene Fremdstoffe oder Krankheitserreger werden zuerst aufgrund ihrer körperfremden Antigene erkannt, daraufhin werden die Eindringlinge abgewehrt und zum Schluss bleibt im immunologischen Gedächtnis die Antigenstruktur gespeichert, um einen nächsten Angriff gewinnen zu können. Im Einzelnen sind die Prozesse der spezifischen Immunabwehr sehr kompliziert und noch nicht vollständig aufgeklärt.

Dringt in den Organismus etwas Fremdes ein, wird es an seinen nicht mit dem eigenen Körper übereinstimmenden Antigenen erkannt. Vor allem **Makrophagen** (Große Fresszellen) umfließen die Eindringlinge, ähnlich einer Amöbe schließen sie in sich ein und „verdauen" sie. Danach präsentieren die Makrophagen auf ihrer Oberfläche Antigene der Eindringlinge und aktivieren damit **T-Helferzellen**, eine Sorte von Lymphocyten. Die T-Helferzellen aktivieren ihrerseits B-Zellen und T-Killerzellen. Beides sind auch Lymphocyten.

Die **B-Zellen** fangen an, sich zu sogenannten Plasmazellen zu teilen. Diese **Plasmazellen** bilden dann spezifische **Antikörper,** die sich mit den Antigenen der Eindringlinge verbinden. Die Antikörper passen nach dem *Schlüssel-Schloss-Prinzip* genau zu den Antigenen. Mit ihnen werden die Antigene bzw. die sie tragenden Eindringlinge an ihrer Beweglichkeit gehindert und zum Fressen für die Makrophagen markiert. Die Fresszellen beseitigen die **Antigen-Antikörper-Komplexe** und damit die eingedrungenen Erreger. Gleichzeitig entstehen aus den B-Zellen auch **B-Gedächtniszellen.** In ihnen wird die Struktur der Antigene gespeichert. Bei einer erneuten Infektion verläuft mit ihrer Hilfe die Immunreaktion wesentlich schneller, sodass es nicht oder nur zu geringfügigen Krankheitssymptomen kommt. Der Körper ist gegenüber diesen Erregern immun geworden.

Die spezifische Immunabwehr mit den B-Zellen funktioniert aber nur gegen Antigenstrukturen, die sich frei im Körper bewegen. Wenn sich die Antigenstrukturen von Körperzellen ändern, z. B. weil Viren eingedrungen sind oder weil aus der Körperzelle eine Krebszelle geworden ist, funktioniert diese Abwehr nicht.

Erkrankte Körperzellen werden durch **T-Killerzellen** angegriffen. Diese Zellen geben Giftstoffe ab, die zum Absterben und Auflösen erkrankter Körperzellen führen. Die abgestorbenen Zellreste werden wieder von den Makrophagen beseitigt. Auch hier werden Gedächtniszellen gebildet.

Freie Erreger werden durch Antikörper und erkrankte Körperzellen durch Gifte der T-Killerzellen bekämpft.

Die Mechanismen der spezifischen Immunabwehr sind außerordentlich effektiv, einmal erkannt, entgehen ihnen kaum ein fremdes Antigen. Leider benötigen die Mechanismen der spezifischen Abwehr für diese ganzen Prozesse 3 bis 4 Tage, ehe sie erfolgreich zum Zuge kommen – Zeit genug, dass sich Erreger ausbreiten und Krankheiten verursachen können.

Deshalb ist es wichtig, gegen gefährliche Erreger eine **Immunität** zu erwerben, damit die Immunreaktion schneller erfolgen kann. Diese Immunität kann man u. a. durch vorbeugende Impfungen (Schutzimpfungen) erworben.

Bei der Immunisierung unterscheidet man **aktive** und **passive Immunisierung**.

Bei der aktiven Immunisierung werden dem Menschen kleine Mengen von abgeschwächten Erregern einer bestimmten Krankheit eingeimpft. Bei der passiven Immunisierung wird dem Körper ein Serum eingeimpft, das sehr schnell

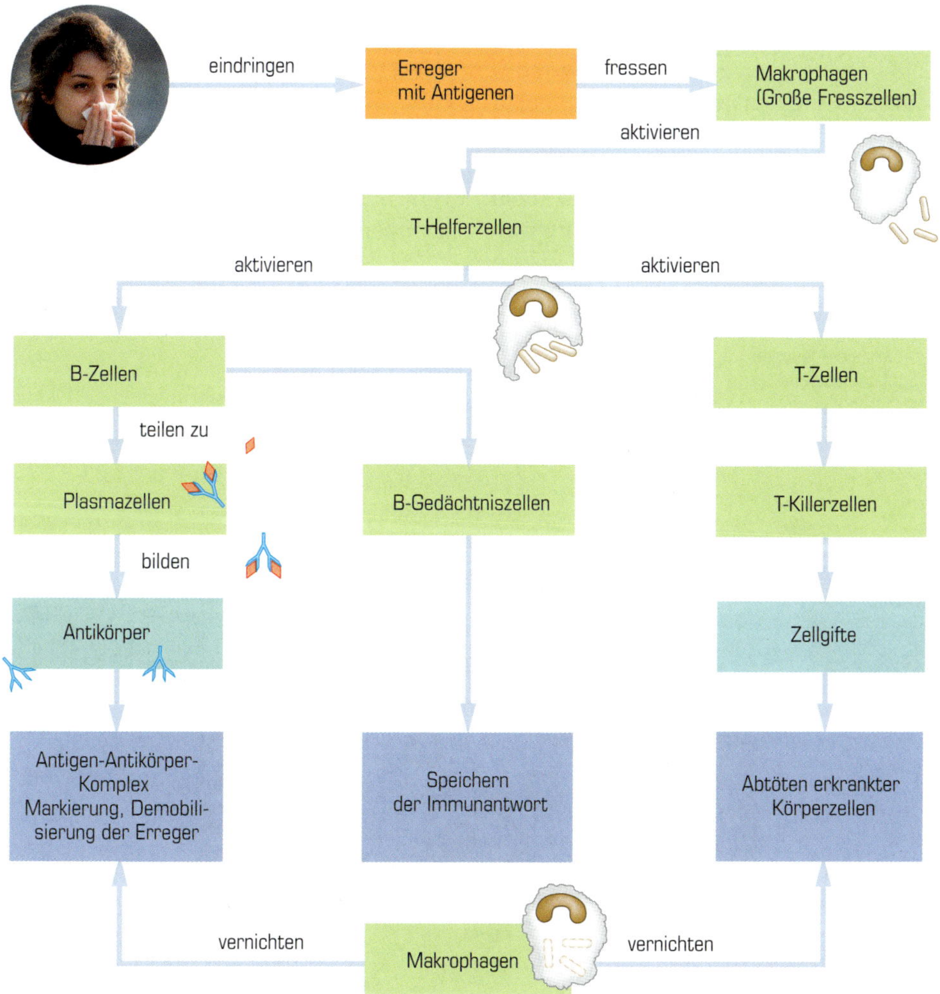

Viren als Krankheitserreger

Weltweite Grippeepidemien: 1889/90 russische Grippe, 1918/19 spanische Grippe, 1957/58 asiatische Grippe, 1968/1969 Hongkonggrippe

Viren sind mit einem Durchmesser von 10 bis 350 nm Länge bzw. Durchmesser (1 nm = 1 Millionstel mm) sehr klein. Hinsichtlich ihres Baues und ihrer Eigenschaften sind sie von Bakterien völlig verschieden (S. 81, Abb. 1/2).

Ihre Außenhülle hat oft die Form von geometrischen Körpern. Sie besteht aus Eiweißen. Die Eiweißhülle ist bei vielen Arten zusätzlich von einer membranartigen Hülle umgeben. Im Innern enthält das Virus Erbsubstanz. Viren sind **keine echten Lebewesen.** Sie können sich nur in lebenden Zellen vermehren, zeigen also keinen eigenen Stoffwechsel. Gelangt ein Virus in eine lebende Zelle, werden in dieser neue Viren gebildet. Die Wirtszelle stirbt ab, die neu gebildeten Viren gelangen nach draußen und können weitere lebende Zellen befallen.

Zu den Infektionskrankheiten beim Menschen, die durch Viren verursacht werden, gehören z.B. *Grippe, Masern, Hepatitis* und *Aids* (s. S. 83).

Die **Virusgrippe (Influenza)** ist eine sehr häufige Infektionskrankheit, die durch *Influenzaviren* (Grippeviren, Abb. unten) ausgelöst wird. Jährlich treten Grippeepidemien auf. Das *Grippevirus* befällt vor allem die Schleimhautzellen von Nase, Luftröhre und Bronchien. Die Virusgrippe kann leicht und mit nur gering ausgeprägten Symptomen verlaufen. Deshalb wird sie oft mit einer Erkältungskrankheit verwechselt.

Typische Anzeichen sind plötzlich auftretendes hohes Fieber, Glieder-, Kopf- und Halsschmerzen sowie Husten. Eine schwere Virusgrippe kann mehrere Wochen andauern. Häufig treten Komplikationen wie Herzmuskelentzündungen auf. Die *Grippeviren* werden durch Tröpfchen beim Sprechen, Niesen oder Anhusten übertragen.

1 ▸ Verlauf der Infektion mit Grippeviren

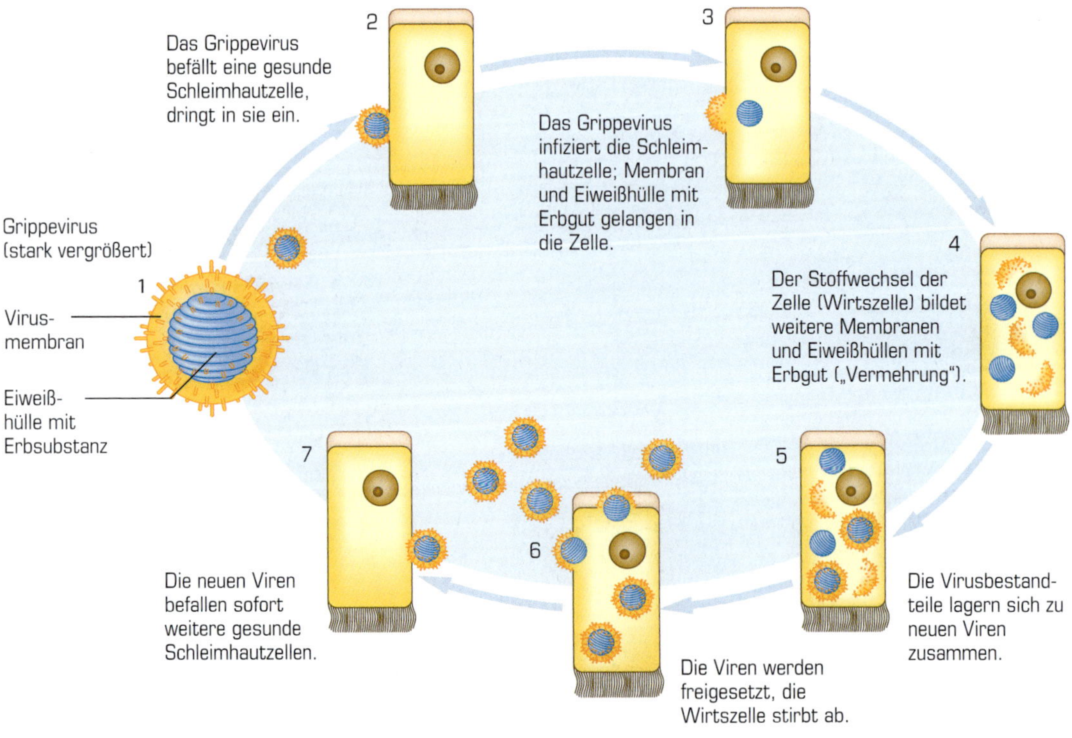

Bakterien als Krankheitserreger

Bakterien sind sehr klein (Tab.). Sie bestehen nur aus einer **einzigen Zelle** (Abb. 1). Bei Bakterien ist eine **Zellwand** vorhanden. Zusätzlich kann noch eine Schleimschicht außen auf der Zellwand vorhanden sein. Unterhalb der Zellwand befindet sich die **Zellmembran.** Sie umschließt das in der Zelle befindliche Zellplasma. Die dünne Zellmembran ermöglicht den Stoffaustausch mit der Umwelt.

Bakterien sind **kernlose Lebewesen.** Sie besitzen eine **fadenförmige Kernsubstanz,** die die Erbanlagen enthält. Einige besitzen auch Geißeln zur Fortbewegung.

Die **Fortpflanzung** und **Vermehrung** der Bakterien erfolgt ungeschlechtlich durch Querteilung.

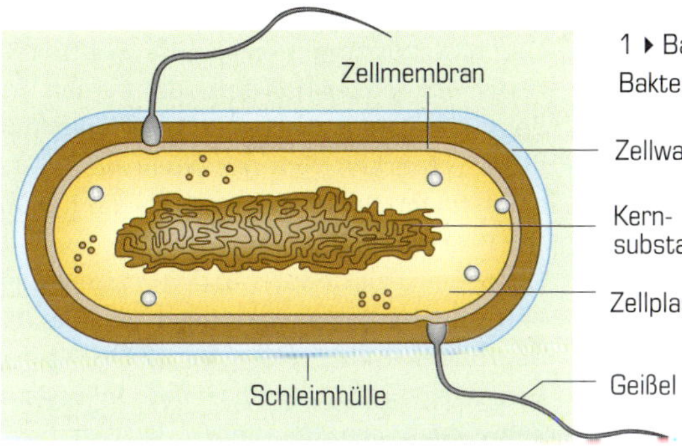

1 ▸ Bau einer Bakterienzelle

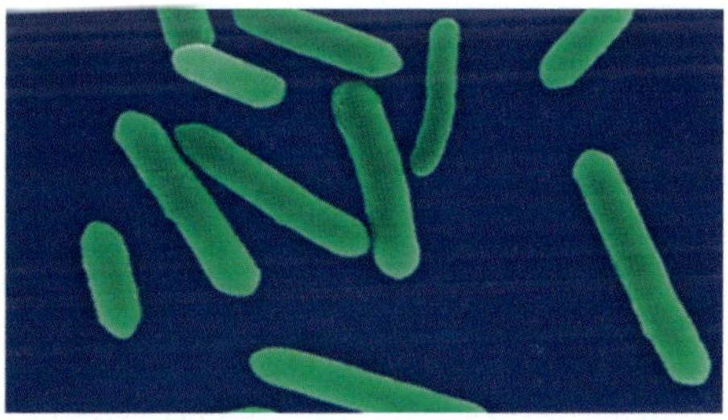

2 ▸ Der Tetanuserreger ruft eine schwere bakterielle Erkrankung des Nervensystems mit Krämpfen hervor.

Die Krankheit **Wundstarrkrampf (Tetanus)** wird durch stäbchenförmige Bakterien hervorgerufen (Abb. 2). Weil sich diese Bakterien überall aufhalten, besonders in Erde, Staub und morschem Holz, kann es schnell zur Infektion kommen. Die Erreger dringen durch kleinste Hautverletzungen, verursacht durch Kratzer, Holzsplitter oder Dornen, sowie über geringfügige Schürf- und Schnittwunden in den Körper ein, vermehren sich und produzieren innerhalb weniger Tage ein Nervengift.

Bakterien (Auswahl)	Länge in µm
Erreger des Milzbrands	3,0–10,0
Erreger der Diphtherie	0,2
Erreger des Wundstarrkrampfs	2,5–5,0
Erreger der Tuberkulose	3,0
Erreger der Lungenentzündung	1,0
Erreger der Cholera	1,5–3,0

Als Krankheitszeichen treten zunächst Schlaflosigkeit, Mattigkeit und Schweißausbrüche, später qualvolle Krampfzustände der Muskulatur (Nackensteife, Muskelstarre im Gesicht) auf. Sind die Atem- und Herzmuskulatur betroffen, verläuft die Krankheit mit Todesfolge. Die Sterblichkeit liegt gegenwärtig bei 30 bis 50 % aller Erkrankungen. Weltweit werden 300 000 bis 500 000 Erkrankungen jährlich geschätzt. 60 Milliardstel Gramm des Tetanusgifts sollen genügen, um den Tod eines Menschen herbeizuführen. Ein Gegengift gibt es nicht.

Im Krankheitsfall muss innerhalb von 24 Stunden mit einem Heilserum behandelt werden. Ein wirksamer Schutz erfolgt durch eine **Impfung.**

M

Bakterien bilden als Krankheitserreger hochwirksame Giftstoffe, die zur Herausbildung von Krankheitssymptomen führen. Reaktionen des Abwehrsystems wie beispielsweise Fieber begleiten die Symptome.

Alte Viren – neue Viren

Pandemie (griech.= allgemein verbreitet): weltweit verbreitete Seuche einer Infektionskrankheit

Durch Schutzimpfungen und Antibiotika haben im letzten Jahrhundert in den Industriestaaten viele Infektionskrankheiten ihren Schrecken verloren. Viele Menschen betrachteten Seuchen bereits als ein Kapitel der Vergangenheit.

Der Schein trügt jedoch. In den vergangenen Jahrzehnten sind weltweit zum Teil bis dahin unbekannte, sehr gefährliche Krankheitserreger aufgetaucht. Gerade in jüngster Zeit häufen sich Meldungen darüber. Ganz so neu, im Sinne der Evolution, sind die Krankheitserreger allerdings nicht. Aufgrund der größeren Mobilität der Menschen können aber noch so fern und unberührt liegende Landstriche auf unserem Globus erreicht und damit unbekannte Erreger eingeschleppt werden.

Viele dieser scheinbar neuen Krankheitserreger sind Viren, die hämorrhagisches Fieber verursachen. Als hämorrhagisches Fieber (griech. *haima* = Blut; *ragenai* = reißen, brechen) bezeichnet man infektiöse Fiebererkrankungen, die als Begleiterscheinung Blutungen haben. Die verschiedenen Arten infizieren vornehmlich Bindegewebe, was zur Zerstörung von Blutgefäßen und inneren Organen führt.

Die wohl schrecklichste Berühmtheit hat das **Ebolavirus** erlangt. Der Name stammt vom Fluss Ebóla in der Demokratischen Republik Kongo (ehemals Zaire), dort erkrankten 1976 bei einem Ausbruch des Virus 500 Personen, von denen rund 80 % am hämorrhagischen Fieber starben.

Praktisch vor unseren Augen entstehen fast jedes Jahr neue **Influenzaviren** (Abb. 1), die Erreger der echten Grippe. Bei ihnen handelt es sich um neue Virusstämme, die vom menschlichen Immunsystem jedes Mal eine Neuimmunsierung erfordern. Bei gewöhnlichen Grippeerkrankungswellen ist mit 5 000 bis 8 000 Todesfällen in Deutschland zu rechnen. Die beste vorbeugende Maßnahme sind jährlich zu wiederholende Grippeschutzimpfungen gegen die aktuellen Virusstämme.

Die hohe Veränderlichkeit von Influenzaviren basiert auf ihrer genetischen Struktur. Ihre Erbanlagen bestehen aus acht einzelnen RNA-Molekülen. Bei ihrer Vervielfältigung in den Wirtszellen treten häufig Mutationen auf, was zu Veränderungen an den Antigenstrukturen führt.

Bei Mischinfektionen mit unterschiedlichen Influenzastämmen können bei der Bildung der Viren in den Wirtszellen die RNA-Moleküle zwischen den Stämmen kombiniert werden. Die neuen Viren weisen dann völlig neue Antigene auf. Je weit reichender die Änderungen an den Antigenen sind, umso folgenschwerer verlaufen Infektionswellen.

Im Moment ist die Menschheit u. a. davon bedroht, dass der Erreger der **Vogelgrippe** H5N1 sich mit Menschen-Influenzaviren kombiniert und somit zwischen Menschen übertragbar wird. Eine Pandemie droht. Antivirale Medikamente und Grippeschutzimpfungen könnten eine Pandemie verhindern.

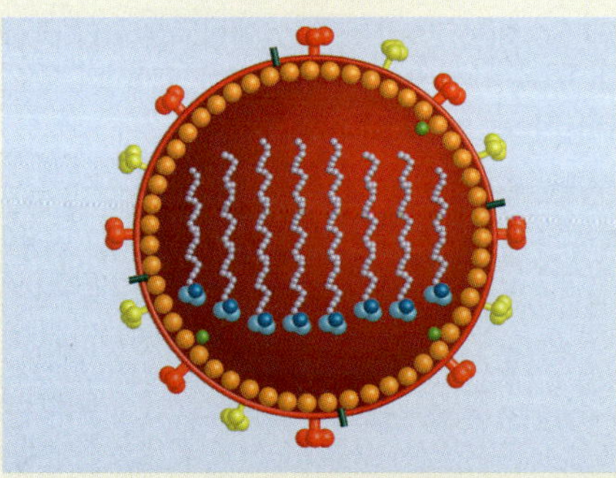

1 ▸ Schema des Influenzavirus, das Vogelgrippevirus gehört zur Gruppe der Influenza-A-Viren

2 ▸ Durch Vogelgrippe verendete Ente in Thailand

2

Aids – Seuche der Gegenwart?

Rund 25 Jahre sind vergangen, seit man das Virus, das eine rätselhafte Lungenentzündung in Amerika auslöste, entdeckt hat. Seitdem haben sich weltweit rund 40 Millionen Menschen mit diesem Virus, dem **HI-Virus,** infiziert.

Laut **UNAIDS** – einem Aids-Bekämpfungsprogramm der Vereinten Nationen – starben bisher weltweit rund 25 Millionen Menschen an **Aids.** Allein 2005 waren es 3,8 Millionen. Innerhalb eines Jahres gab es 4,1 Millionen Neuinfektionen.

Ursprung und Verbreitung

Man geht davon aus, dass es früher schon, allerdings räumlich begrenzte Aidserkrankungen gab. Da die Erreger aber damals nicht weit verbreitet wurden, blieben die Fälle lokal und die Krankheit erlosch wieder.

Heute sind alle Orte der Welt relativ schnell erreichbar, was dazu führt, dass innerhalb kürzester Zeit Erreger aus allen Teilen der Welt in andere Regionen übertragen werden können.

Der **Ursprung** des *HI-Virus* liegt wahrscheinlich in Afrika. Vermutlich in den Vierzigerjahren des 20. Jahrhunderts hat sich dort ein ursprünglich für Menschen harmloses Affenvirus in eine für Menschen gefährliche Variante verwandelt. Damit begann die sehr erfolgreiche Evolution des Virus.

Durch Affenbisse oder den Verzehr von Affenfleisch gelangte das Virus in Menschen und konnte sich dort verändern. Es entstanden Varianten, die die **Auslese (Selektion)** durch das Immunsystem oder Medikamente überstehen. Schon fünf Veränderungen in der Oberflächenstruktur des Virus reichen dabei aus, um es für das Immunsystem oder Medikamente „unauffindbar" werden zu lassen.

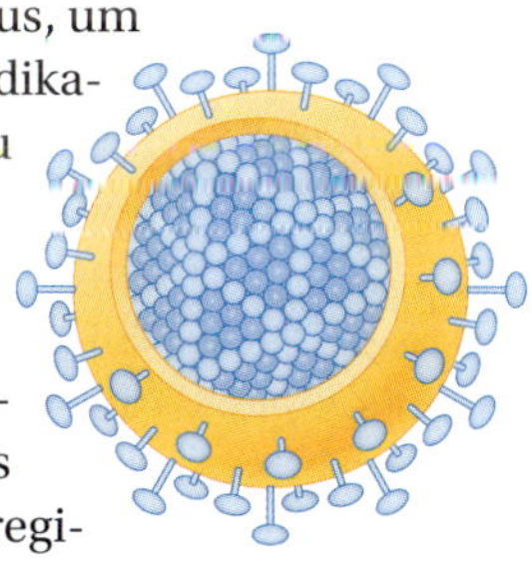

Die weltweite **Verbreitung** des HI-Virus begann in den 1970er-Jahren. Touristen übertrugen das veränderte Virus in ihre Heimatregionen.

In den letzten Jahren hat die Vielfalt der HI-Viren explosionsartig zugenommen. Der weltweite **Massentourismus** bietet den Viren neben guten Verbreitungsmöglichkeiten auch die Chance, in anderen Gebieten neue Varianten zu bilden.

Hinsichtlich der Verbreitungsgebiete spricht man von **zwei Formen:** „Aids-Nord" und Aids-Süd". **Aids-Nord** kennzeichnet die Ausbreitung der Epidemie in den wirtschaftlich starken westlichen Industrieländern (z. B. USA, Westeuropa), **Aids-Süd** die Ausbreitung der Infektion auf dem afrikanischen Kontinent südlich der Sahara und in der Karibik. Besonders in diesen Regionen steigt die Menge neu infizierter Menschen stark an.

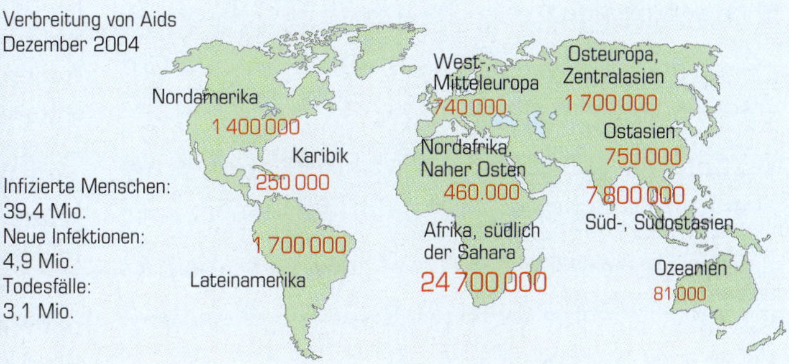

Beim HIV-Test werden die im Blut befindlichen Antikörper gegen HIV nachgewiesen. Ist der erste Test „positiv", d. h. Antikörper vorhanden, wird noch ein zweiter, empfindlicherer Bestätigungstest durchgeführt. Die Infektion ist nachgewiesen, wenn dieser auch „positiv" ist.

Während dort im Jahr 2003 knapp 25 Millionen Menschen infiziert waren, waren es im Jahr 2005 schon 26 Millionen. Betroffen ist dabei besonders die Altersgruppe zwischen 20 und 45 Jahren.

Seit Beginn der 1990er-Jahre breitet sich Aids auch in Asien und Osteuropa immer weiter aus.

Infektion und Krankheitsverlauf

Das HI-Virus wird durch virushaltige Körperflüssigkeiten wie Blut, Vaginalsekret und Sperma übertragen. Es wird nicht durch Schweiß, Tränenflüssigkeit oder Speichel weitergegeben.

Ungeschützter Geschlechtsverkehr und verunreinigte Spritzen bzw. Kanülen bei Drogenkonsum stehen im Mittelpunkt der Infektionsausbreitung. Kinder können von ihren Müttern über die Plazenta, während der Geburt oder durch Muttermilch infiziert werden.

Sind die HI-Viren in den Körper gelangt, verbreiten sie sich dort. Das **Erbmaterial** der HI-Viren lässt sich leicht transportieren und verändern. Dadurch sind die Viren in der Lage, eigenes Erbmaterial in die DNA der befallenen Wirtszellen zu schleusen und die Wirtszelle (z. B. T-Helferzellen) zu veranlassen, neue Viren zu bilden. Die Wirkung der HI-Viren ist in Abb. 1 dargestellt.

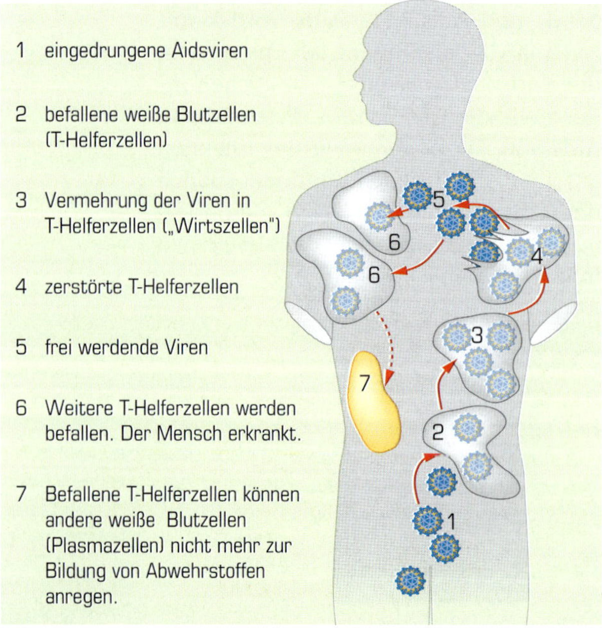

1 ▸ HI-Virus und seine Wirkung im Körper

Die **Infektionsphase** mit HIV verläuft meist unbemerkt. Es treten höchstens grippeähnliche Symptome auf. Je nach Intensität der Immunreaktion können erst wenige Wochen danach Antikörper gegen das Virus nachgewiesen werden **(HIV-Test).** Die Krankheit kann schon vorher auf andere übertragen werden.

In der sich anschließenden asymptomatischen Latenzzeit (*Latenz:* anfängliches Verborgensein von Krankheitssymptomen; wenige bis mehr als 10 Jahre) vermehrt sich das Virus vor allem in den Lymphorganen weiter. Die Virusträger fühlen sich gesund. Im Verlauf der Krankheit nimmt die Zahl der T- Helferzellen ab, die Viruszahl wird größer. Es kommt zur Entwicklung des Vollbilds von Aids. Das **Immunsystem** bricht zusammen. In der Folge häufen sich Infektionen und bestimmte seltene Krebserkrankungen. Diese führen meist zum Tod.

Behandlung

Da noch keine endgültige Heilung möglich ist, wird versucht, die HI-Virusvermehrung so früh wie möglich einzuschränken. Das erfolgt durch eine **Kombinationstherapie** mit drei Medikamenten. Außerdem werden die durch die Immunschwäche bedingten Krankheiten (z. B. Lungenentzündung) behandelt.

Je nach Virustyp, seiner Entwicklungsphase und den auftretenden Krankheitsbildern wechseln die verabreichten Medikamente. Deshalb wird die Kombination der Medikamente für jeden Patienten individuell festlegt.

Prophylaxe

Prävention im Zusammenhang mit Aids besteht darin, jeden in die Lage zu versetzen, seine Risiken für eine HIV-Infektion so gering wie möglich zu halten. Dazu gehören u. a.

- die Aufklärung über die Übertragungswege
- die Informationen über risikovermeidende Verhaltensweisen (z. B. Safer Sex)
- die Verteilung kostenloser Einwegspritzen an Drogenabhängige

Weitere Maßnahmen sollen infizierten Personen helfen, mit der Situation zurechtzukommen und ihren Körper beim Kampf gegen die Viren zu unterstützen.

Erfolge im Kampf gegen Aids

25 Jahre nach Beginn der Aidsepidemie kann man weltweit erste **Erfolge** verzeichnen. Das kommt u. a. daher, weil zunehmend mehr Medikamente zur Aidsbekämpfung in den armen Ländern eingesetzt werden. Dadurch wurden bereits Millionen HIV-infizierte Menschen vor dem Tod bewahrt. Wichtig ist aber, dass diese Menschen über Jahrzehnte mit den Medikamenten versorgt werden.

Auch durch eine entsprechende Aufklärung hat sich im weltweiten Maßstab die Ausbreitung der Krankheit allmählich verlangsamt. Es gibt aber einzelne Regionen und Länder, in denen die Infektionsrate weiter ansteigt, z. B. in Osteuropa und Indien.

Internationale Zusammenarbeit im Kampf gegen Aids und andere Seuchen

Im Jahr 2002 wurde der „Globale Fonds zur Bekämpfung von Tuberkulose, Malaria und Aids“ gegründet. Dieser Fonds sammelt weltweit Geld zur Aidsbekämpfung. Dabei handelt es sich um einen Fonds, der nicht von der UNO kontrolliert wird. Die eingezahlten Gelder werden an Länder oder Organisationen für Projekte der Aidsbekämpfung ausgezahlt.

Neben diesem Fonds gibt es sehr viele Hilfsprogramme, die von der **Weltgesundheitsorganisation (WHO)** koordiniert werden. Die WHO hat ihren Hauptsitz in Genf. Sie wurde 1948 als oberste Gesundheitsbehörde der UNO gegründet und koordiniert alle weltweiten gesundheitlichen Hilfsmaßnahmen. Die Aufgabe der WHO besteht darin, allen Menschen ein sozial und wirtschaftlich produktives Leben zu ermöglichen. Eine Grundvoraussetzung dafür ist die Gesundheit der Menschen. Die WHO unterstützt und koordiniert u. a. folgende Aktivitäten:

- weltweite Impfprogramme
- den Kampf gegen Infektionskrankheiten und Gesundheitsrisiken
- den Aufbau der Gesundheitswesen in Ländern der Dritten Welt
- die Festlegung von Standards der medizinischen Betreuung
- die Erhebung und Auswertung weltweiter Gesundheitsdaten

Nach Angaben der Vereinten Nationen sind weltweit schätzungsweise 2,2 Millionen Kinder mit dem HI-Virus infiziert.

Verschiedenste Organisationen der UNO arbeiten im Projekt **UNAIDS** bei der Bekämpfung von Aids zusammen. Außerdem existieren unzählige staatliche, private und kirchliche Initiativen, ohne die viele Aidsprojekte nicht durchzuführen wären. Neben der Prävention und medizinischen Versorgung von Infizierten bzw. Erkrankten ist der Kampf für die Rechte der Betroffenen ein weiteres Anliegen der Arbeit dieser Organisationen und Initiativen.

Aids ist eine Herausforderung für die gesamte Menschheit und kein begrenztes Problem einzelner Staaten oder Personen. Niemand besitzt den absoluten Schutz vor einer Infektion. Deshalb ist es wichtig, dass alle Möglichkeiten genutzt werden, um die Infektion zu bekämpfen.

Alljährlich wird am 1. Dezember der Welt-Aids-Tag begangen. Er soll darauf aufmerksam machen, dass die Rechte der Betroffenen eingehalten und durchgesetzt werden.

gewusst · gekonnt

1. Nenne Krankheiten, die durch Viren verursacht werden. Nutze das Internet unter www.schuelerlexikon.de. Fertige eine Tabelle mit den Spalten Krankheit, Erreger und Symptome an.

2. Auch in der Welt der Computer spricht man von Viren. Vergleiche beiden Virenformen: Krankheitserreger und Computerviren.

3. Nenne Krankheiten, die durch Bakterien verursacht werden. Beschreibe ihr Krankheitsbild und vorbeugende Maßnahmen. Nutze das Internet unter www.schuelerlexikon.de. Fertige eine Tabelle mit den Spalten Krankheit, Erreger und Symptome an.

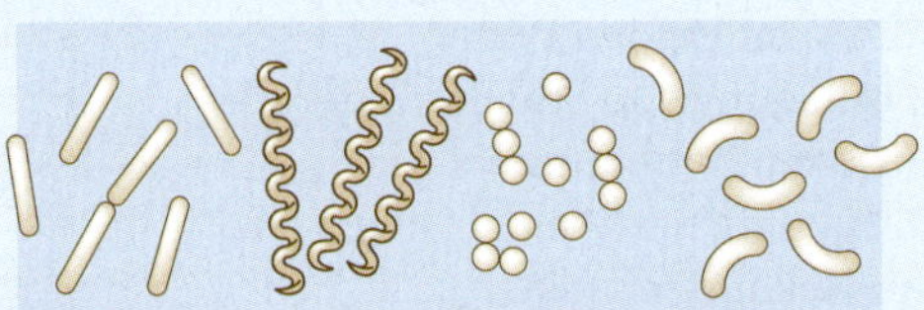

4. Beschreibe den Verlauf einer Infektionskrankheit. Gehe dabei auch auf die Immunreaktion im Körper ein. Nutze dazu Abb. 1 auf Seite 75.

5. Eine Maßnahme zum Schutz vor Infektionskrankheiten ist die Immunisierung.
a) Definiere den Begriff Immunsierung.
b) Beschreibe die unterschiedlichen Formen der Immunisierung.

6. Infektionskrankheiten, z. B. Masern, galten schon als besiegt. In letzter Zeit treten sie vermehrt wieder auf. Erläutere Ursachen für diese Entwicklung.

7. Eine der neueren Seuchen ist Aids. 25 Jahre nach dem Ausbruch der Epidemie haben sich weltweit mehr als 12 Millionen junge Menschen unter 24 Jahren mit dem HI-Virus angesteckt, darunter 2,2 Millionen Kinder unter 15 Jahren. Zwischen 2001 und 2004 wuchs die Zahl der Kinder, die einen oder beide Elternteile durch die Krankheit verloren haben, von 11,5 auf 15 Millionen. Die meisten dieser Waisen – 12 Millionen – leben in Afrika. In vielen Dörfern im südlichen Afrika ist die mittlere Generation weggestorben.

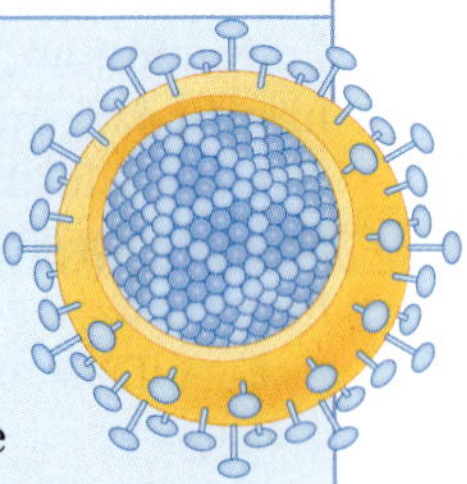

a) Nenne Ursachen für diese Entwicklung.
b) Erläutere Maßnahmen, um diese Entwicklung zu stoppen.

8. An dem Umgang mit der Epidemie Aids kann sich zeigen, ob die Menschen in der Lage sind, globale Probleme gemeinsam zu lösen. Dieses gemeinsame Handeln ist die Voraussetzung für die Existenz der Menschheit. Erläutere diese Aussage.

9. In der Urzeit traten Seuchen vermutlich kaum auf. Nenne Ursachen dafür.

10. Das Mittelalter ist gekennzeichnet durch häufiges Auftreten von Epidemien. Nenne Ursachen dafür.

11. Die Pest war eine der verheerenden Seuchen im Mittelalter.
a) Beschreibe Infektionsmöglichkeiten und Verlauf dieser Infektionskrankheit.
b) Beschreibe Maßnahmen, die man gegen diese Seuche ergriff. Nutze dazu das Internet.

2

Das Wichtigste auf einen Blick

Gesundheit und Krankheit

Gesundheit entsteht im Gleichgewicht zwischen Körper, Geist und Umwelt. Sie ist ein Zustand des vollen körperlichen, geistigen und sozialen Wohlbefindens. Störungen der Regulationsfähigkeit bzw. Anpassungsfähigkeit bei der Aufrechterhaltung dieses Gleichgewichts führen zu **Erkrankungen**.

Entstehung und Verlauf einer Infektionskrankheit

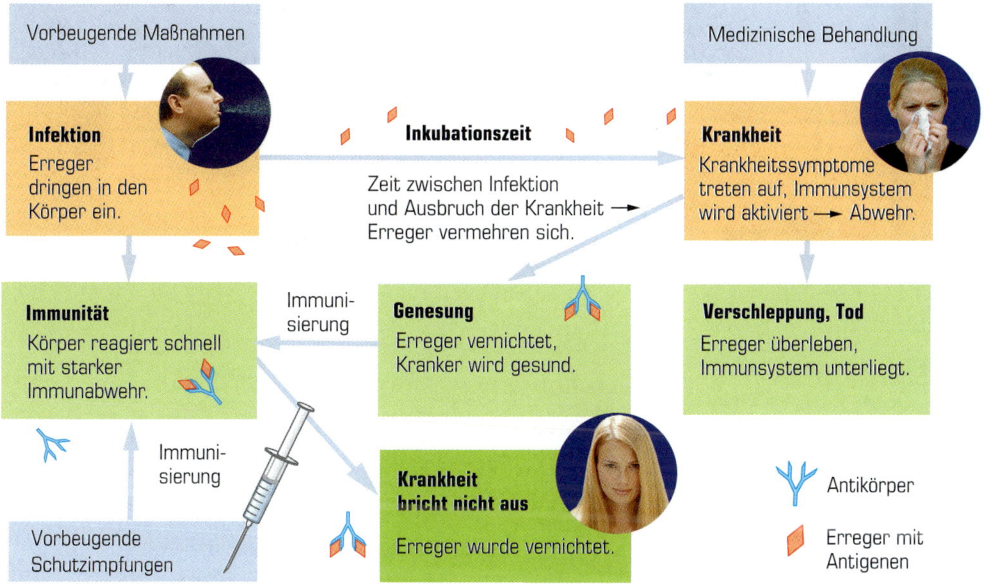

Infektionskrankheiten werden von Erregern, z. B. Viren oder Bakterien, hervorgerufen. Sie sind übertragbar.

Gegen die krank machende Wirkung von Erregern entwickelt der Körper **Abwehrmechanismen**. **Immunität** ist die Widerstandfähigkeit des Körpers gegenüber Krankheitserregern aufgrund des Vorhandenseins von Abwehrstoffen.

Aufgrund der **Mobilität** werden immer neue Erreger in Gebiete eingeschleppt, z. B. Ebolaviren, Influenzaviren.

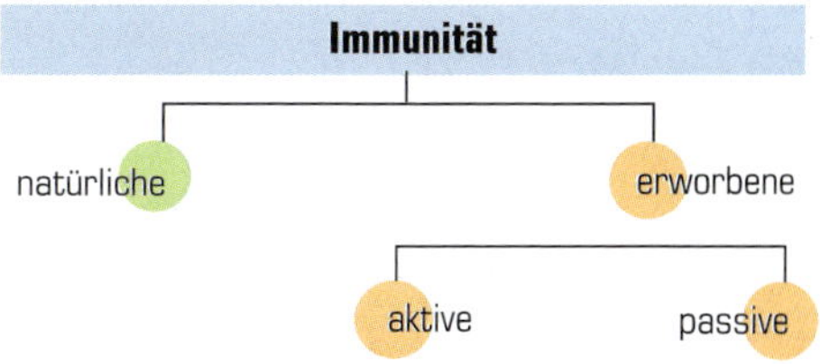

2.3 Aspekte biologischer Forschung

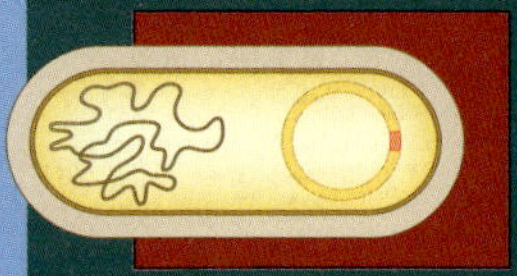

„Golden Rice" ›› 1999 wurden Gene der Narzisse und eines Bakteriums in das Genom einer Reispflanze eingeschleust. Dadurch konnte die Reispflanze den Farbstoff Betacarotin erzeugen, der im Körper zu Vitamin A umgewandelt werden kann. Dieser Reis könnte in Regionen angebaut werden, in denen Menschen an Vitamin-A-Mangel leiden.

Gentherapie ›› 2000 ist es erstmals gelungen, mithilfe gentechnisch veränderter Knochenmarkszellen zwei Kinder von einer Erbkrankheit zu heilen. Zwei Jahre später stellte sich heraus, dass die veränderten Zellen bei einem Kind eine Leukämie ausgelöst hatten.

Stammzellen ›› 2005 wurden erstmalig einem Patienten mit akutem Herzinfarkt körpereigene Stammzellen in den Herzmuskel gespritzt. Zwei Monate später konnte der Mann die Klinik verlassen.

Biologie bestimmt unser Leben

Was haben der Schädlingsbefall im Kleingarten, der Bakterien übertragende Zeckenbiss, das Waldsterben und die Suche nach einem neuen Antibiotikum gemeinsam? Alle diese Erscheinungen und Vorgänge sind biologischer Natur. Stets sind Lebewesen im Spiel. Ihre Verschiedenartigkeit und ihre unterschiedlichen Lebensäußerungen machen die enorme Vielfalt biologischer Phänomene aus.

Ging es lange Zeit vor allem um das Auffinden, Beschreiben und Ordnen von Lebewesen, so steht heute die experimentelle Erforschung von Lebensvorgängen im Vordergrund. Diese Untersuchungen reichen von der molekularen Ebene bis zur Erforschung weltweiter Stoff- und Energieflüsse. Dabei haben die molekulargenetischen Erkenntnisse, die durch das Modell der DNA symbolisiert werden, in den letzten Jahrzehnten eine besondere Bedeutung erlangt. Technische Anwendungen biologischer Forschungsergebnisse gewinnen zunehmend an wirtschaftlicher Bedeutung. In der Medizin hofft man auf Heilung von bisher unheilbaren Krankheiten und Leiden, in der Pharmaindustrie setzt man auf neue effektive Verfahren der Medikamentenherstellung. In der Landwirtschaft will man mit genetisch veränderten (transgenen) Kulturpflanzen und Nutztieren neue Dimensionen der Agrarproduktion erreichen.

Ziel der Wissenschaft Biologie ist es, die Vielfalt des Lebendigen auf allen Ebenen zu erforschen, das biologische Wissen zu strukturieren und die in der belebten Natur wirkenden Gesetze zu erkunden.

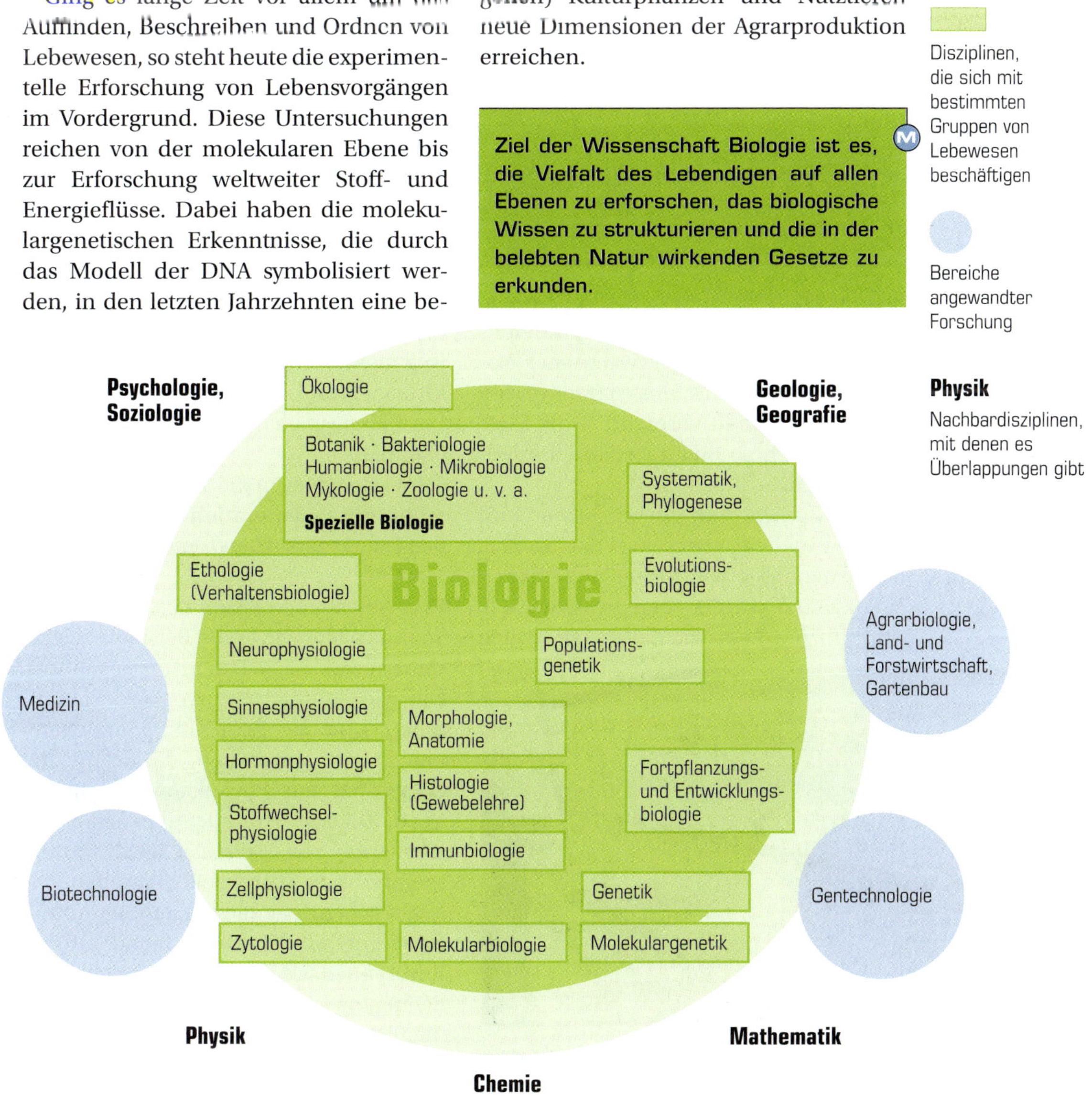

Stammzellen

Ein Mensch entsteht aus einer befruchteten Eizelle. Diese kann sich uneingeschränkt teilen. Aus ihren teilungsfähigen Tochterzellen entstehen alle Zelltypen des Menschen. Bei voll ausgeprägten, auf ihre Funktion spezialisierten Körperzellen gehen die Fähigkeiten zur Teilung und Spezialisierung in der Regel verloren. Damit der Körper sich jedoch regenerieren, d. h. verloren gegangene Zellen ersetzen kann, bleiben noch teilungs- und spezialisierungsfähige Zellen im Körper erhalten. Sie werden als **Stammzellen** bezeichnet.

Stammzellen sind Zellen, die keine bestimmte Funktion haben und auch nach der Geburt ihre Teilungsfähigkeit behalten.

Stammzellen können aus Embryonen, Nabelschnurblut oder, was sehr kompliziert ist, aus Organen Erwachsener isoliert werden. Im Anschluss daran werden sie in Zellkulturen vermehrt. Über viele Jahre können so Stammzelllinien erhalten bleiben.

Die Nutzung von Stammzellen wird im Moment rege erforscht. Erste Ansätze zur Behandlung von bisher unheilbaren Krankheiten wurden bereits entwickelt. Im Prinzip werden die Zellen verwendet, um zerstörte bzw. erkrankte Zellen und Gewebe des Körpers zu ersetzen.

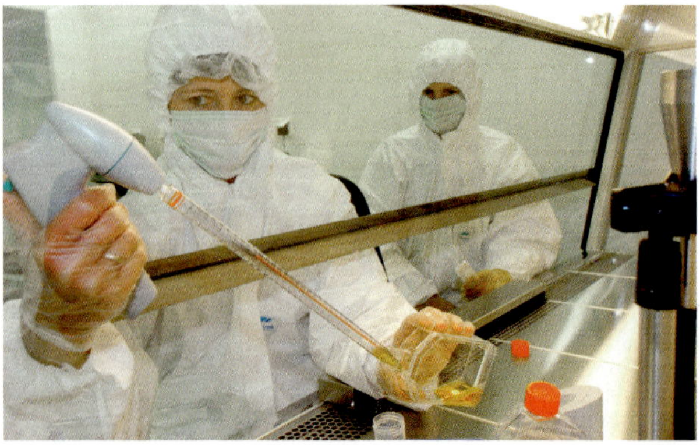

1 ▸ Unter extremen Reinraumbedingungen werden aus dem Blut von Infarktpatienten Stammzellen gewonnen.

Bei Leukämie (Krebs der weißen Blutzellen) wird zur Behandlung mit Chemotherapie das Knochenmark zerstört, weil es Krebszellen bildet. Statt mit einer Knochenmarkstransfusion eines Spenders, mit der Möglichkeit einer Abstoßungsreaktion könnten auch körpereigene Stammzellen transfundiert werden. Diese müssten aber gleich nach der Geburt aus der Nabelschnur gewonnen und eingefroren gelagert worden sein.

Aus Stammzellen kann auch künstliche Haut zur Abdeckung großer Brandwunden oder Knorpelgewebe beispielsweise in Form eines Ohrs hergestellt werden.

Stammzellen könnten bei der Parkinsonkrankheit verloren gegangene Nervenzellen im Gehirn ersetzen. Dadurch erhofft man sich, dass die Symptome dieser Krankheit, z. B. Sprach- und Bewegungsstörungen, behoben werden. MUHAMMAD ALI (Boxer) und MICHAEL J. FOX (Schauspieler) sind z. B. an Parkinson erkrankt.

Im Tierexperiment funktioniert auch schon die **Regeneration** einer durch einen Infarkt zerstörten Herzmuskulatur.

Den vielen guten Seiten der Therapie mit Stammzellen, wie es die Beispiele zeigen, stehen aber auch Bedenken gegenüber. Die Gewinnung embryonaler Stammzellen wird als Ausbeutung ungeborenen Lebens angesehen, da sie mit der Zerstörung der Embryonen verbunden ist. In Zukunft wird auch die Gefahr der *Klonierung von Menschen* als „Ersatzteilspender“ aus Stammzellen gesehen. Die gesetzlichen Grundlagen zur Stammzellforschung sind in Deutschland z. B. im **Embryonenschutzgesetz** formuliert. Die Erzeugung embryonaler Stammzelllinien ist bei uns verboten und steht unter Strafe.

2

Klonierung

In der Natur besitzt die **geschlechtliche Fortpflanzung** einen sehr großen Vorteil. Die Erbanlagen der Eltern werden in den Nachkommen neu kombiniert, **Variabilität** entsteht. Diese Variabilität führt letztendlich zur Verbesserung der Angepasstheit der Lebewesen und zur Bildung neuer Arten. Bei der Züchtung von Mikroorganismen, Pflanzen und Tieren wird dieses Potenzial genutzt.

Bei der Produktion wird aber meist eine hohe **Konstanz** der gezüchteten Merkmale gefordert. Die Nachkommengeneration soll in ihren Merkmalen identisch mit der Elterngeneration sein, um beispielsweise hohe Erträge zu erzielen. Solche erbgleichen Nachkommen können durch Formen der **ungeschlechtlichen Fortpflanzung** erzeugt werden. Die erbgleichen Nachkommen können als **Klone** bezeichnet werden. Ihre Erzeugung wird Klonierung genannt.

M **Als Klonierung wird die Herstellung genetisch identischer Organismen bezeichnet.**

Zur **Klonierung** werden je nach Ziel und Organismenart verschiedene Verfahren eingesetzt. Ein Teil dieser Verfahren ist der Natur abgeschaut.

Pflanzen verfügen über viele Möglichkeiten der ungeschlechtlichen Fortpflanzung. Sie erzeugen z. B. Ausläufer, Brutzwiebeln oder -knollen, aus denen dann wieder vollständige Pflanzen wachsen, die mit ihren Vorläufern genetisch identisch sind. Diese Methode können wir nutzen, um beispielsweise Kartoffeln, Knoblauch oder Erdbeeren (S. 30, Abb. 2) zu vermehren.

Eine Weiterentwicklung dieser eher natürlichen Methode ist die **Zellkulturtechnik.** Hier werden Pflanzen aus isolierten, noch teilungsfähigen Einzelzellen des Bildungsgewebes aufgezogen. Die Vorteile sind, dass diese Zellen meist nicht mit ertragsmindernden Viren infiziert sind und dass die Pflanzenzellen vorher auch gentechnisch verändert werden können (Abb. 1).

Auch bei **Tieren** sind Formen des natürlichen Klonierens bekannt, die genutzt werden können.

Süßwasserpolypen verfügen über eine hohe Regenerationsfähigkeit. Nach Verletzungen kann sich ein Polyp aus den verbleibenden Körperzellen wieder regenerieren. Seine Zellen sind noch teilungs- und spezialisierungsfähig, ähnlich wie die **Stammzellen** (s. S. 90).

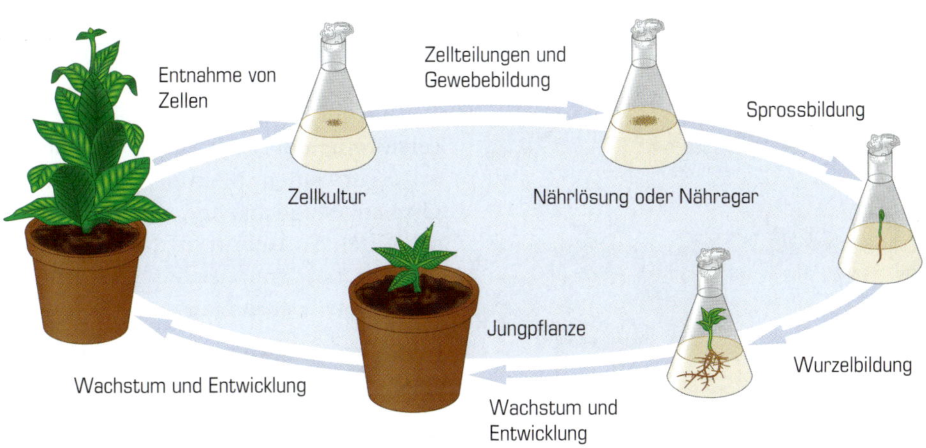

1 ▸ Aufzucht einer Pflanze aus Zellkulturen (In-vitro-Vermehrung)

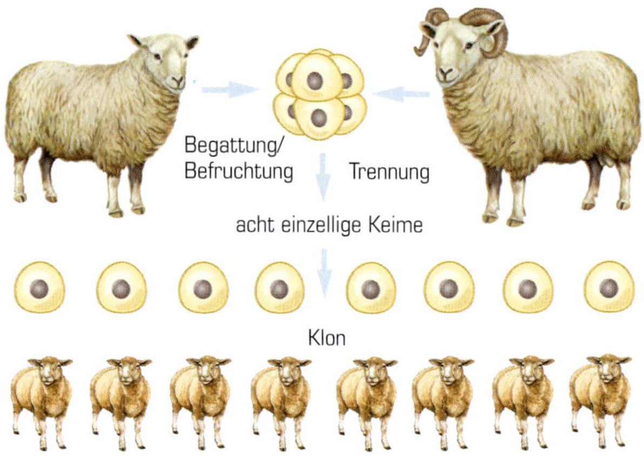

1 ▸ Klonen durch Teilen des Embryos

Eineiige Zwillinge entstehen durch Teilung des Embryos während der Embryonalentwicklung. Auch dieser Prozess kann zum **Klonieren** eingesetzt werden. Bei Nutztieren werden wenigzellige Embryonen geteilt und „Ammentieren“ eingepflanzt. Diese tragen dann beispielsweise Nachkommen von Hochleistungsrassen aus. Innerhalb kurzer Zeit können somit viele genetisch identische, merkmalsgleiche Nachkommen erzeugt werden.

Identische Nachkommen von Hochleistungsrassen kann man aber auch erzeugen, wenn man **Zellkerne** ihrer Körperzellen in andere artgleiche Eizellen überträgt. Die entstandenen **Klone** sind alle genetisch identisch. Vor der Übertragung könnten die Zellkerne auch noch genetisch verändert werden.

Dieses Verfahren gelang bei einem Säugetier erstmalig beim sogenannten Klonschaf **Dolly**. Es starb bereits nach sechs Jahren mit Erkrankungen eines 11 bis 12 Jahre alten Schafs. *Zellkernübertragendes Klonieren* ist offensichtlich nicht unproblematisch.

Verfahren der Klonierung bergen viele Vorteile für die Verkürzung von Züchtungszeiten und Ertragssteigerung in sich. Aber auch hier muss, wie bei allen anderen neuen Erkenntnissen und Verfahren, über Risiken nachgedacht werden.

Alle bei Tieren funktionierenden Klonierungsverfahren, einschließlich Methoden der Stammzellforschung und Gentechnik, gelingen prinzipiell auch bei uns Menschen.

Es gilt, einen Missbrauch der technischen Möglichkeiten zu verhindern, ohne den Fortschritt zu hemmen. Eine Aufgabe, bei deren Lösung alle Menschen einbezogen werden müssen.

Die Klonierungsverfahren funktionieren prinzipiell auch bei uns Menschen. M

2 ▸ Klonen durch Kerntransfer

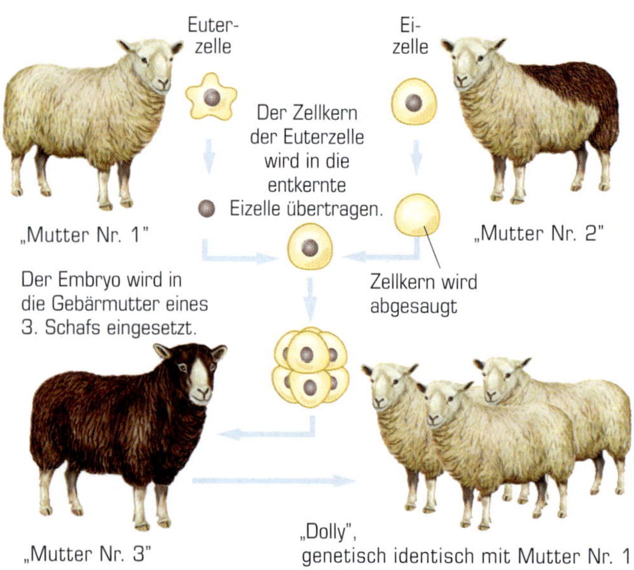

2

Gentechnik

Im Jahre 1972 wurden zum ersten Mal DNA-Stücke verschiedener Organismen verknüpft. Bereits ein Jahr später konnte gezeigt werden, dass sich solche DNA über Artgrenzen hinweg in fremde Erbanlagen einfügen lässt und dort in Proteine (Eiweiße) „übersetzt" wird.

Die **Gentechnik** war geboren. Zunächst wurde nur mit Bakterien gearbeitet. Als in den 1980er-Jahren viele neue Methoden, z. B. die künstliche Vervielfältigung von DNA (PCR) oder die Sequenzierung von DNA, entwickelt wurden, ging es auch mit der Gentechnik rasant weiter.

Neben Bakterien, konnten dann auch pflanzliche oder tierische Organismen genetisch verändert werden. Es entstanden **transgene Organismen.**

M Gentechnik (Gentechnologie) umfasst die theoretischen Grundlagen und praktischen Methoden zur Isolation, Analyse und Veränderung von DNA, deren Einführung in andere Organismen sowie ihre Vermehrung und Realisierung in diesen Organismen.

Die Anwendungsbereiche der Gentechnik sind sehr vielfältig. Gentechnische Verfahren werden vor allem in folgenden Bereichen angewendet:

- Medizin mit Diagnose- und Behandlungsverfahren
- Arzneimittelforschung und -herstellung
- Landwirtschaft mit Pflanzen- und Tierzüchtung
- Nahrungsmittelproduktion
- industriellen Produktion von Enzymen (beispielsweise für Waschmitte)
- Verbrechensbekämpfung mit Abstammungsnachweisen und Personenidentifizierung
- Biologische Forschung

Risiken gentechnischer Veränderungen

Mit der Gentechnik hat der Mensch die Möglichkeit, evolutionäre Veränderungen im Zeitraffer ablaufen zu lassen. Durch die Auswahl der zu verändernden Merkmale ist er dazu noch in der Lage, diesen Prozess in die von ihm gewünschte Richtung zu lenken. Damit hat die Forschung wieder eine ethische Grenze überschritten. *Wer bestimmt darüber, wann eine gentechnische Veränderung erfolgen sollte bzw. darf?*

In der Gentechnik macht man sich zunutze, dass der genetische Code der DNA unversell ist, d. h., in jedem mehrzelligen Lebewesen verschlüsselt die Abfolge der gleichen Basen dessen Merkmale. Damit ist z. B. möglich, dass Salatpflanzen mithilfe von Rattengenen so verändert wurden, dass sie mehr Vitamin C herstellen. Gentechnisch gegen Insekten- und Pflanzenvernichtungsmittel resistent gemachte Nutzpflanzen, z. B. Soja, Mais, Raps und Baumwolle, sind in vielen Ländern nicht mehr wegzudenken. In der Medizin werden durch therapeutisches Klonen gewonnene embryonale Stammzellen verändert, um u. a. Resistenzen gegen bestimmte Krankheiten zu erzeugen. All diese Forschungen sollen dem Fortschritt der Menschheit dienen.

Polymerase-Chain-Reaction (PCR, Polymerase-Kettenreaktion) ist eine Methode zur Vervielfältigung von DNA. Im Prinzip funktioniert sie so wie der natürliche Prozess der Vervielfältigung, die Replikation, allerdings 30- bis 40-mal nacheinander. Das Enzym Polymerase katalysiert den Prozess.

Wie sich diese Forschung auf unsere Umwelt auswirken wird, ist bisher noch nicht gekärt. So musste z. B. ein Projekt in Australien gestoppt werden, weil sich bei Feldmäusen, die mit gentechnisch veränderte Pflanzen gefüttert wurden, eine schwere Lungenkrankheit entwickelte.

Gentechnische Verfahren sollen u. a. kranken Menschen zu einer neuen Lebensqualität verhelfen bzw. Nahrungsmittel für Hungerregionen bereitstellen. Deshalb sollten sie im Rahmen humanistischer Normen und Werte angewendet werden.

Gesetzliche Regelungen sind für gentechnische Verfahren unumgänglich, um Missbrauch zu verhindern.

Herstellung von Insulin

Als eines der ersten Medikamente wird das Hormon Insulin schon seit 1980 im industriellen Maßstab mit gentechnisch veränderten Bakterien hergestellt. Insulin wird zur Behandlung der Zuckerkrankheit (Diabetes mellitus) eingesetzt und senkt den Blutzuckerspiegel. Dieses Hormon besteht aus insgesamt 51 Aminosäuren (Eiweißbausteine), die eine A- und eine B-Kette bilden. Beide Ketten sind miteinander verbunden. In den Zellen der Bauchspeicheldrüse wird zuerst eine 110 Aminosäuren lange Vorstufe des Insulins hergestellt, dann ihre funktionstüchtige Struktur erhält und in den Körper abgegeben wird. Das gentechnologische Herstellungsverfahren des Insulins verläuft so ähnlich wie seine Biosynthese.

In Bakterien der Art *Escherichia coli* wurde dazu ein Plasmid, das die Bildungvorschrift für die Insulinvorstufe beinhaltet, eingefügt. (Plasmid ist ein ringförmiges DNA-Molekül, das nur wenige Gene enthält.) Die Insulinherstellung verläuft in drei Stufen. Zuerst werden die Bakterien in Bioreaktoren vermehrt und die Insulinvorstufe wird gebildet. Dann wird das Protein aus den abgetöteten Bakterien isoliert. Durch Falten und Abspalten der überschüssigen Aminosäuren entsteht im dritten Schritt aus der Vorstufe das Insulin.

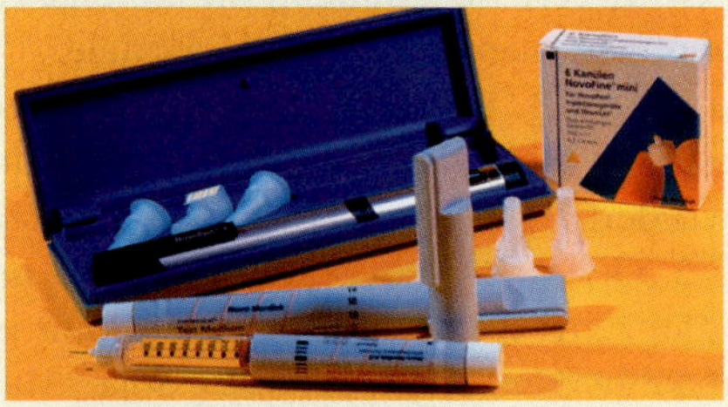

1 ▸ Insulinbesteck

2 ▸ Transgenes Bakterium zur Insulinherstellung

Prozess der Insulinherstellung

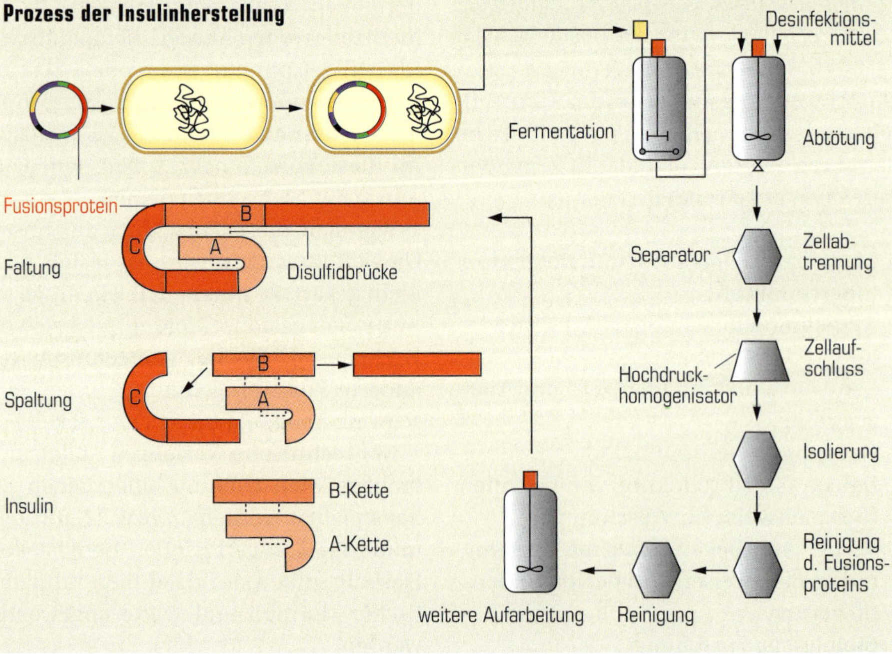

2

Berufsbilder

Alle hier kurz beschriebenen Berufsbilder sind als Ausbildungsberufe zugelassen. Sie können jeweils von Mädchen und Jungen erlernt werden. Der Kürze halber ist die Berufsbezeichnung immer nur einmal und nicht immer für beide Geschlechter aufgeführt. Genauere Informationen zu den Berufen erhält man im BIZ, den Informationseinrichtungen der Arbeitsagenturen oder von Betrieben mit diesen Berufsbildern. Über die Zugangsvoraussetzungen und Berufschancen sollte spätestens zu Beginn der Klasse 10 Klarheit herrschen, um die erforderlichen Abschlussleistungen zu erarbeiten. Da die Zugangsvoraussetzungen in den Ländern und sogar von Betrieb zu Betrieb unterschiedlich sein können, ist es hilfreich, sich direkt vor Ort zu informieren. Wenn der Berufswunsch gefasst ist, sollte ein Praktikum in der gewünschten Berufsrichtung durchgeführt werden. Dadurch kann man überprüfen, ob die Wirklichkeit mit den eigenen Vorstellungen übereinstimmt.

Tierpfleger betreuen in der Schwerpunktausbildung *Forschung und Klinik* die Versuchstiere und kranke Tiere. Sie füttern diese und reinigen die Käfige und Ställe. Weitere Aufgabengebiete sind u. a.: Vorbereiten der Tiere auf operative Eingriffe, Pflege danach, Zucht und Aufzucht von Jungtieren.

Tierpfleger werden bei Experimenten und Labortätigkeit eingesetzt, sie erstellen z. B. Beobachtungsprotokolle. Denn sorgfältige Beobachtung der Tiere ist eine Voraussetzung dafür, dass diese optimal versorgt werden können.

Tierpfleger tragen aber nicht nur eine große Verantwortung für die ihnen anvertrauten Tiere, ihre Arbeit beeinflusst auch den Erfolg der Forschungen maßgeblich. Die Einhaltung strenger Hygienevorschriften ist in diesem Beruf unerlässlich.

Tierpfleger mit dieser Schwerpunktausbildung arbeiten u. a. in Universitäten, Tierkliniken, Tierarztpraxen, Prüfinstituten und in Tierversuchsabteilungen industrieller Unternehmen.

Man kann auch über die Internetadresse www.arbeitsagentur.de weitere Informationen abrufen.

Tierpfleger

Ausbildungsdauer:
3 Jahre

Ausbildungsform:
Duale Ausbildung (Schule und Betrieb)

Schwerpunktausbildung:
a) Forschung und Klinik
b) Zoo
c) Tierheime, Tierpensionen

Anforderungen:
Wetterunempfindlichkeit, köperliche Belastbarkeit, Freude am Umgang mit Tieren

Steckbrief

Biologielaborant

Ausbildungsdauer:
3,5 Jahre

Ausbildungsform:
Duale Ausbildung (Schule und Betrieb)

Schwerpunktausbildung:
Keine spezielle Fachrichtung

Anforderungen:
Geschick im Experimentieren, chemisch-physikalische Grundkenntnisse, Geduld, Genauigkeit, Computerarbeit

Steckbrief

Das Arbeitsgebiet der **Biologielaboranten** liegt hautptsächlich in der Forschung:

- Sie untersuchen Zellkulturen, analysieren Strukturen von Viren und Bakterien.
- Sie präparieren Organismen, fertigen Gewebeschnitte und mikroskopieren diese.
- Sie planen Experimente, führen sie durch und dokumentieren die Ergebnisse (z. B. Testreihen, Tierversuche, gentechnische Experimente).
- Sie entnehmen bei Operationen den Versuchstieren Blut- oder Gewebeproben und analysieren diese.

Biologielaboranten arbeiten in der medizinischen und biologischen Forschung, in medizinischen Labors und im öffentlichen Gesundheitswesen. In der Industrie findet man sie u. a. in Pharmabetrieben, bei Lebensmittelherstellern Kosmetikfirmen.

Biologisch-technischer Assistent

Ausbildungsdauer:
2 Jahre (aber auch 3 oder 4 Jahre möglich, wenn die Hochschulreife erworben wird)

Ausbildungsform:
Berufsfachschule

Schwerpunktausbildung:
a) Biologie und Biotechnologie
b) Bioinformatik und Molekularbiologe
c) Biochemie

Anforderungen:
Geschick im Experimentieren, naturwissenschaftliche Kenntnisse, Geduld, Genauigkeit, Computerarbeit

Steckbrief

Biologisch-technische Assistenten unterstützen die Wissenschaftler bei ihrer Arbeit und nehmen ihnen die tägliche Routine ab. Sie betreuen u. a. die technischen Geräte, sind für Versuchsreihen verantwortlich und erstellen Berechnungen zu den Versuchen. Das Arbeitsgebiet ist sehr vielfältig und berührt viele Bereiche biologischer Forschung.

Bioinformatiker bedienen Computernetzwerke und schreiben Programme für die Durchführung und Auswertung von Versuchsreihen. Durch Nutzung der Computertechnik erstellen sie Simulationen, die teilweise Tests an Lebewesen ersetzen. Im Bereich der Molekularbiologie werden durch Computerprogramme und computererzeugte Bilder Stoffwechselabläufe in Zellen sichtbar gemacht.

Biologisch-technische Assistenten werden in allen Einrichtungen eingesetzt, in denen biologische Forschungen betrieben werden. Das können u. a. Hochschulen, Industriebetriebe, eigenständige Laboratorien oder öffentliche Ämter sein.

gewusst · gekonnt

1. Informiere dich über die Geschichte eines Arzneimittels, z. B. Aspirin. Gehe auf wesentliche gesetzliche Bestimmungen bei der Medikamentenherstellung ein. Fertige dazu eine Präsentation an.

2. Die Gentechniker verschiedener Länder forschen mithilfe embryonaler Stammzellen an Medikamenten zur Heilung von Erbkrankheiten. Dabei nutzen sie u. a. Zellen, die sie aus den Embryonen gewinnen, die bei einer künstlichen Befruchtung nicht verwendet wurden.
   a) Definiere den Begriff Stammzellen.
   b) Beschreibe das Prinzip des therapeutischen Klonens.
   c) Beurteile die Verwendung embryonaler Stammzellen aus verschiedenen Perspektiven: Arzt, Patient, Kirchenvertreter, Ethiker.

3. Unsere Körperzellen vervielfältigen sich durch Klonierung.
   a) Nenne die Zellteilungsform, die der Klonierung zugrunde liegt.
   b) Definiere den Begriff Klon.
   c) Beschreibe das Verfahren Klonierung.

4. Die Agrarwirtschaft nutzt die Klonierung für die Pflanzenzüchtung.
   a) Erläutere die Vorteile dieses Verfahrens bei der Pflanzenvermehrung.
   b) Erkläre, warum in die klonierten Zuchtlinien in Abständen wieder neues Erbmaterial eingekreuzt werden muss.

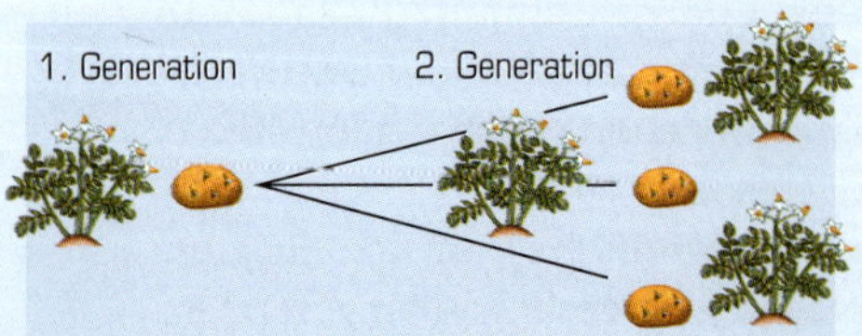

5. Die Gentechnik ermöglicht es, Erbmaterial von Lebewesen zu verändern. Man hat u. a. Erdbeerpflanzen mit eingeschleusten Fischgenen kälteunempfindlich gemacht.
   a) Erkläre, warum Pflanzenzellen in der Lage sind, tierische Erbinformation umzusetzen.
   b) Stelle eine Vermutung an, warum diese Erdbeeren nicht nach Fisch schmecken.
   c) Beschreibe, wie menschliches Insulin getechnisch erzeugt wird. Nutze dazu die Abb. auf Seite 94.

6. In über 20 Ländern der Erde werden gentechnisch veränderte Pflanzen angebaut. Zu den veränderten Sorten gehören insbesondere Mais, Soja, Bauwolle und Raps.
   a) Ermittle für die aufgeführten Pflanzensorten die Hauptanbaugebiete der Erde, die jährlichen Anbaumengen und den jeweiligen Anteil an gentechnisch veränderten Sorten.
   b) Stelle die Anbaumengen gentechnisch veränderter Pflanzen in einem Diagramm dar.
   c) Finde Gründe, warum ausgerechnet diese Pflanzen gentechnisch verändert wurden.

7. Gentechnische Verfahren beinhalten neben großen Möglichkeiten zur Lösung von globalen Problemen der Menschheit auch viele Risiken.
   a) Nenne Probleme, die sich mithilfe der Gentechnik wahrscheinlich lösen ließen.
   b) Nennen Risiken der Gentechnik.
   c) Informiere dich über Gesetze und Kontrollmöglichkeiten in Bezug auf die Gentechnik.
   d) Beurteile den Einsatz gentechnischer Verfahren. Wäge Pro und Kontra ab und formuliere eine begründete Meinung.

Das Wichtigste auf einen Blick

Aspekte biologischer Forschung

Biologie bestimmt unser Leben. Deshalb wird der biologischen Forschung große Aufmerksamkeit geschenkt.

Aspekte biologischer Forschung sind dabei u. a.:
- Stammzellenforschung
- Klonierungsverfahren
- Gentechnik

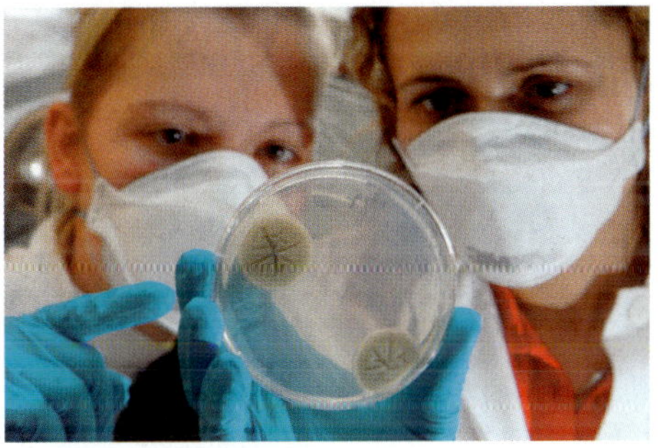

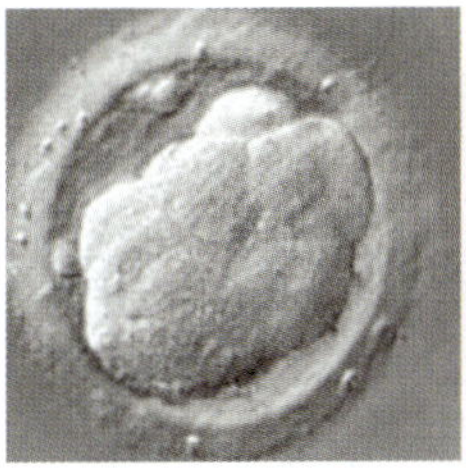

Stammzellenforschung
Stammzellen sind Zellen mit unbegrenzter Teilungs- und Entwicklungsfähigkeit.

Man unterscheidet:
1. embryonale Stammzellen
2. Stammzellen aus dem Knochenmark
3. entkernte Eizelle

Klonierung (Klonen)
Darunter versteht man die Erzeugung von genetisch identischen Nachkommen.

Klonierungsverfahren sind u. a.:
1. Therapeutisches Klonieren (Erzeugung von Geweben und Organen)
2. Reproduktives Klonen (Erzeugen von Lebewesen)

Gentechnik
Diese Technik umfasst alle Verfahren, bei denen das Erbgut von Lebewesen analysiert und gezielt verändert wird.

Ziele der Gentechnik sind u. a.:
1. Erzeugung resistenter Pflanzen
2. Herstellung von Medikamenten
3. Entwicklung von Diagnose- und Heilverfahren

2.4 Biologische Arbeitstechniken

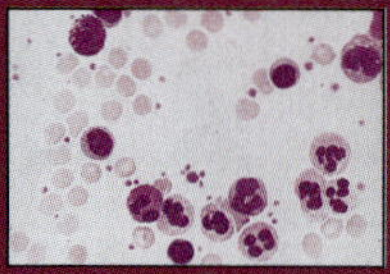

Fangen, Sammeln und Präparieren ▸▸ Pflanzen, Tiere und Pilze oder Teile von ihnen werden im Biologieunterricht zu unterschiedlichen Zwecken gesammelt, z. B. zur Anlage eines Herbariums, Terrariums oder Aquariums oder zum Beobachten und Kennenlernen von Verhaltensweisen von Tieren. Beim Sammeln und Fangen müssen die Gesetze des Natur- und Umweltschutzes beachtet werden.

Halten und Pflegen von Organismen ▸▸ Viele Lebewesen kann man in geeigneten Behältern für kurze oder längere Zeit halten, pflegen und beobachten. Im Wasser lebende Tiere kann man sehr gut im Aquarium halten, andere Tiere wie z. B. Lurche, Kriechtiere und einige Kleinsäuger in Terrarien. Insekten hält man in Insektarien.

2

Methoden in der Biologie

Im Zusammenhang mit dem Erkennen bestimmter biologischer Zusammenhänge und Gesetzmäßigkeiten gibt es eine Reihe von Tätigkeiten, die immer wieder durchgeführt werden. Solche **Tätigkeiten praktischer Art** sind das Sammeln bzw. Fangen von Organismen, Bestimmen von Organismen und Betrachten. Das Beschreiben, Vergleichen, Erläutern, Begründen und Klassifizieren sind **Tätigkeiten geistiger Art**.

Vergleichen
Beim Vergleichen werden gemeinsame und unterschiedliche Merkmale von zwei oder mehreren Vergleichsobjekten (z.B. Gegenstände, Erscheinungen, Vorgänge, Aussagen) ermittelt und dargestellt.

Definieren von Begriffen
Beim Definieren wird ein Begriff durch wesentliche gemeinsame Merkmale (artbildende Merkmale) eindeutig bestimmt und von anderen Begriffen unterschieden. Dazu wird häufig noch ein Oberbegriff angegeben.

Erklären von Erscheinungen
Beim Erklären wird zusammenhängend und geordnet dargestellt, warum eine Erscheinung in der Natur so und nicht anders auftritt. Dabei wird die Erscheinung auf das Wirken von Gesetzmäßigkeiten zurückgeführt, indem man darstellt, dass die Wirkungsbedingungen bestimmter Gesetzmäßigkeiten in der Erscheinung vorliegen. Diese Wirkungsbedingungen sind wesentliche Seiten der Erscheinung.

Beschreiben von Gegenständen oder Erscheinungen
Beim Beschreiben wird mit sprachlichen Mitteln zusammenhängend und geordnet dargestellt, wie ein Gegenstand oder eine Erscheinung in der Natur beschaffen ist. Dabei werden in der Regel äußerlich wahrnehmbare Merkmale dargestellt. Man beschränkt sich beim Beschreiben meist nur auf Aussagen über wesentliche Merkmale des Gegenstands oder der Erscheinung.

Man stellt z.B. dar, welche Merkmale ein Lebewesen aufweist oder wie ein Vorgang abläuft.

Klassifizieren von Objekten
Beim Klassifizieren werden verschiedene Objekte aufgrund gemeinsamer und unterschiedlicher Merkmale in Gruppen (z.B. Klassen) eingeteilt. Alle Objekte, die bestimmte gemeinsame Merkmale besitzen, werden zu einer Gruppe zusammengefasst. Dazu ist ein Vergleich der Objekte notwendig. Die Gruppen werden benannt. Es entstehen Begriffssysteme.

Beobachten
Beim Beobachten werden mithilfe der Sinnesorgane oder anderer Hilfsmittel Eigenschaften und Merkmale, räumliche Beziehungen oder zeitliche Abfolgen von biologischen Erscheinungen und Objekten ermittelt. Dabei werden die Objekte oder Prozesse nicht grundlegend verändert.

Hilfsmittel sind u.a. Mikroskop, Lupe, Fernglas.

Begründen von Aussagen
Beim Begründen wird ein Nachweis geführt, dass eine Aussage richtig ist. Dazu müssen Argumente angeführt werden, z.B. Beobachtungen, Gesetze, Eigenschaften von Körpern und Stoffen.

Erläutern von Sachverhalten und Begriffen
Beim Erläutern wird versucht, einem anderen Menschen einen naturwissenschaftlichen Sachverhalt (z.B. Vorgänge, Behauptungen, Arbeitsweisen) oder Begriff verständlicher, anschaulicher darzustellen. Dies erfolgt an einem oder mehreren Beispielen, deren innere Zusammenhänge und Beziehungen ähnlich denen des zu vermittelnden Sachverhalts oder Begriffs sind.

Experimente • Untersuchungen

Stelle ein Frischpräparat vom Zwiebelhäutchen her

Objekte, die mit einem Mikroskop betrachtet werden sollen, müssen meist erst dafür hergerichtet werden. Es muss ein **Mikropräparat** hergestellt werden.

Ein Mikropräparat besteht aus dem Objektträger, dem Objekt, oftmals einem Einschlussmittel (z. B. Wasser) und einem Deckgläschen.

1. Bereitstellen der benötigten Arbeitsgeräte und Objekte: Objektträger, Deckgläschen, Pinzette, Pipette, Rasierklinge, Wasser, Zwiebel.
   Tipp: Rote Küchenzwiebel verwenden.

2. Reinigen der Objektträger und Deckgläschen.

3. Auftropfen von etwas Wasser mit einer Pipette in die Mitte des Objektträgers.

4. Zerschneiden der inneren durchsichtigen Haut einer Zwiebelschuppe mit einer Rasierklinge in kleine Quadrate (Arbeitsschutz beachten).

5. Ein Stückchen der durchsichtigen Zwiebelhaut mit der Pinzette abheben und in den Wassertropfen auf dem Objektträger legen. (Achtung: Wenn sich das Hautstückchen einrollt, dann vorsichtig mit zwei Präpariernadeln aufrollen!)

6. Vorsichtig ein Deckglas auf das Objekt im Wassertropfen legen.
   Dazu das Deckglas schräg an den Wassertropfen heranbringen und langsam auf das Objekt im Wasser sinken lassen.

7. Seitlich hervorquellendes Wasser mit einem Filterpapierstreifen absaugen. Bei Wassermangel Wasser mit einer Pipette seitlich am Deckglas hinzutropfen.

8. Betrachten des Objekts mithilfe des Mikroskops.

9. Soll das Objekt angefärbt werden, einige Tropfen Farbstofflösung an den Rand des Deckgläschens tropfen und mit einem Filterpapierstreifen unter dem Deckglas hindurchsaugen.

3

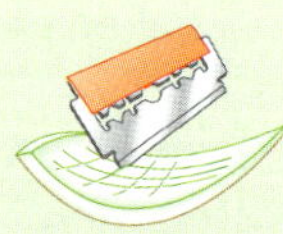
4

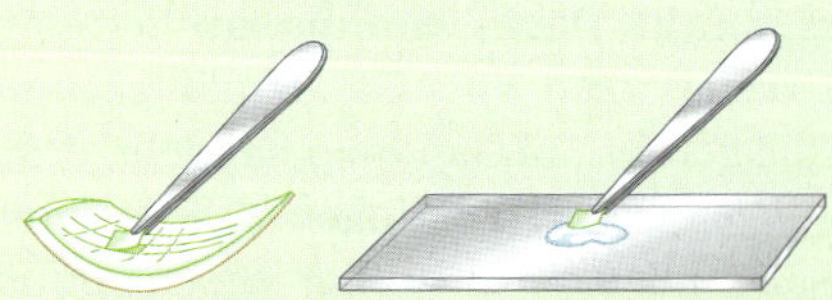
5

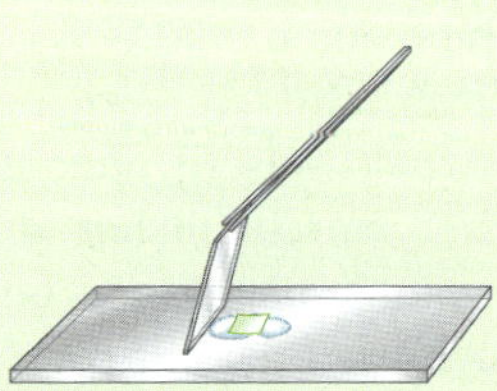
6

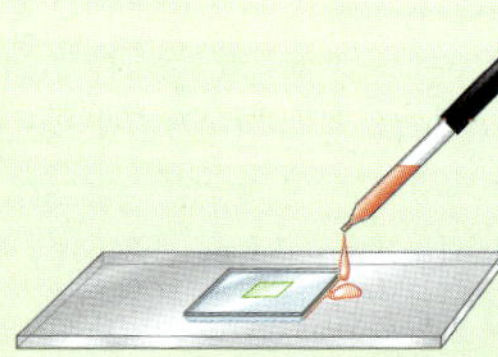
9

9

2

Methoden

Wie mikroskopiere ich Objekte?

Durch das Lichtmikroskop erfolgt eine Vergrößerung des Objektbilds. Es kommt ein Bild zustande, das das Objekt, z. B. ein Haar, bis über das 2 000-Fache vergrößert zeigt.

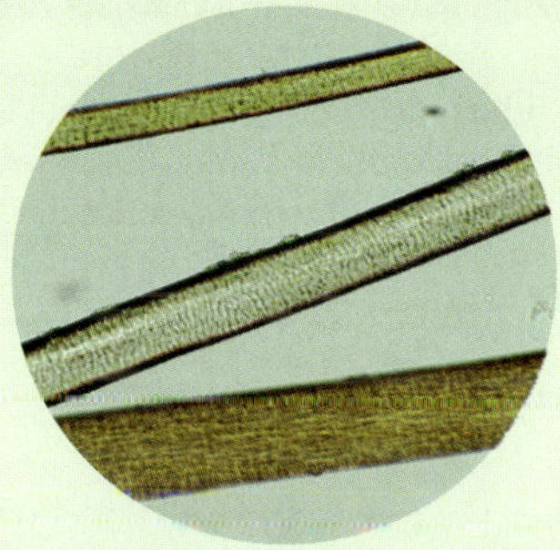

Um ein Objekt so vergrößert mithilfe eines **Mikroskops** betrachten zu können, muss man das Gerät sachgerecht handhaben und eine bestimmte Schrittfolge einhalten.

Aufgabe
Betrachte ein Haar mithilfe des Mikroskops. Lege es dazu auf einen Objektträger und klemme ihn auf dem Objekttisch fest.

Schritt ①

Ausleuchten
Stelle den Spiegel so ein, dass Licht bis in das Okular gelangt, oder stelle die Lampe an.

Schritt ②

Einstellen der Vergrößerung
Stelle zunächst die kleinste Vergrößerung ein.

Schritt ③

Scharfstellen des Bildes
Drehe den Tubus mit dem Grobtrieb bis auf etwa 2 mm an dein Objekt (Präparat) heran (Abb. a unten). Sieh durch das Okular und drehe den Tubus langsam nach oben. Erscheint ein scharfes Bild, reguliere mit dem Feintrieb nach (Abb. b unten).

Schritt ④

Einstellen der nächsten Vergrößerung
Wenn du die nächste Vergrößerung nutzen willst, musst du zuerst den Objekttisch nach unten drehen. Dann kannst du ein anderes Objektiv wählen und das Bild wieder scharf einstellen.

Schritt ⑤

Fehlersuche
Wenn du nichts sehen kannst, prüfe, ob dein Präparat genau über der Lichtöffnung auf dem Objekttisch liegt. Wiederhole dann die Schritte 1–3.

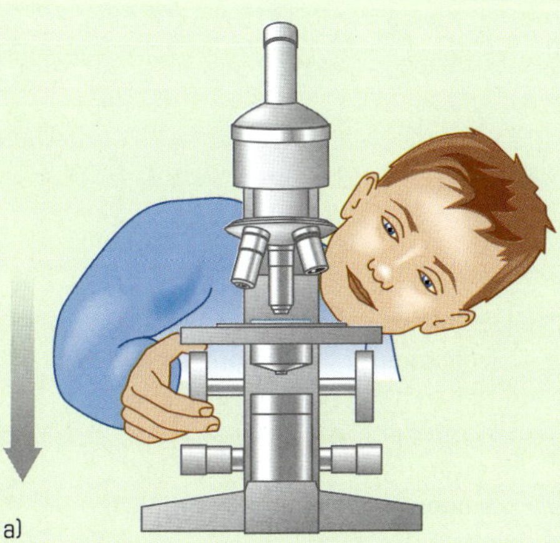

a)

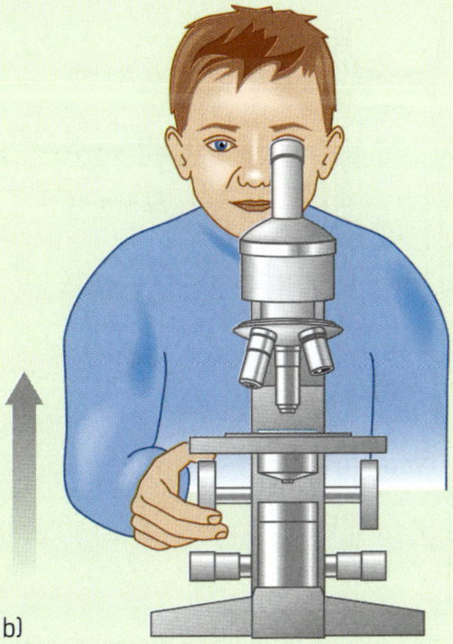

b)

Methoden

Wie fertige ich eine mikroskopische Zeichnung an?

Eine **mikroskopische Zeichnung** fertigt man nur auf weißem Papier mit einem gut gespitzten, mittelharten Bleistift an. Damit die mikroskopische Zeichnung auch gelingt, sollte man folgende **Schritte** beachten:

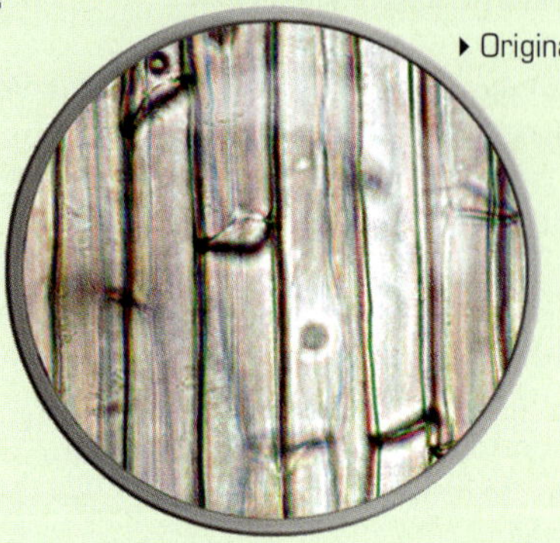

▸ Original

Aufgabe

Zeichne die Zellen einer Zwiebelhaut.

Schritt ①

Auswählen eines geeigneten Ausschnitts

Entscheide, ob du eine Zelle oder mehrere von deinem Objekt zeichnen möchtest. Suche eine geeignete Stelle aus.

Schritt ②

Betrachten des Objekts

Betrachte das Objekt durch das Okular mit dem linken Auge und schau mit dem rechten Auge auf das Zeichenblatt.

Lass dich nicht entmutigen, wenn es dir nicht gleich gelingt. Für diese Technik braucht man Übung.

Schritt ③

Zeichnen des gewählten Ausschnitts

Zeichne die Zellen größer, als du sie siehst. Zeichne möglichst mit einer glatten Linie. Die Linien sollen nicht gestrichelt werden.

Schritt ④

Beschriften der Zeichnung

Beschrifte deine Zeichnung.
Dazu gehören:

- Name des Objekts
- Bezeichnung des Organs/Gewebes
- mikroskopische Vergrößerung
- Hinweis auf Färbung
- Datum

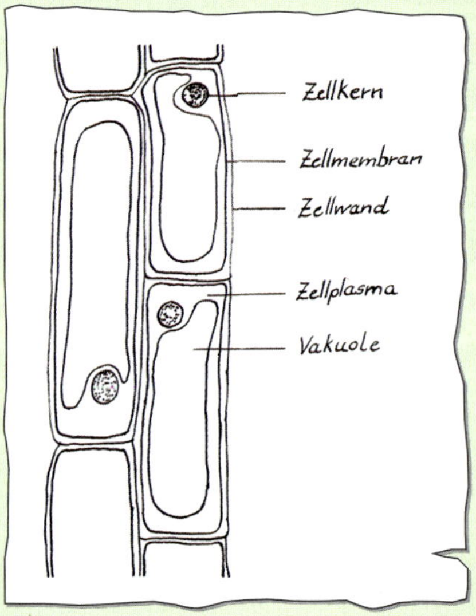

▸ Zeichnung

Objekt:	Zwiebel
Objektteil:	Haut der Zwiebelschuppe
Vergrößerung:	60-fach
Datum:	11. 10. 2007
Name:	Max Fröhlich

2

Experimente

Untersuche das Fruchtfleisch der Ligusterbeere

Mikroskop, Objektträger, Lanzettnadel, Deckgläschen, Pipette, Wasser, Ligusterbeeren

Durchführung und Beobachtung:

1. Entnimm einer reifen Ligusterbeere mit der Lanzettnadel etwas Fruchtfleisch.
2. Übertrage das Fruchtfleisch auf einen Objektträger, gib einen kleinen Wasser-tropfen dazu und lege ein Deckgläschen auf.
3. Drücke mit der Lanzettnadel das Deckgläschen vorsichtig an, damit das Fruchtfleisch etwas gequetscht wird.
4. Betrachte das Objekt mithilfe des Mikroskops. Zeichne einige Zellen und beschrifte die erkannten Teile.

Auswertung:

1. Beschreibe den Bau der Zellen (Abb. 1).
2. Erläutere die Funktion der erkannten Zellbestandteile. Worin besteht das Besondere dieser Zellen?

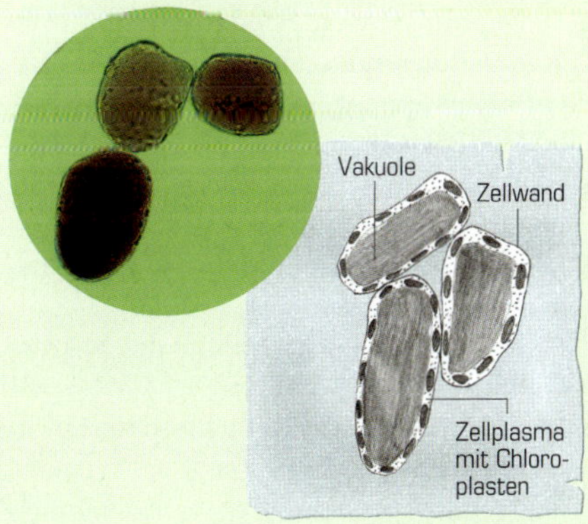

1 ▸ Zellen aus dem Fruchtfleisch der Ligusterbeere (Schülerzeichnung und mikroskopisches Bild)

Stelle ein Frischpräparat von einer Kartoffelknolle her

Materialien:
Kartoffelknolle, Skalpell oder Rasierklinge mit Halter, Mikroskop, Objektträger, Deckgläschen, Pipette, Iod-Kaliumiodid-Lösung

Durchführung und Beobachtung:

1. Schneide aus einer Kartoffelknolle mehrere Zylinder heraus. Nimm einen Zylinder und versuche mit der Rasierklinge möglichst dünne und durchsichtige Scheibchen zu schneiden (Arbeitsschutz beachten!).
2. Gib ein Scheibchen mit der Pinzette in einen Wassertropfen auf dem Objektträger, bedecke das Objekt mit einem Deckgläschen.
3. Betrachte das Objekt mithilfe des Mikroskops und zeichne einige Zellen.
4. Sauge mithilfe von Filterpapier Iod-Kaliumiodid-Lösung unter dem Deckgläschen hindurch.
5. Betrachte das gefärbte Objekt mithilfe des Mikroskops und zeichne einige Zellen.

Auswertung:

1. Beschreibe beide mikroskopischen Bilder.
2. Erläutere die Aufgaben der Zellen der Kartoffelknolle (Abb. 2).

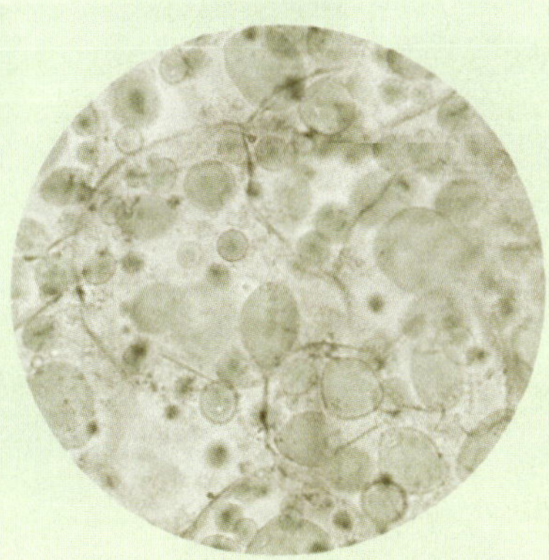

2 ▸ Zellen der Kartoffelknolle

Experimente

Untersuche ein Blättchen der Wasserpest (Elodea canadensis)

Materialien:
Wasserpest, Mikroskop, Objektträger, Deckgläschen, Pipette, Wasser, Pinzette, Becherglas

Durchführung und Beobachtung:
1. Stelle eine Wasserpestpflanze (Abb. 1) in einem Becherglas an einen sehr hellen Ort (Fensterbank oder Overheadprojektor) für etwa 30 min auf.
2. Trenne ein Blättchen von der Wasserpestpflanze ab.
3. Fertige ein Frischpräparat vom Blättchen der Wasserpest an.
4. Betrachte das Objekt mithilfe des Mikroskops.
5. Beobachte die Lage der Chloroplasten in den Zellen der Wasserpest.
6. Fertige die Zeichnung eines Ausschnitts des mikroskopischen Bilds an.

Auswertung:
1. Erkläre, was du an den Chloroplasten beobachten konntest.
2. Beschreibe das mikroskopische Bild.

1 ▸ Wasserpest

Untersuche einige Zellen der Mundschleimhaut

Materialien:
Mikroskop, Wasser, Objektträger, Deckgläschen, Streichholz, 2 Pipetten, Filterpapier, Methylenblau- oder Eosinlösung, Zellen der Mundschleimhaut

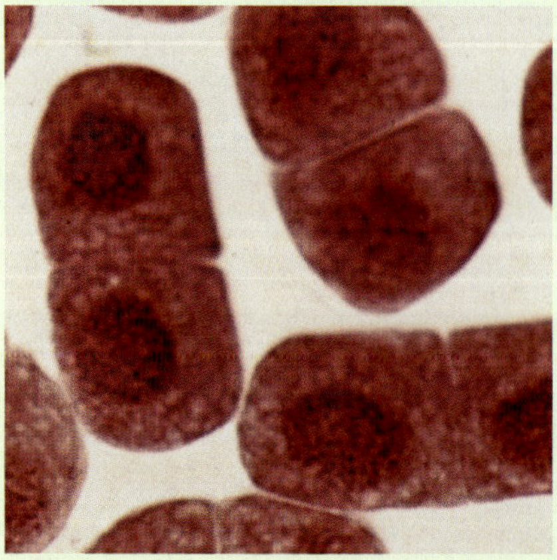

2 ▸ Zellen der Mundschleimhaut

Durchführung und Beobachtung:
1. Schabe mit dem Streichholz wenig Mundschleimhaut von der Innenseite deiner Wange ab (Beachten der Hygiene!) und übertrage sie auf einen Objektträger.
2. Vermische sie mit einem Tropfen Wasser und lege ein Deckgläschen auf.
3. Sauge mit Filterpapier einen Tropfen der Farbstofflösung unter dem Deckgläschen hindurch.
4. Betrachte die Zellen mithilfe des Mikroskops. Zeichne eine Zelle und beschrifte die erkannten Teile.

Auswertung:
1. Beschreibe den Bau der Zellen.
2. Nenne die Funktionen der erkannten Zellbestandteile.

2

Methoden

Wie plane ich ein Experiment, führe es durch und werte es aus?

Das Ziel eines **Experiments** besteht darin, eine Frage an die Natur zu beantworten. Die Bedingungen und damit das ganze Experiment müssen wiederholbar sein. Beim Experimentieren geht man in der Regel in ganz bestimmten Schritten vor.
Dabei wird eine Erscheinung der Natur unter ausgewählten, kontrollierbaren, wiederholbaren und veränderbaren Bedingungen beobachtet. Die Ergebnisse werden registriert und bewertet.

Im Unterschied zur Beobachtung verändert man beim Experiment bewusst die Bedingungen. Die Beobachtung ist aber ein Bestandteil des Experiments. Es ist unerlässlich, ein Protokoll anzufertigen, in dem alle Schritte des Experiments festgehalten werden.

Schritt 1

Erkennen und Formulieren des Problems
Ausgangspunkt ist immer, ein Problem zu erkennen und daraus eine Frage abzuleiten, die mithilfe eines Experiments gelöst werden kann.

Schritt 2

Aufstellen einer Vermutung
Bisherige Kenntnisse und Gesetzmäßigkeiten werden genutzt, um auf die formulierte Frage eine vorläufige Antwort, eine *Vermutung*, zu finden.

Schritt 3

Ableiten einer experimentell prüfbaren Folgerung
Aus der Vermutung wird nun eine Fragestellung abgeleitet, die mit einem Experiment auch tatsächlich überprüfbar ist.

Schritt 4

Planen und Durchführen des Experiments

1. Jetzt kann überlegt werden, wie das Experiment ablaufen müsste, um die Vermutung zu überprüfen. Dabei ist zu beachten, welche
   - Bedingungen variiert werden müssen
   - Veränderungen zu erwarten sind (Größe, Form)
   - Objekte, Geräte oder Chemikalien eingesetzt werden müssen
   - Arbeitsschritte zur Durchführung des Plans notwendig sind
2. Das Experiment wird nun exakt nach den geplanten Vorgaben durchgeführt. (*Tipp:* Je besser vorüberlegt und geplant wurde, desto besser sind die zu erwartenden Ergebnisse.)
3. Alle zu beobachtenden Erscheinungen sind genau zu notieren.

Schritt 5

Auswerten und Lösen des Problems

1. Die protokollierten Messwerte und Beobachtungen werden ausgewertet. Dazu können Diagramme angefertigt, Berechnungen durchgeführt oder Aufnahmen gemacht werden.
2. Die vermutete Lösung wird mit den festgestellten Ergebnissen verglichen.
3. Aus dem Ergebnis des Vergleichs wird die aufgestellte Vermutung entweder bewiesen, und das Problem damit gelöst, oder sie wird nicht bestätigt und es muss neu überlegt werden.

Methoden

Wie fertige ich ein Protokoll an?

Wenn du Beobachtungen, Untersuchungen und Experimente durchführst, ist es notwendig, ein **Protokoll** anzufertigen.
In diesem Protokoll wird alles festgehalten, was für die Beobachtung, Untersuchung oder das Experiment wichtig war. Dazu gehören sowohl die Probleme und Fragen, die Geräte und Materialien, aber auch die Beobachtungs- und die Messergebnisse.
Falls es erforderlich ist, solltest du auch die Untersuchungs- und die Experimentieranordnungen, die Bedingungen sowie die Auswertungsergebnisse festhalten. Deine Mitschüler sollen das Experiment nämlich nachvollziehen können. Wenn sie dann zu den gleichen Ergebnissen kommen wie du, ist das Ergebnis deines Experiments wirklich glaubhaft.
Bei der Anfertigung des Protokolls gehe nach dieser **Schrittfolge** vor.

Schritt ①

Name des Protokollanten, Klasse, Datum

Name: Julia Gubig
Klasse: 10a
Datum: 31. 05. 2007

Schritt ②

Formulieren der Frage/Aufgabe

An zweiter Stelle wird die Aufgabenstellung oder das Problem, das zu lösen ist, aufgeschrieben.
Beispiel: Unter welchen Bedingungen keimen Samen?

Schritt ③

Vorbereiten und Planen des Experiments

Notieren der verwendeten Geräte, Materialien und Chemikalien. Darstellen eines Plans, wie das Experiment ablaufen soll.
Geräte und Materialien: kleine Blumentöpfe, Erde, Wasser, Watte, Kresse- oder Bohnensamen
Entwickeln eines Experimentierplans

Beispiel für eine experimentell prüfbare Folgerung: Wenn Pflanzen nur keimen, wenn genügend Feuchtigkeit vorhanden ist, dann dürften sie bei Trockenheit nicht keimen.

Schritt ④

Durchführen des Experiments und Protokollieren der Beobachtungen

Alles, was man beobachtet, genau aufschreiben.
Durchführung: Es wird genau aufgeschrieben, wie und unter welchen Bedingungen das Experiment abläuft.
Beobachtung: Jegliche Veränderung aufschreiben, die man im Verlauf des Experiments beobachtet, z. B. Farbe, Form, Größe, Aussehen der Pflanze ...

Schritt ⑤

Auswerten des Experiments/ Beantworten der Fragestellungen

Alle Daten werden jetzt herangezogen, um die Fragestellung zu beantworten. Dabei ist es oft notwendig, aus den Messwerten Diagramme anzufertigen und/oder damit Berechnungen durchzuführen.

Experimente

Weise die Wirkung von Enzymen nach

Materialien:
Wasserstoffperoxid (H_2O_2), frisches Blut, Braunstein ☒, frischer Kartoffelpresssaft, Reagenzgläser, Reagenzglasständer, Holzspan, Pipette, Streichhölzer, Brenner, Reagenzglashalter

Durchführung und Beobachtung:
1. In 3 Reagenzgläser je 3 ml Wasserstoffperoxid geben.
2. In das Reagenzglas eine Spatelspitze Braunstein zugeben (Vorsicht: Nicht an die Augen halten!) und einen glimmenden Holzspan hineinhalten. Beobachte und notiere.
3. In das Reagenzglas etwas Kartoffelpresssaft zugeben, mit dem Daumen zuhalten, leicht schütteln und nach kurzer Zeit einen glimmenden Holzspan hineinhalten. Beobachte und notiere.
4. In das Reagenzglas frisches Blut (3 ml) zugeben und einen glimmenden Holzspan hineinhalten.
   Beobachte und notiere.

Auswertung:
1. Erkläre die Wirkung von Braunstein, Kartoffelpresssaft und Blut auf Wasserstoffperoxid.
2. Versuche Reaktionsgleichungen aufzustellen.

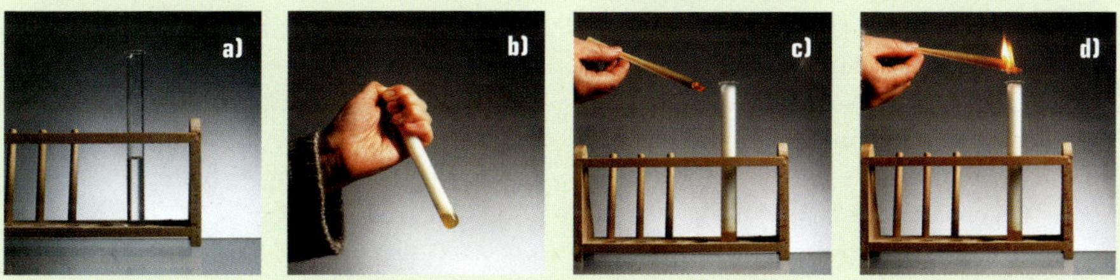

Weise Vitamin C in Nahrungsmitteln nach

Materialien:
Vitamin-C-Lösung, Möhrensaft, Apfelsaft, Zitronensaft, destilliertes Wasser, Kaliumpermanganatlösung (schwach gefärbt), Kochsalzlösung
Reagenzglasständer, 6 Reagenzgläser, 7 Pipetten

Durchführung und Beobachtung (als SV):
1. In je ein Reagenzglas (A–F) geben:
   A: 3 ml Vitamin-C-Lösung
   B: 3 ml Wasser (dest.)
   C: 3 ml Möhrensaft
   D: 3 ml Apfelsaft
   E: 3 ml Kochsalzlösung
   F: wenige Tropfen Zitronensaft (1 ml)
2. In alle Reagenzgläser tropfenweise schwach violette Kaliumpermanganatlösung geben, schütteln und beobachten.
3. Ergebnisse in einer Tabelle notieren.

Methoden

Bestimmen von Samenpflanzen

Auf Wanderungen oder Exkursionen sieht man oft Pflanzen, die unbekannt sind. Wenn man wissen möchte, um welche Pflanze es sich handelt, kann man es durch das Bestimmen herausfinden.

Das **Bestimmen** ist ein Verfahren, um den Namen einer unbekannten Pflanzenart zu ermitteln.
Es gibt mehrere Möglichkeiten, den Namen herauszufinden:

1. Man vergleicht eine unbekannte Pflanze mit vorhandenen Abbildungen.
   Dabei kommt es aber leicht zu Irrtümern, weil sich manche Pflanzen sehr ähneln.

2. Man bestimmt die Pflanze mithilfe eines Bestimmungsschlüssels. Das ist ein viel sicherer Weg. In der Regel ist in einem Bestimmungsschlüssel immer ein gegensätzliches Merkmalspaar angegeben (z. B. Blüte rot, Blüte weiß).
   Die gegensätzlichen Merkmale werden mit einer Ziffer versehen, z. B.: Blüte rot erhält die 1 und Blüte weiß die 1*.
   Die unbekannte Pflanze wird mit dem Merkmalspaar verglichen. Dann entscheidet man, welches der beiden Merkmalspaare (1 oder 1*) zutrifft. Am Ende der Zeilen mit den Merkmalen steht jeweils eine Ziffer (z. B. 2, 3). Sie führt zu dem Merkmalspaar, bei dem man die Bestimmung fortsetzen muss. So gelangt man schrittweise zum Namen der unbekannten Pflanze.

Beim Bestimmen kannst du in folgender Schrittfolge vorgehen.

Schritt 1

Lies im Bestimmungsschlüssel das erste angegebene Merkmalspaar (1 und 1*).

Schritt 2

Betrachte und beobachte genau das zu bestimmende Lebewesen im Hinblick auf die angegebenen Merkmale. Nutze auch Hilfsmittel, z. B. eine Lupe.

Schritt 3

Entscheide, welches Merkmal du von den zwei sich gegenüberstehenden Merkmalen auswählst.
Setze die Bestimmung fort, indem du entsprechend der Ziffer am Ende der Merkmalszeile zum angegebenen nächsten Merkmalspaar gelangst.

Schritt 4

Wiederhole diese Schritte mit weiteren Merkmalspaaren so lange, bis du zum Namen des unbekannten Lebewesens gelangst.

Schritt 5

Benne die Art. Präge dir die typischen Merkmale ein.

Aufgabe

Mit dem folgenden Bestimmungsschlüssel kannst du einige Taubnesselarten bestimmen.

Suche dir auf der Seite 111 eine Taubnesselart aus und versuche sie zu bestimmen.

2

Methoden

Einige Taubnesseln	
1	• Kronblätter gelb, Unterlippe mit rötlichen Flächen **Goldnessel**
1*	• Kronblätter weiß, rot oder rosa 2
2	• Kronblätter weiß **Weiße Taubnesseln**
2*	• Kronblätter rot oder rosa 3
3	• Kronröhre aufwärtsgebogen **Gefleckte Taubnessel**
3*	• Kronröhre gerade 4
4	• Obere Blätter stängelumfassend, untere Blätter gestielt und tief gekerbt **Stängelumfassende Taubnessel**
4*	• Obere Blätter gestielt oder fest sitzend, nie stängelumfassend 5
5	• Obere Blätter eiförmig bis dreieckig, untere Blätter rundlich, unregelmäßig gekerbt • Blattstiel der oberen Blätter nur wenig verbreitert **Purpurrote Taubnessel**
5*	• Obere Blätter tief eingeschnitten • Blattstiel der obersten Blätter stark verbreitert **Eingeschnittene Taubnessel**

Wenn man z. B. die *Purpurrote Taubnessel* (als unbekannte Taubnessel) in der Hand hat, führt der Weg in der Bestimmungstabelle zum Namen über 1* zu 2, von 2* zu 3, von 3* zu 4, von 4* zu 5. Damit ist das Ziel erreicht.

Methoden

Wie lege ich ein Herbarium an?

Ein **Herbarium** ist eine Sammlung gepresster Pflanzen oder Pflanzenteile. Man legt es an, wenn man mehr von den Pflanzen wissen will, z. B. wie sie gebaut sind, aus welchem Land sie stammen oder auf welchem Boden sie wachsen. Beim Anlegen eines Herbariums geht man folgendermaßen vor:

Schritt ①

Pflanzen bestimmen und sammeln

Beim Sammeln der Pflanzen muss man die Regeln des Natur- und Umweltschutzes beachten. Bevor man eine Pflanze abschneidet, sollte man sie bestimmen. Nur so ist man sicher, dass sie nicht geschützt ist.
Außerdem sind die Pflanzen noch frisch, alle Farben sind natürlich und man kann alle Teile gut erkennen. Zum Bestimmen nutzt man Bestimmungsbücher.
Wenn man die Pflanze bestimmt hat, wird sie knapp über dem Boden abgeschnitten. Dabei muss man darauf achten, dass alle Teile der Pflanze (Stängel, Laubblätter und Blüte) vorhanden sind. Die Pflanze wird vorsichtig in eine feuchte Plastiktüte gesteckt und der Fundort notiert. Die Pflanze wird nach Hause transportiert.

Schritt ②

Vorbereiten und Pressen der Pflanzen

Vor dem Aufbewahren im Herbarium müssen Pflanzen getrocknet und gepresst werden. Dazu wird jede Pflanze zwischen dünnes, saugfähiges Papier (z. B. Seidenpapier) und dann in einen Zeitungsaufschlag gelegt. Die Pflanze so zwischen das Papier legen, dass alle Pflanzenteile gerade und nicht übereinanderliegen und dass sie nicht geknickt werden.
Etwa 50 solcher „Lagen“ können in einer Pflanzenpresse untergebracht werden.
Schau alle 2 bis 3 Tage nach, ob das verwendete Zeitungspapier noch trocken ist! Besonders in der Anfangszeit tritt nämlich noch viel Feuchtigkeit aus der Pflanze aus, und das Papier sollte gegen trockenes Papier ausgetauscht werden.
Die Pflanze ist vollständig trocken, wenn sie sich nicht mehr biegen lässt.

Schritt ③

Pflanzen auf Herbarbogen befestigen

Lege die getrocknete Pflanze vorsichtig auf den Herbarbogen (Zeichenpapier oder Zeichenkarton, DIN A4) und befestige sie mit kleinen Klebestreifen. Achte unbedingt darauf, dass wichtige Merkmale nicht verdeckt werden. Beschrifte den Herbarbogen.

Schritt ④

Aufbewahren

Zum Schluss werden die fertigen Herbarbögen sortiert, z. B. nach Familien. Lege für jede Familie ein Deckblatt mit Inhaltsverzeichnis an; dann die Herbarblätter in einen Ordner legen. Zum Schutz gegen Insektenfraß sollte man das Herbarium mit einem handelsüblichen Insektizid (z. B. Flip, Vapona) besprühen und in Klarsichthüllen aufbewahren.

2

Projekt

Bestimmen und Herbarisieren von Pflanzen der Uferregion

Herbarisierte Pflanzen besitzen alle Baumerkmale der frische Pflanzen. Sie sind für wissenschaftliche Untersuchungen ein unentbehrliches Hilfsmittel, um die auf der Erde vorkommenden Pflanzenarten zu erkennen und zu beschreiben. In der Regel werden von jeder neu entdeckten Art Herbarbögen angelegt. So sind zahlreiche Herbarien entstanden. Bekannt ist z. B. das „Herbarium Hausknecht" in Jena mit 3 Millionen Belegen. Noch größere Herbarien befinden sich in Kew (England), St. Petersburg und Paris mit je 7 Millionen Herbarbögen.

1. *Erkundigt euch im Internet über Aufgabenstellung, Inhalt und Umfang einiger berühmter Herbarsammlungen der Welt.*

Je nach Zweck sind Herbarien unterschiedlich angelegt. Bei den großen Herbarien ist die Zugehörigkeit zu bestimmten Familien bzw. Gattungen ein wichtiger Gesichtspunkt.
Man kann aber auch Herbarien nach ganz anderen Gesichtspunkten anlegen, z. B. nach:

- Form der Laubblätter
- Herkunft der Art (u. a. bei Neuankömmlingen – Neophyten)

Oft werden auch Herbarien von Pflanzen bestimmter Standorte angelegt, z. B. einer Wiese, einer Hecke oder eines Schuttplatzes.
Da der See im Mittelpunkt des Lehrgangs stand, bietet es sich an, die in der Uferregion vorkommenden Arten zu herbarisieren (Schrittfolge siehe S. 112).

2. *Wählt einen bestimmten Standort (Biotop) aus und fertigt eine Standortskizze an.*
3. *Erfasst und bestimmt die auf diesem Standort vorkommenden Arten (evtl. auch Anzahl der Individuen zählen). Verseht die Arten jeweils mit einer Ziffer und tragt diese in die Standortskizze ein.*
4. *Herbarisiert jeweils ein Exemplar der vorkommenden Art nach der Vorschrift auf Seite 112.*
5. *Wertet die Skizze in Verbindung mit den Herbarbögen aus.*
   - *Welche Arten kommen am häufigsten vor?*
   - *Gibt es darunter seltene Arten oder Arten, die unter Naturschutz stehen?*
   - *Welche Arten haben ihren Standort vorwiegend in Ufernähe, welche am Rand, welche sind über die ganze Fläche verteilt?*
   - *Welche Arten gehören zu den Wasserpflanzen, welche zu den Landpflanzen?*
   - *Welche Arten sind Bäume, welche Sträucher bzw. Kräuter?*

1 ▸ Gemeiner Froschlöffel

2 ▸ Sumpf-Dotterblume

3 ▸ Natternzunge

4 ▸ Wasser-Minze

3 Schwerpunkte der Biologie

Wiederholung und Systematisierung

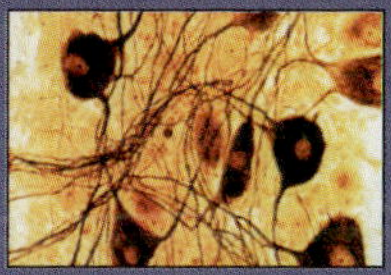

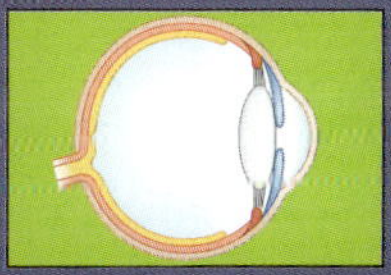

Vergessen und Behalten ▸▸ Die Menge an Informationen, die wir täglich aus unserer Umwelt mithilfe der Sinnesorgane aufnehmen, ist gewaltig. Würden wir alle Informationen im Gehirn speichern, wäre es restlos überfordert. Deshalb behalten wir nur einen kleinen Teil dieser Informationen, den für uns wirklich wichtigen. Den anderen Teil vergessen wir. Vergessen ist eine wichtige Funktion des Gedächtnisses.

Wiederholen und Abrufen ▸▸ Menschen sind in der Lage, Informationen zu speichern und bei Bedarf wieder abzurufen. Die Nervenzellen des Gehirns und ihre Verbindungen sind die Grundlage für die Speicherung, d. h. für das Gedächtnis. Je nach Länge der Informationsspeicherung unterscheidet man das Kurzzeit- vom Langzeitgedächtnis.

Überblick über die Organismen

Die ersten Lebewesen sind vor etwa 3 Milliarden Jahren auf der Erde entstanden. Sie bevölkern heute in großer Anzahl (ca. 2,4 Mio. Arten sind bekannt) und Vielgestaltigkeit alle Lebensräume.

Mithilfe wesentlicher Bau- und anderer Merkmale werden sie in verschiedene Kategorien eingeteilt: Arten (kleinste Einheiten), meist mehrere Arten zu Gattungen, meist mehrere Gattungen zu Familien, meist mehrere Familien zu Klassen usw. So kommt ein **System** zustande, das auch die verwandtschaftlichen Beziehungen widerspiegelt.

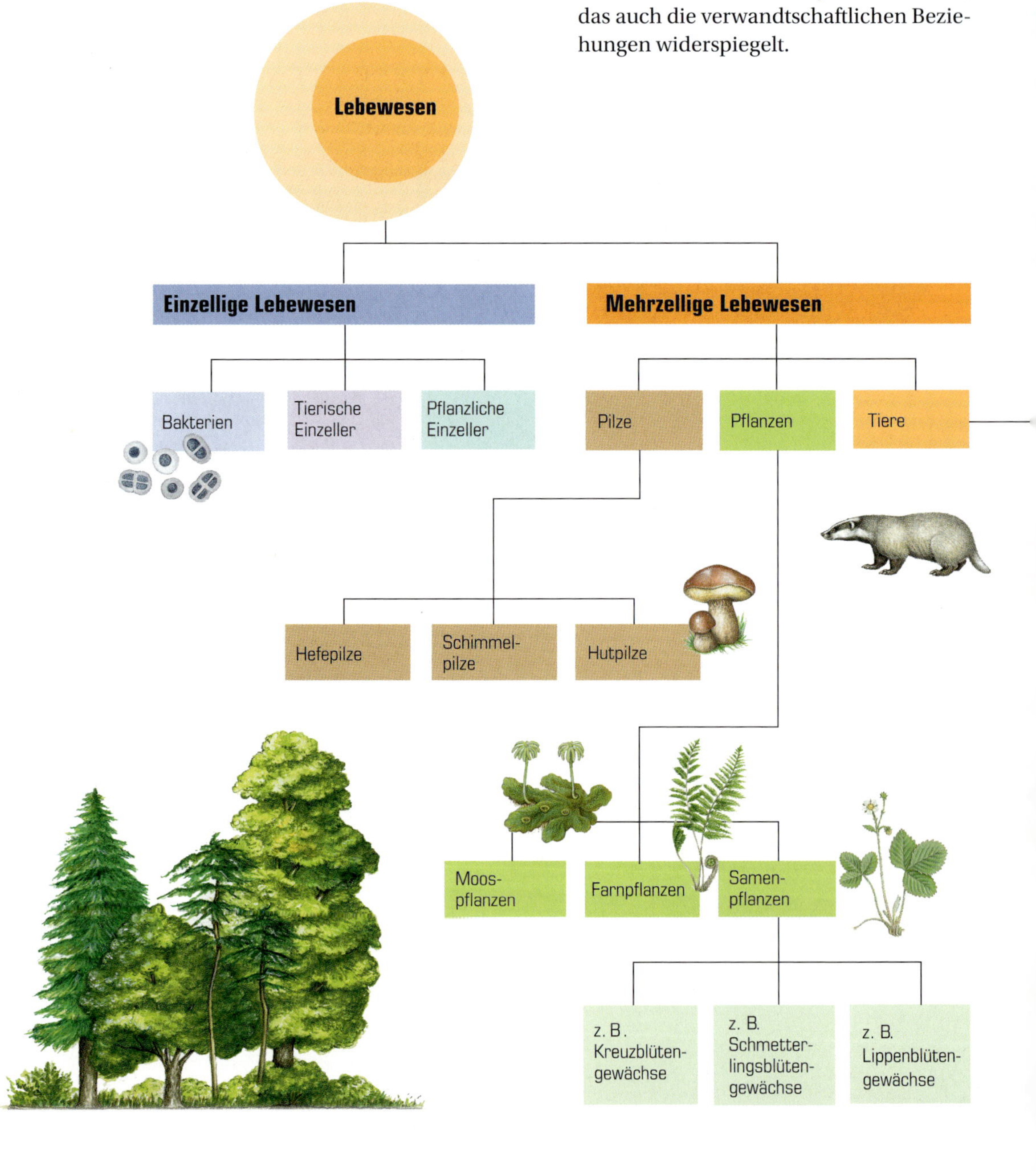

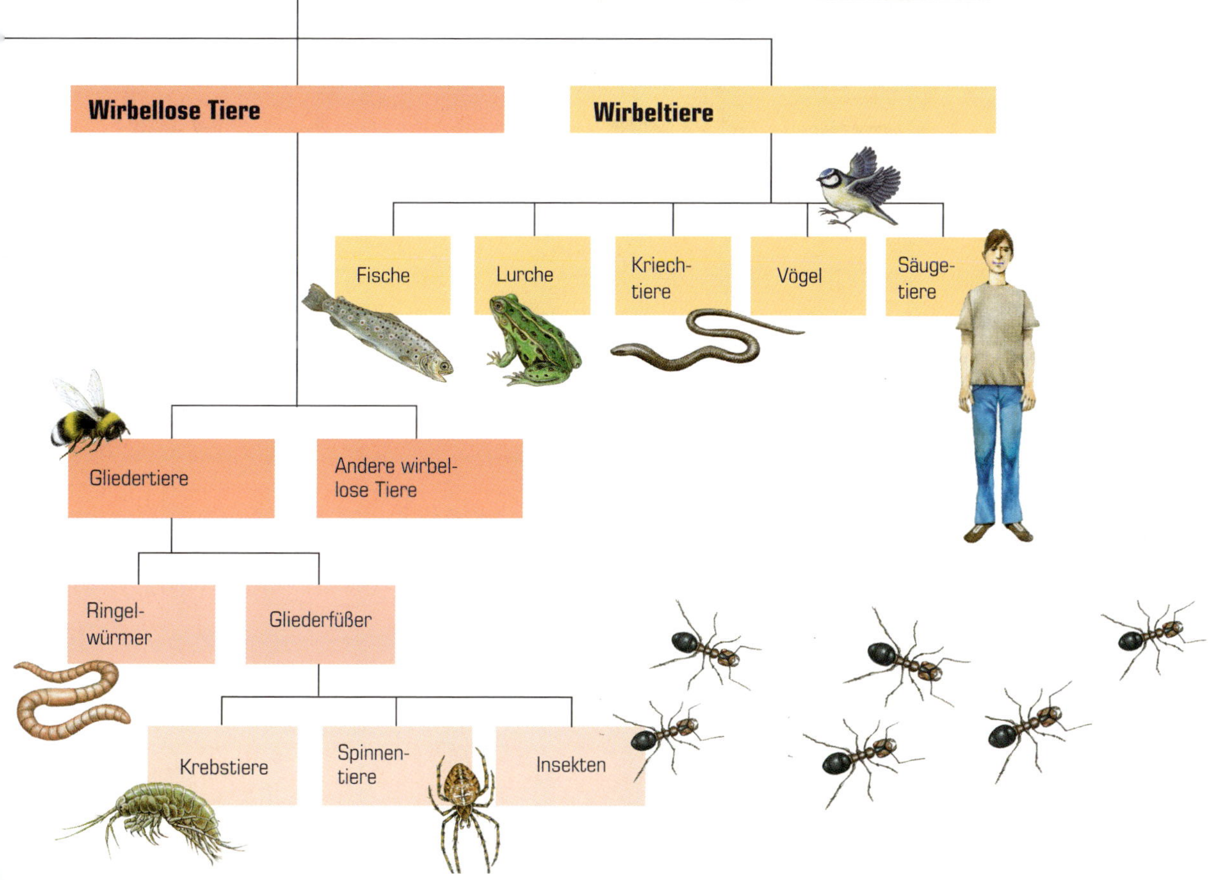
Tiere
Wirbellose Tiere
Wirbeltiere
Fische
Lurche
Kriech-
tiere
Vögel
Säuge-
tiere
Gliedertiere
Andere wirbel-
lose Tiere
Ringel-
würmer
Gliederfüßer
Krebstiere
Spinnen-
tiere
Insekten

Stoff- und Energiewechsel

Alle Lebewesen nehmen als Voraussetzung für ihre Existenz körperfremde Stoffe und Energie aus ihrer Umwelt auf. In den Zellen finden Aufbauprozesse (z. B. der Aufbau körpereigener Stoffe) und Abbauprozesse (z. B. Energiefreisetzung) statt. Nicht verwertbare Stoffe werden ausgeschieden, und es wird auch Energie an die Umwelt abgegeben. Die Teilprozesse des Stoff- und Energiewechsels unterscheiden sich bei den verschiedenen Gruppen.

Bei **Pflanzen treten im Stoff- und Energiewechsel Besonderheiten** auf. Von besonderer Bedeutung ist die **Assimilation der Pflanzen mit Chlorophyll.** Sie sind in der Lage, sich von körperfremden, energiearmen anorganischen Stoffen (Wasser, Kohlenstoffdioxid, Mineralsalzen) zu ernähren (autotrophe Ernährung) und daraus durch Fotosynthese körpereigene organische Stoffe (z. B. Zucker, Fette, Eiweiße) aufzubauen. Dabei geben sie Sauerstoff an die Umwelt ab. Dadurch schaffen sie die Grundlage für die Ernährung (heterotrophe Ernährung) aller übrigen Lebewesen und die Atmung. **Ohne Pflanzen gäbe es heute kein Leben auf der Erde.**

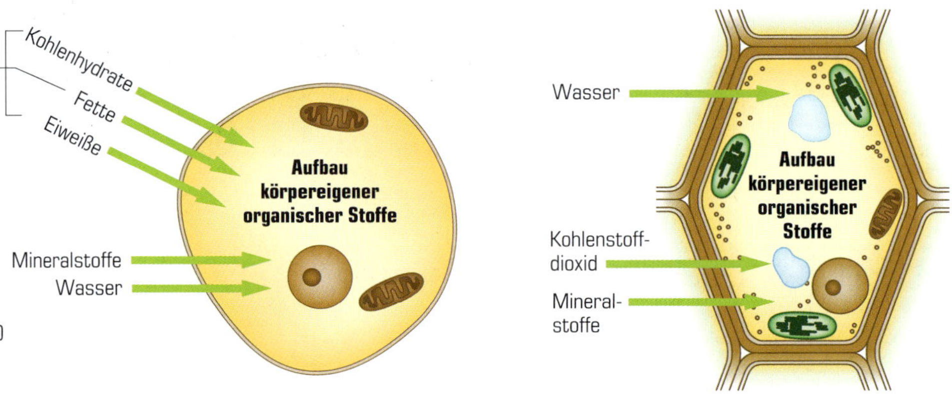

(a) Stoffwechsel heterotroph

(b) Stoffwechsel autotroph

1 ▸ Stoffwechsel heterotroph (a) und autotroph (b) lebender Organismen

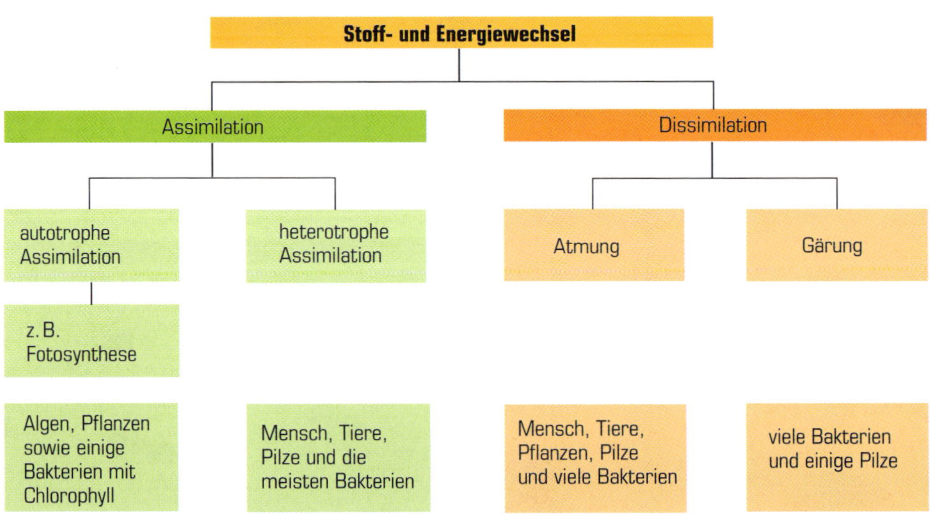

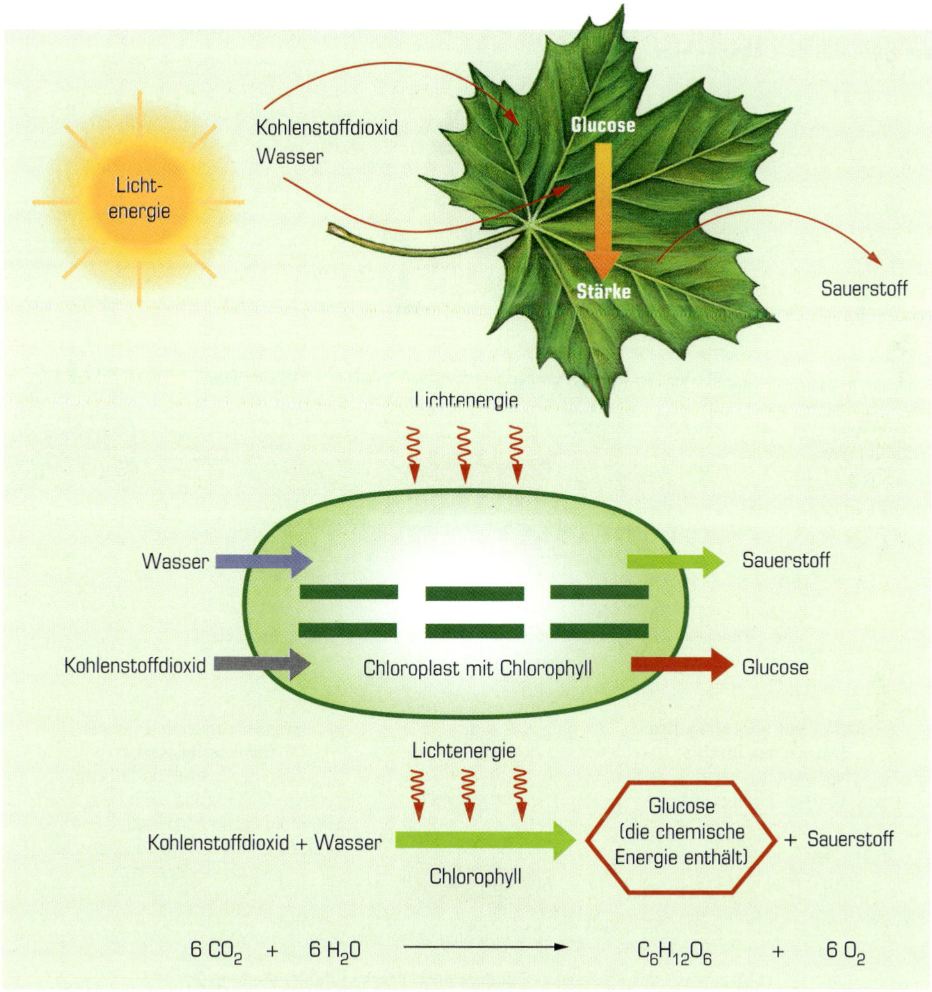

1 ▸ Prozess der Fotosynthese (Schema)

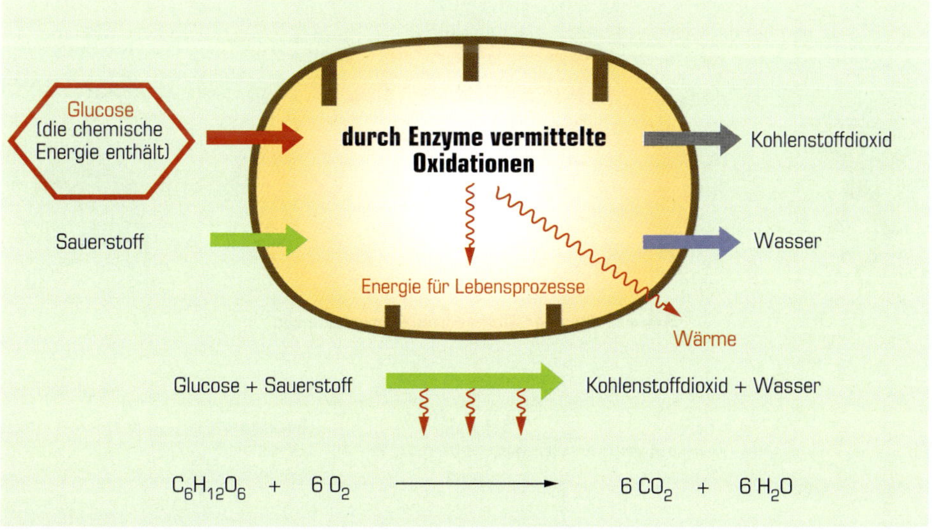

2 ▸ Atmung – eine Form der Dissimilation

Die Gärung ist eine Form der Dissimilation. Dabei wird Glucose unter Energiefreisetzung zu Ethanol oder Milchsäure abgebaut.

Zusammenwirken von Zellen, Geweben und Organen im Stoff- und Energiewechsel am Beispiel des Menschen

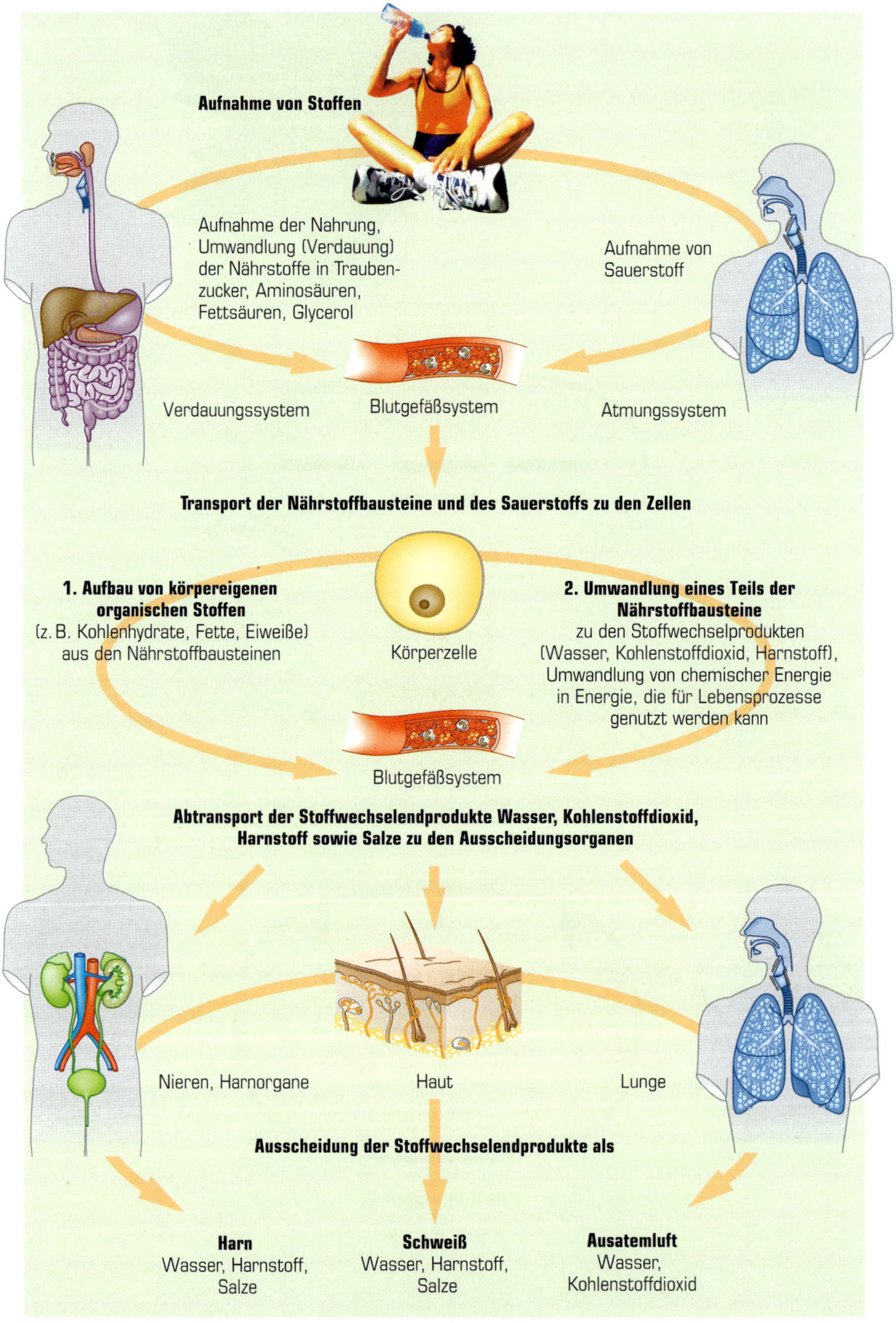

3

Reizbarkeit

Reizbarkeit ist ebenfalls ein Kennzeichen des Lebens. Sie wird bei den verschiedenen Lebewesen unterschiedlich realisiert.

Tiere und Menschen haben spezielle Sinnes- und Nervenzellen zur Informationsaufnahme bzw. zur Erregungsleitung und -verarbcitung.

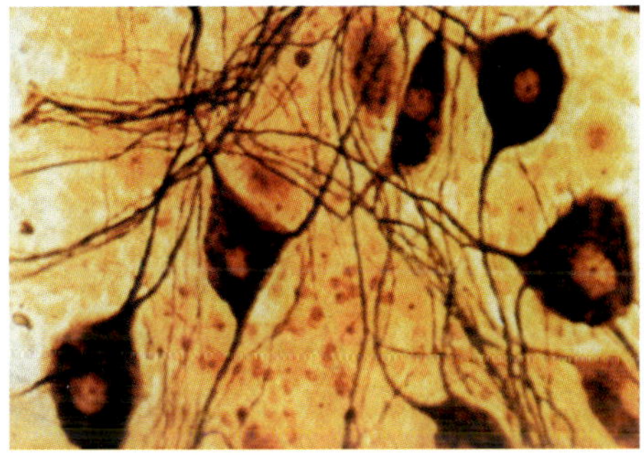

1 ▸ Nervenzellen (mikroskopische Vergrößerung)

Nervensystem des Menschen

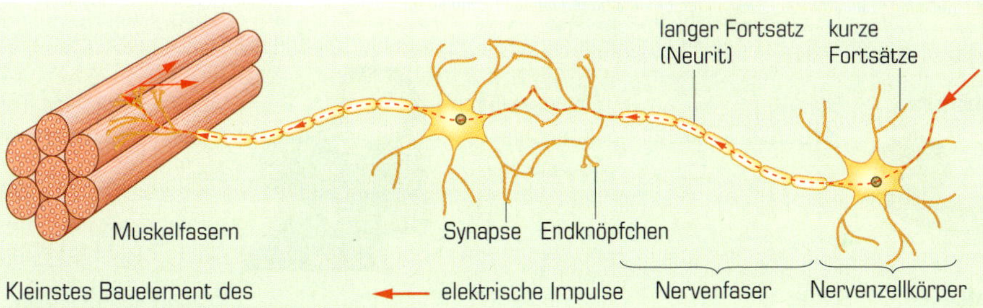

Kleinstes Bauelement des Nervensystems ist die Nervenzelle. Sie dient der Aufnahme, Weiterleitung und Verarbeitung von Erregungen.

2 ▸ Die Nervenzellen sind auf Erregungsleitung spezialisierte Zellen.

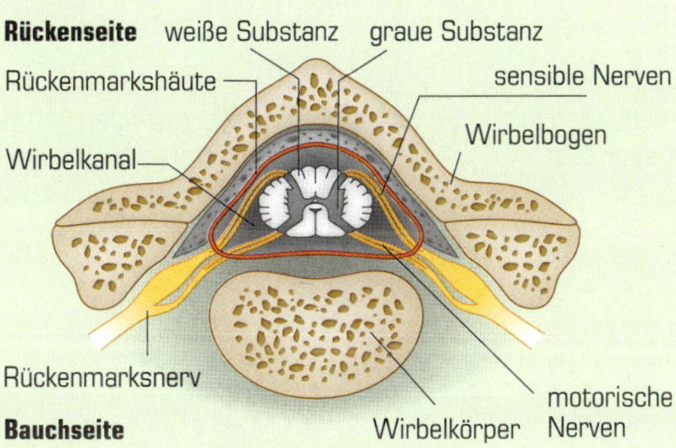

Das **Rückenmark** liegt geschützt im Wirbelkanal der Wirbelsäule.

Nerven des Rückenmarks führen in alle Teile des Körpers und zum Gehirn.

Das Rückenmark ist eine zentrale Schaltstation.

3 ▸ Rückenmark quer

Das weiche Gehirn liegt geschützt in der Schädelkapsel. Es besteht aus 5 Abschnitten.

Im Gehirn werden alle Erregungen aufgenommen, verarbeitet, teilweise gespeichert (Gedächtnis) bzw. auf andere Nerven übertragen.
In ihm vollziehen sich alle Vorgänge unseres bewussten Fühlens, Denkens und Handelns.

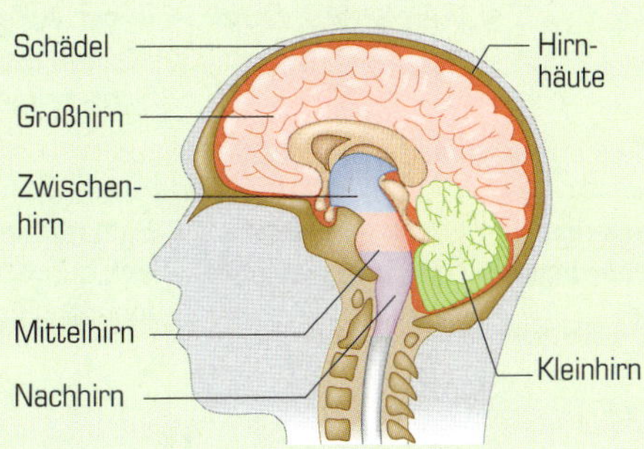

4 ▸ Gehirn (Seitenansicht)

Überblick über Sinne und Reizarten			
Sinne	**Reizarten**	**Sinneszellen, die erregt werden**	**Empfindungen**
Gesichtssinn	Licht (optische Reize)	Sinneszellen in der Netzhaut des Auges 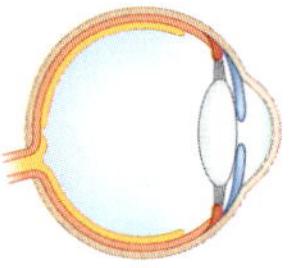	Unterscheiden von Hell und Dunkel; Farben-, Bewegungs-, Bildsehen; räumliches Sehen
Geruchssinn	 Stoffe (chemische Reize)	Sinneszellen im Riechfeld der Nasenschleimhaut	Unterscheiden von Geruchsqualitäten, z. B.brenzlig, würzig, faulig, fruchtig, blumig
Gehörsinn 	Schall (akustische Reize)	Sinneszellen im Innenohr (Schnecke) 	Wahrnehmen von Tonhöhen und Lautstärken
Gleichgewichtssinn	Lage- und Bewegungsänderungen des Körpers (mechanische Reize)	Sinneszellen im Innenohr (Lagesinneszellen im Vorhof, Bewegungssinneszellen in den Bogengängen)	Feststellen der Lage des Körpers, der Körperhaltung und -bewegung 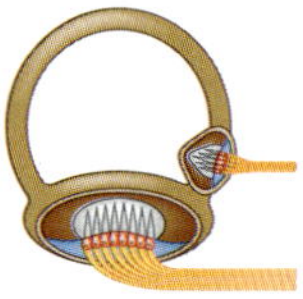
Geschmackssinn	Stoffe (chemische Reize) 	Sinneszellen in den Geschmacksknospen der Zunge 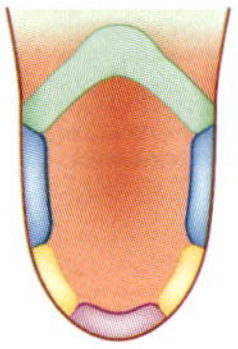	Unterscheiden von Geschmacksqualitäten, z. B. sauer, süß, bitter, salzig
Temperatursinn	Wärme und Kälte, Veränderung der Temperatur (Temperaturreize)	Sinneszellen und freie Nervenendigungen in der äußeren Haut und der Schleimhaut 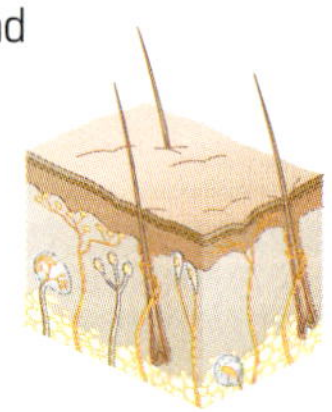	Feststellen von Temperaturunterschieden und -veränderungen, Wärme- und Kälteempfindung
Druck- und Berührungssinn	Druck und Berührung (mechanische Reize)	Sinneszellen und freie Nervenendigungen in der Haut und den inneren Organen	Feststellen von Druck und Berührung 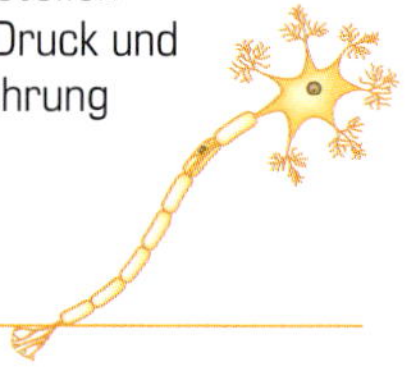

Informationsverarbeitung im Zentralnervensystem

Der Mensch besitzt wie alle Wirbeltiere ein **Zentralnervensystem,** das aus *Gehirn* und *Rückenmark* mit vielen *Millionen Nervenzellen* besteht.

Das menschliche Gehirn besitzt eine hohe Leistungsfähigkeit durch die Verarbeitung von Sinneswahrnehmungen, durch Sprache, Denken, Lernen und Gedächtnisleistungen.

Tiere und Menschen sind in der Lage, **Informationen** zu speichern und bei Bedarf wieder abzurufen. Um Gedächtnisleistungen vollbringen zu können, muss der Mensch über ein gewisses **Lernvermögen** verfügen.

Die Fähigkeit zum **Lernen** ist angeboren. Lernen beruht auf Vorgängen der Informationsaufnahme, -weiterleitung, -verarbeitung, -speicherung und -abgabe.

Der Mensch ist in der Lage, sich bewusst schöpferisch und produktiv mit seiner Umwelt auseinanderzusetzen.

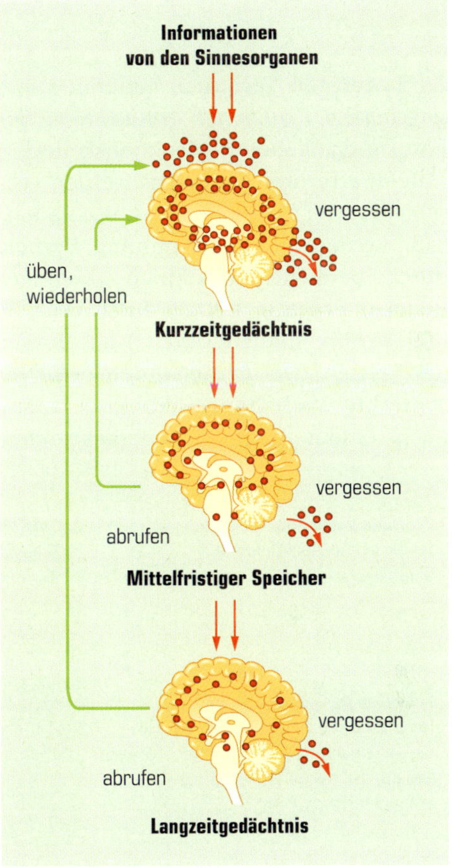

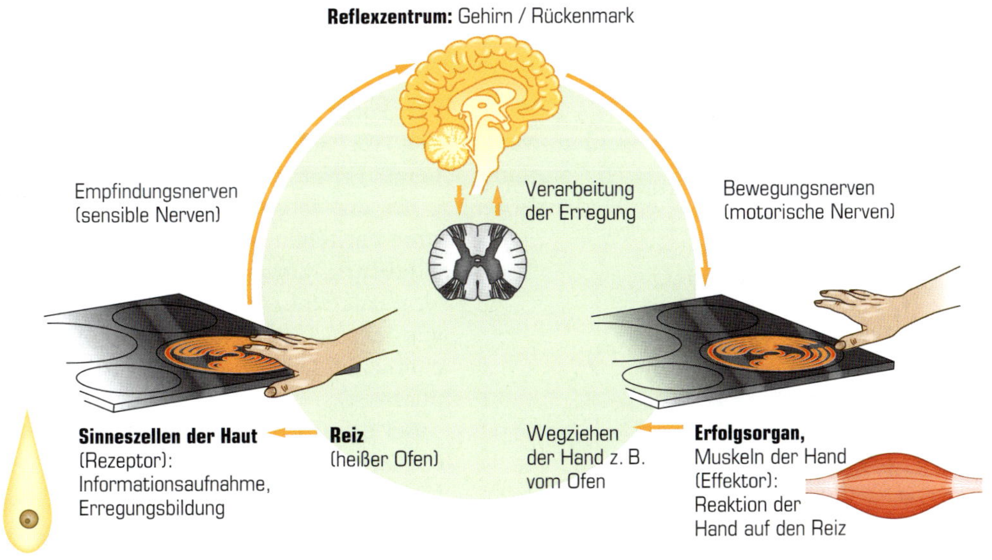

Verhalten

Zum **ererbten Verhalten** gehören *kurze angeborene Reaktionen (unbedingte Reflexe)* und angeborene Reaktionsketten.

Beim **erlernten Verhalten** werden verschiedene *Lernformen* unterschieden, z. B.: Lernen durch Gewöhnung, Lernen durch bedingte Reaktionen (bedingte Reflexe), Prägung, Lernen durch Versuch und Irrtum, Lernen durch Nachahmen und Spielen sowie Lernen durch Einsicht.

Ererbte Verhaltensreaktionen laufen nach einem immer wiederkehrenden Muster ab. Sie sind beim Nahrungs-, Fortpflanzungs- und Sozialverhalten zu beobachten.

Durch **erlernte Verhaltensreaktionen** werden Informationen im Gehirn gespeichert und verarbeitet sowie das Lernen ermöglicht.

Durch ererbtes und erlerntes Verhalten sind Mensch und Tier in der Lage, auf sich verändernde Umwelteinflüsse zu reagieren.

Ererbtes Verhalten (angeborene Reaktionen auf einen Reiz) →	z. B. Saug-, Schluck-, Klammerreflex	Bedeutung für • Schutz • Ernährung • Fortpflanzung • Sozialverhalten
Erlerntes Verhalten (sind im Verlauf des Lebens auf der Grundlage von unbedingten Reflexen erworbene Reaktionen auf einen Reiz) →	z. B. bedingter Speichelreflex, Tagesrhythmus	Bedeutung für • Speicherung und Verarbeitung von Informationen • Reagieren auf Umwelteinflüsse • Voraussetzung für Lernvorgänge

Fortpflanzung und Vererbung

Die Erhaltung der Arten ist wesentlich mit den Lebensprozessen Fortpflanzung und Vererbung verbunden.

Durch **Fortpflanzung** werden Nachkommen erzeugt, und durch Vererbung erhalten die Nachkommen Merkmale der Eltern.

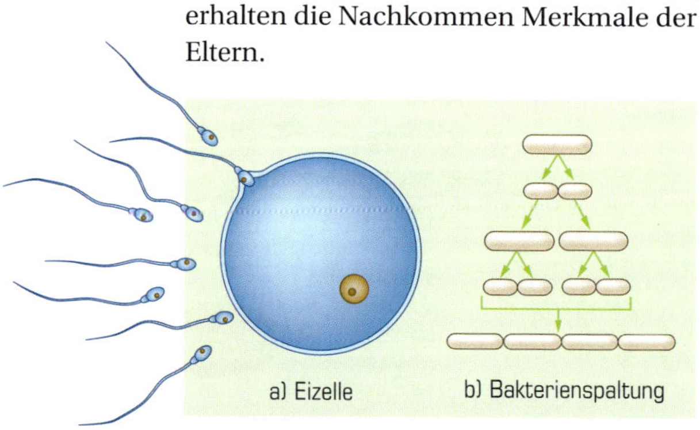

1 ▸ Befruchtung der Eizelle und Bakterienspaltung

Formen der Fortpflanzung

Die Fortpflanzung kann **ungeschlechtlich** (vegetativ) oder **geschlechtlich** (generativ) erfolgen.

Bei der *ungeschlechtlichen Fortpflanzung* entstehen Nachkommen aus einer elterlichen Einzelzelle (z. B. bei Einzellern, Bakterien, Abb. 1b oder Pilzen) oder aus Teilstückchen (Zellkomplexen) eines elterlichen Lebewesens (z. B. bei Samenpflanzen).

Bei der *geschlechtlichen Fortpflanzung* entstehen Nachkommen aus einer befruchteten Eizelle (Zygote). Die befruchtete Eizelle entsteht durch die Verschmelzung der Zellkerne einer Eizelle und einer Samenzelle (Abb. 1a).

Die Zelle als Träger der Vererbung

Der **Zellkern** hat eine zentrale Bedeutung für die Vererbung, da sich in ihm die Chromosomen befinden.

Die **Chromosomen** (Abb. 1) sind fädige Strukturen. Sie sind Träger der **Erbanlagen (Gene).** Die Gene sind Träger der Erbinformation und bestimmen die Ausbildung spezifischer Merkmale. Das genetische Material der Chromosomen wird von Nucleinsäuren, z.B. der **DNA** (Desoxyribonucleinsäure), gebildet. Die DNA tritt immer als Doppelstrang auf (Abb. 3).

Die **Weitergabe der Erbinformation** erfolgt sowohl *bei der Teilung von Körperzellen* (ungeschlechtliche Fortpflanzung) als auch bei der *geschlechtlichen Fortpflanzung* (S. 124, Abb. 1). Jede Körperzelle enthält zwei Erbinformationen für die Ausbildung eines Merkmals. Sind die Erbinformationen eines Chromosomenpaars gleich, ist der Organismus in Bezug auf diese Erbanlage (Erbinformation) **reinerbig.** Sind die Erbinformationen eines Chromosomenpaars für die Ausprägung eines Merkmals verschieden, ist der Organismus mischerbig.

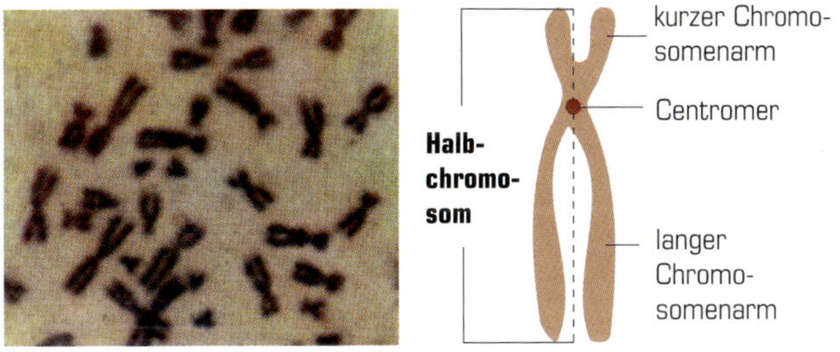

1 ▸ Chromosom

Bei der **Kern-** und anschließenden **Zellteilung der Körperzellen** (Mitose) gehen aus einer Mutterzelle zwei genetisch gleiche Tochterzellen hervor. Diese wachsen zu Mutterzellen heran. Der doppelte Chromosomensatz bleibt erhalten.

Bei der **Kern-** und anschließenden **Zellteilung bei der Bildung der Geschlechtszellen** (Meiose) entstehen aus einer Mutterzelle vier Tochterzellen mit einfachem Chromosomensatz.

Geschlechtszellen
(Samen-, Eizellen besitzen einfachen Chromosomensatz, Hälfte der Chromosomen der Körperzellen)

→

Befruchtung
(Vereinigung der väterlichen und mütterlichen Gene und deren zufällige Neukombination)

→

Körperzellen der Nachkommen
(besitzen wieder doppelten Chromosomensatz von Vater und Mutter)

2 ▸ Weitergabe der Erbinformation bei der geschlechtlichen Fortpflanzung

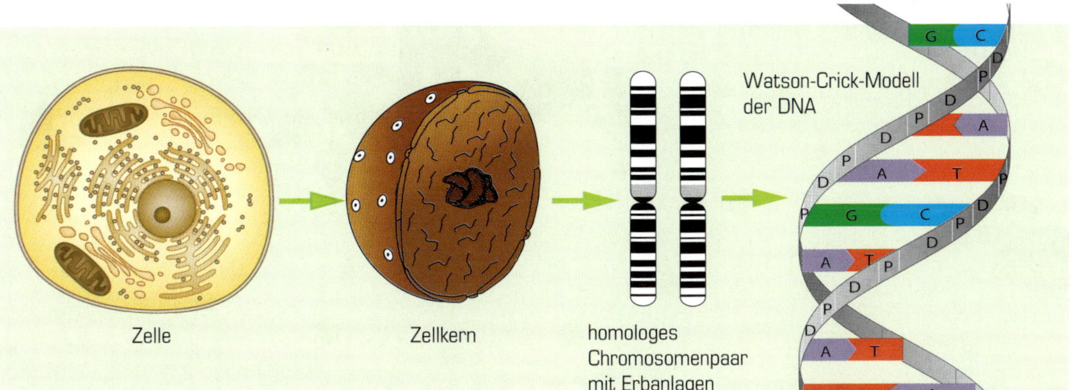

3 ▸ Von der Zelle zur DNA (Schema)

Wechselwirkung zwischen Organismen und Umwelt

Jede einzelne **Art** (jedes Lebewesen) ist von abiotischen und biotischen Faktoren seiner Umwelt abhängig und steht mit ihnen in Wechselwirkung (Abb. 1).

Auch **Populationen,** die Gesamtheit der Individuen einer Art, sind Umweltfaktoren unterworfen, z.B. dem Nahrungsangebot.

Lebewesen leben nicht isoliert voneinander. Sie leben dort, wo ihre Ansprüche an die Lebensbedingungen erfüllt sind. Die Lebensstätte (der Lebensraum) mit den dort herrschenden abiotischen Faktoren wird **Biotop** genannt. Die hier lebenden Lebewesen (Pflanzen, Tiere, Pilze, Bakterien) bilden eine **Lebensgemeinschaft (Biozönose).** Zwischen den Lebewesen und dem Lebensraum bestehen vielfältige Wechselbeziehungen. Sie bilden eine Einheit, das Ökosystem.

Als **Ökosystem** bezeichnet man die Einheit (das Wirkungsgefüge) von Biotop und Biozönose. In einem Ökosystem gibt es vielfältige Wechselbeziehungen (z.B. Konkurrenz, Symbiose, Parasitismus).

Grundlegende Beziehungen in einem Ökosystem sind die Nahrungsbeziehungen (Nahrungsketten, Nahrungsnetze) zwischen Produzenten (Erzeuger), Konsumenten (Verbraucher) und Destruenten (Zersetzern, S. 127, Abb. 1). Von Ernährungsstufe zu Ernährungsstufe werden Stoffe **(Stoffkreislauf)** und Energie **(Energiefluss)** weitergegeben.

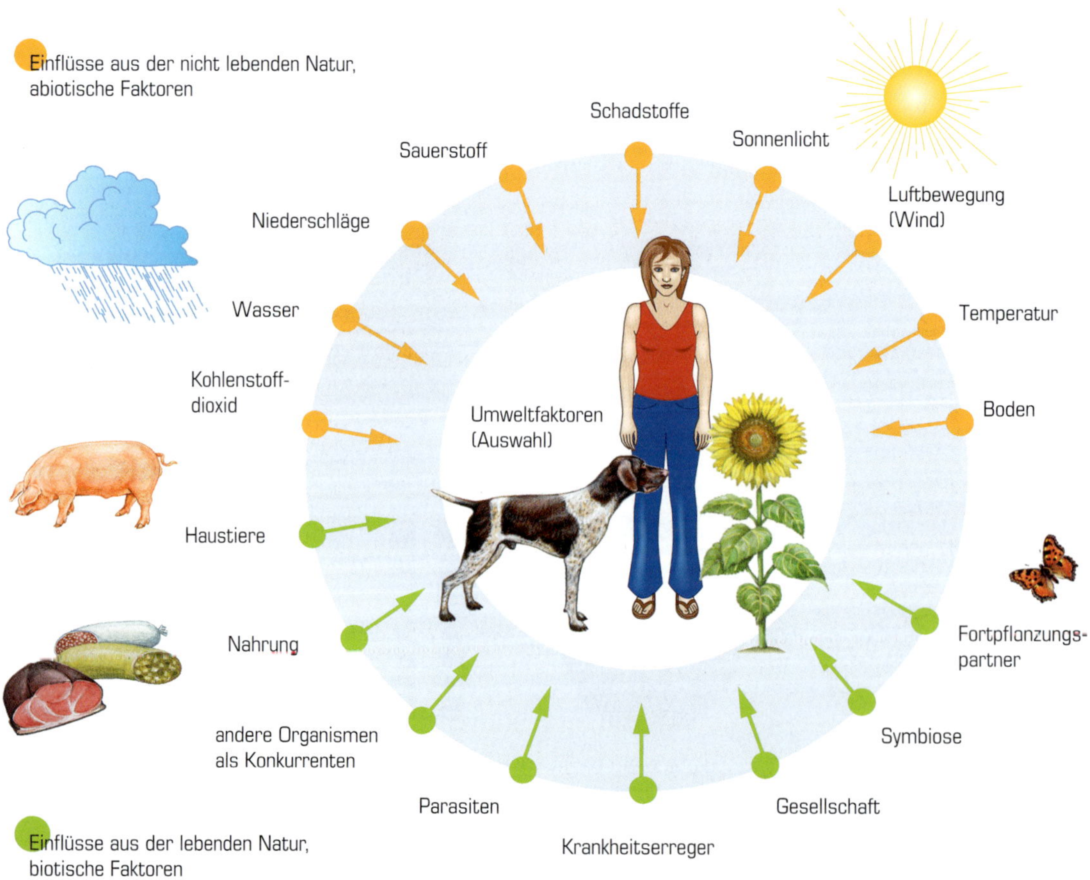

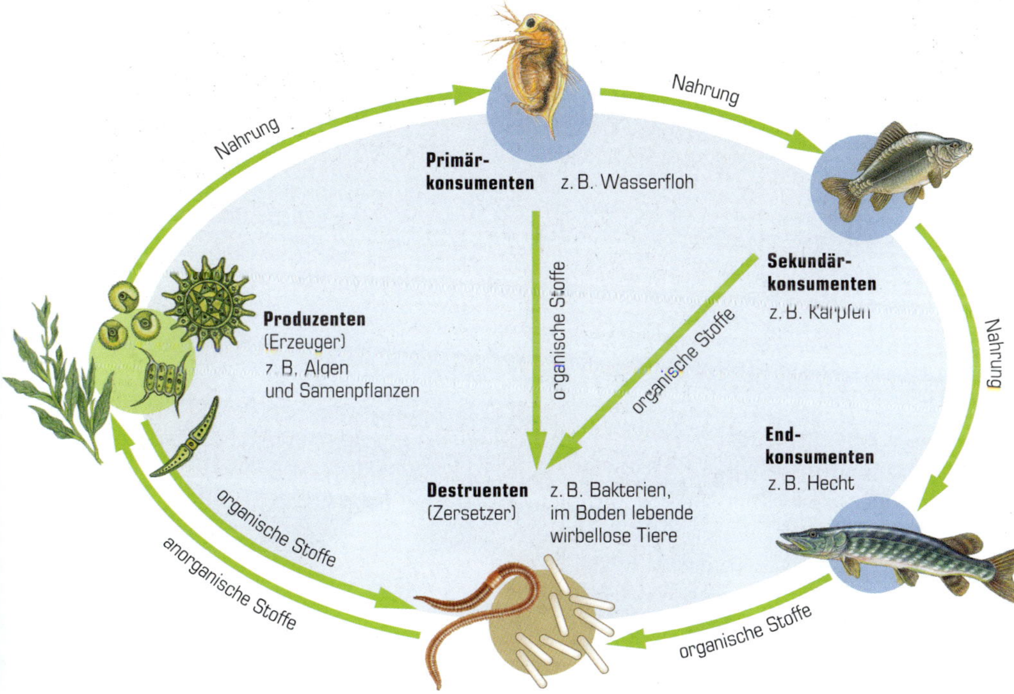

1 ▸ Beziehungen zwischen Lebewesen in einem Gewässer

Umweltbelastungen

Umweltbelastungen haben unterschiedliche Ursachen. Sie kommen durch natürliche Vorgänge (Prozesse) und durch Auswirkungen der Tätigkeit des Menschen zustande.

Weltweite Auswirkungen menschlicher Tätigkeit sind u. a.:

- Veränderungen der Lebensbedingungen, u. a. durch Vernichtung von Lebensräumen (z. B. Bebauung, Entwässerung) und die Abgabe von Schadstoffen an die Umwelt
- der Treibhauseffekt mit seinen schwerwiegenden Folgen
- die Veränderung des Ozonanteils in der Luft (Atmosphäre)
- der saure Regen.

Umweltbelastungen bedrohen nicht nur die Gesundheit des Menschen, sondern die **Artenvielfalt** und damit die Stabilität der Ökosysteme und sogar die Existenz von Leben auf der Erde.

Artensterben

Ursachen der Gefährdung von Lebewesen

Veränderung der Lebensbedingungen für Organismen	Vernichtung von Lebensräumen, z. B. durch unkontrollierten Tourismus	Übernutzung von Landschaftsteilen, z. B. Weiden	Verdrängung heimischer Arten durch Kulturpflanzen bzw. eingeschleppte Arten

Wahlpflichtbereich – Fächerverbindendes Thema

Hinweise für die Gruppenarbeit an Projekten

Bei der Bearbeitung eines Themas in Form eines Projekts geht es darum, ein Thema weitgehend selbstständig zu bearbeiten. Konkret heißt das:

- Ideen zum Thema entwickeln
- Aufgaben stellen, die in Gruppen möglichst selbstständig bearbeitet werden können
- das Thema von unterschiedlichen Seiten betrachten

Damit das Projekt auch ein Erfolg wird, geht man am besten schrittweise vor.

Schritt 1

Ideenmarkt

Alles, was zum Thema passt, wird „auf den Tisch gepackt“. Aus der Fülle der Ideen werden die bearbeitbaren Themenbereiche ausgewählt und der jeweiligen Gruppe zugeteilt.

Schritt 2

Arbeitsplan

Jede Gruppe stellt für sich einen Arbeitsplan auf. Er sollte folgende Punkte unbedingt enthalten:

- Welche Fragen sollen in der Gruppe zum ausgewählten Themenbereich beantwortet werden?
- Welche Materialien/Medien sollen genutzt werden?
- Welche Methoden sollen bei der Informationsbeschaffung angewendet werden?
- Welche Experimente möchte die Gruppe durchführen?
- Wer ist für welchen Bereich bzw. für welche Frage zuständig?
- Welcher zeitliche Rahmen steht zur Verfügung?
- Wie sollen die Ergebnisse dargestellt werden?

Schritt 3

Arbeit am Projekt

Wenn Fragen bei der Arbeit auftreten, kann man sich an den Lehrer wenden.

Schritt 4

Ergebnispräsentation vor den Mitschülern

Hierbei muss man beachten, dass sich die Mitschüler mit anderen Fragestellungen beschäftigt haben.

Deshalb sollte die Darstellung in kurzer und logischer Form erfolgen. Nur so können die anderen Mitschüler die Versuche und Ergebnisse verstehen und die gewonnenen Erkenntnisse nachvollziehen.

Schritt 5

Ergebnispräsentation im Schulhaus

Zum Abschluss des Projekts kann z. B. eine Wandzeitung oder ein Poster angefertigt werden. Die anderen Schüler können dann sehen, womit sich die Klasse beschäftigt hat und zu welchen Ergebnissen sie gekommen ist.

Projektstruktur

Projektidee
Reizbarkeit und Bewegung

Projektplan
Erarbeiten der Schwerpunkte; Festlegen der Thematik (z. B. Reizbarkeit und Bewegung bei Pflanzen)

Projektdurchführung
Aufteilung der Klasse in Gruppen; Festlegen der Pflanzen, die für die Überprüfung von Reizbarkeit und Bewegungen geeignet sind

Projektpräsentation
Vortrag, Experimente vorführen, Powerpoint-Präsentation

Projekt

Stoffwechselvorgänge bei Pflanzen

Samenpflanzen weisen eine große Vielgestaltigkeit auf. In ihrem Grundaufbau stimmen sie aber weitgehend überein. Ihre Hauptorgane sind Wurzel und Spross mit Sprossachse, Laubblättern und Blüten (Abb. links).

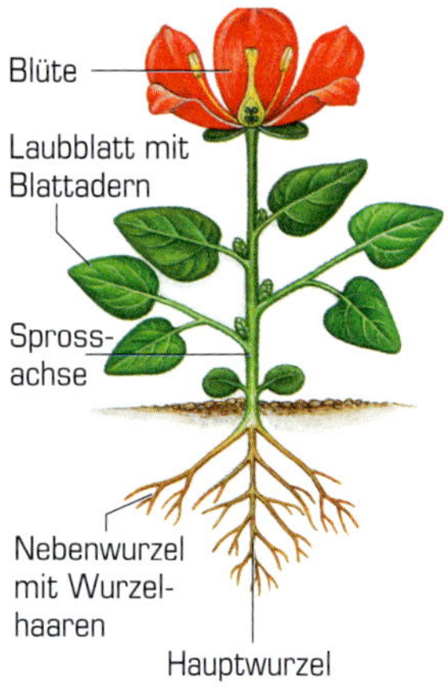

1. *Erläutert an den Teilen der Samenpflanze den Zusammenhang zwischen Bau und Funktion.*

Alle Lebewesen müssen zur Aufrechterhaltung ihrer Lebensprozesse ständig Stoffe aus ihrer Umwelt aufnehmen. Die Aufnahme von Stoffen wird **Ernährung** genannt. Für die Organismen handelt es sich meist um körperfremde Stoffe. Sie bilden die Voraussetzung für den Aufbau körpereigener Stoffe. Es gibt zwei verschiedene **Ernährungsweisen.**
Die meisten Bakterien, die Pilze, die Tiere und der Mensch nehmen mit der Nahrung außer Wasser, Mineralstoffen und Vitaminen vor allem *Eiweiße, Fette* und *Kohlenhydrate* (z. B. Traubenzucker, Stärke) auf. Dies sind *körperfremde, energiereiche organische Stoffe.* Diese Art der Ernährung wird **heterotrophe Ernährung** genannt (Abb. 1).
Davon unterscheidet sich die Ernährung der *Algen* und *Pflanzen mit Chlorophyll* sowie einiger *Bakterien,* die ebenfalls Chlorophyll besitzen. Sie nehmen als Nahrung Wasser und Kohlenstoffdioxid der Luft sowie Mineralstoffe auf. Das sind *körperfremde, energiearme anorganische Stoffe.* Einige Bakterien sind auch in der Lage, anorganische Stoffe als Nahrung zu nutzen, obwohl sie kein Chlorophyll besitzen. Diese Art der Ernährung wird **autotrophe Ernährung** (Abb. 2) genannt.

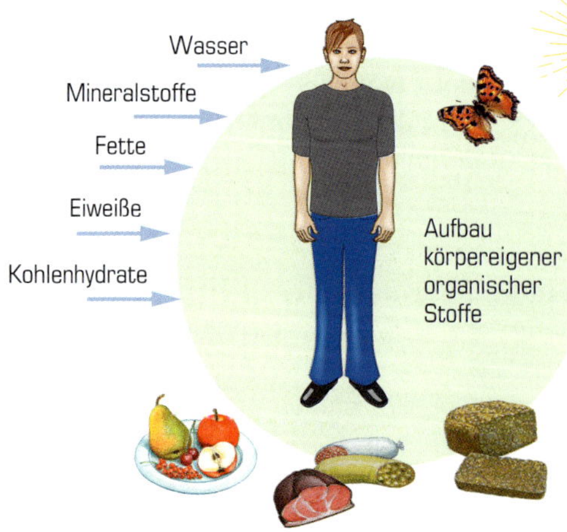

1 ▸ Heterotrophe Ernährung

2 ▸ Autotrophe Ernährung

Projekt

2. *Vergleicht beide Ernährungsweisen.*

Alle Teile der Samenpflanzen leisten beim Stoffwechsel einen speziellen Beitrag.

Aufnahme von Stoffen

Wurzeln dienen der Verankerung der Pflanzen im Boden, der Aufnahme von Wasser und Mineralstoffen, deren Weiterleitung insbesondere in die Sprossachse und gelegentlich auch als Speicherorgane für körpereigene organische Stoffe (z. B. Möhre, Zuckerrübe).

3. *Plant ein Experiment, mit dem die Aufnahme des Wassers durch die Wurzeln nachgewiesen werden kann. Geht dabei nach der Schrittfolge auf Seite 107 vor.*
   Führt es durch und wertet das Ergebnis aus. Protokolliert alle Schritte.

Die **Sprossachse** (Stängel) verbindet Wurzeln und Blätter miteinander und sorgt für den Stofftransport zwischen ihnen. Wasser und gelöste Mineralstoffe werden von den Wurzeln zu den Laubblättern transportiert, und die in den Blättern gebildeten Stoffe können über die Sprossachse in alle anderen Pflanzenteile gelangen.

4. *Weist die Wasserleitung in der Sprossachse nach.*
5. *Wasser und die darin gelösten Mineralstoffe werden in der Pflanze zum Teil sehr hoch transportiert, beim Mammutbaum bis zu 100 m. Informiert euch über die physikalischen Gesetzmäßigkeiten, die dabei eine Rolle spielen.*

Als Träger der Blätter und Blüten hat die Sprossachse die Aufgabe, diese möglichst günstig, z. B. zum Licht, zu positionieren. Nach der Beschaffenheit der Sprossachse kann man die Samenpflanzen in *Kräuter* (grüne, weiche und biegsame Sprossachse) sowie in *Holzgewächse* (harte, feste, holzige Sprossachse – Stamm, Aste, Zweige) einteilen.

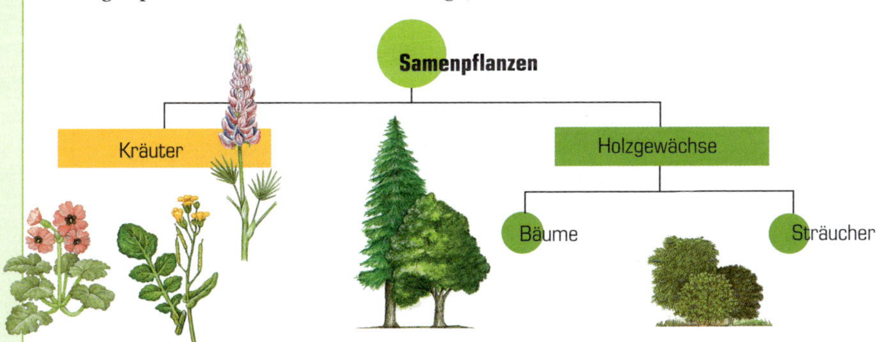

Projekt

Das **Laubblatt** ist aus der Blattfläche, dem Blattstiel und dem Blattgrund aufgebaut. Wenn man die Laubblätter gegen das Licht hält, sind Blattadern zu erkennen.

6. *Vergleicht die Laubblätter folgender Samenpflanzen: Gemeine Haselnuss, Stiel-Eiche, Knäuelgras und Rohrkolben.*

Laubblätter dienen sowohl der Aufnahme, der Leitung und der Abgabe von Stoffen als auch der Umwandlung von Stoffen in ihren Zellen.

7. *Pflanzen benötigen Kohlenstoffdioxid. Führt folgendes Experiment durch, um diese Aussage zu beweisen.*

Materialien:
2 Glasglocken, Blumentöpfe mit jungen Kressepflanzen, 2 Korken, 2 Schalen Wasser, Calciumhydroxidlösung

Durchführung und Beobachtung:

1. Experiment nach den Abbildungen anordnen:

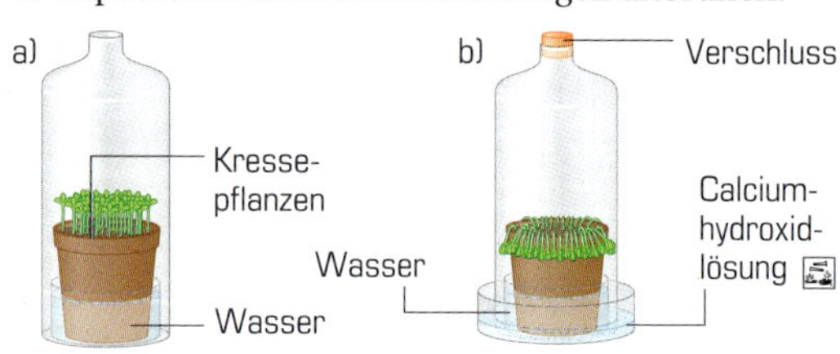

Beachte: Das Calciumhydroxid bindet das im Gefäß vorhandene Kohlenstoffdioxid.

2. Gefäße bei Zimmertemperatur an einen belichteten Ort stellen.
3. Das Wachstum der Kressepflanzen in beiden Gefäßen einige Tage beobachten.
4. Beobachtungsergebnisse notieren.

Auswertung:

1. Waren Unterschiede zu beobachten?
2. Wenn ja, worauf sind sie zurückzuführen?

W

Projekt

8. *Pflanzen geben bei Lichteinwirkung Sauerstoff ab. Zur Überprüfung dieser Aussage führt folgendes Experiment durch.*

Materialien:
2 Bechergläser, 2 Trichter, 2 Reagenzgläser, Wasser, Karton zum Abdunkeln, Sprosse (z. B. der Wasserpest)

Durchführung und Beobachtung:
1. Experimentieranordnung so wie in den Abbildungen aufbauen:

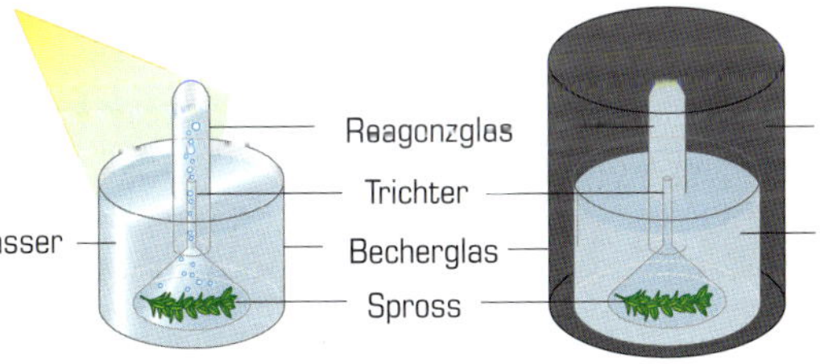

2. Eine Versuchsanordnung dem Licht aussetzen, die andere mithilfe des Kartons abdunkeln.
3. Einige Tage beobachten.
4. Beobachtungsergebnisse notieren.

Auswertung:
1. Wenn ihr Veränderungen beobachtet habt, versucht dazu eine Vermutung für eine Erklärung zu formulieren.
2. Überlegt, welche Möglichkeit es gibt, die Vermutung experimentell zu überprüfen.
3. Falls ihr eine Möglichkeit gefunden habt, führt sie mit Unterstützung eures Lehrers aus.

9. *Weist Kohlenstoffdioxid bei der Atmung von Samenpflanzen nach.*

Materialien:
keimende Erbsen, Calciumhydroxid (⚠), Vaseline, Trichter, 2 Glasplatten, 2 Standzylinder, Uhrglas

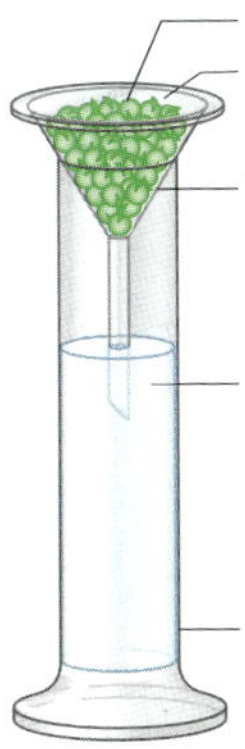

Durchführung und Beobachtung:
Variante 1
1. Füllt einen Trichter mit keimenden Erbsen, deckt ihn dicht mit einer Glasplatte und Vaseline ab, stellt ihn so in ein Glasgefäß (Standzylinder), dass der Trichter in das Calciumhydroxid eintaucht. (Arbeitsschutzbestimmungen beachten!)
2. Beobachtet das Calciumhydroxid nach mehreren Stunden.
3. Notiert die Ergebnisse.

Projekt

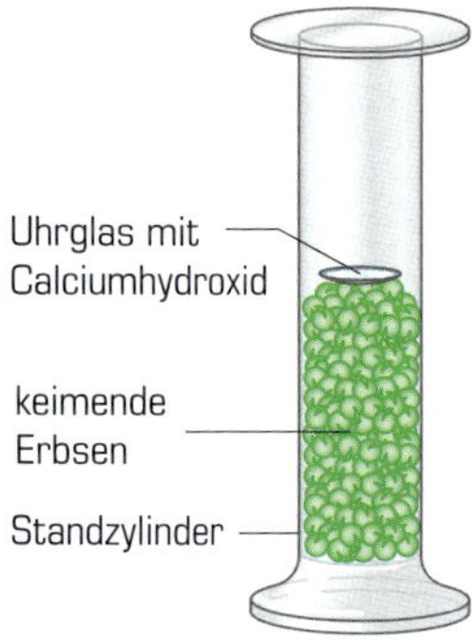

Variante 2

1. Gebt keimende Erbsen in ein Glasgefäß (z. B. Standzylinder).
2. Stellt ein Uhrglas mit Calciumhydroxid auf die keimenden Erbsen und verschließt das Glasgefäß mit einer Glasplatte und Vaseline dicht. (Arbeitsschutzbestimmungen beachten!)
3. Beobachtet das Calciumhydroxid nach mehreren Stunden.
4. Notiert die Ergebnisse.

Auswertung (Variante 1 und 2):

1. Beschreibt und begründet die Ergebnisse.
2. Versucht eine Reaktionsgleichung aufzustellen.

In den Laubblättern werden **auch Stoffe gebildet**.

10. *Weist nach, dass in grünen Pflanzenteilen bei Lichteinwirkung Stärke gebildet wird.*

Materialien:

Maispflanzen, Iod-Kaliumiod-Lösung, Wasser, Ethanol (🔥), 2 Kulturgefäße (z. B. Blumentöpfe), Lampe, Verdunklung (z. B. schwarzes Papier), 4 Bechergläser, Wasserbad, Schere, Brenner, Tropfpipette, 2 Petrischalen

Durchführung und Beobachtung:

1. Einige Maispflanzen bis zu 20 cm Höhe in einem Kulturgefäß (z. B. Blumentopf) bei Tageslicht und Zusatzbeleuchtung (a) aufziehen. In einem zweiten Kulturgefäß Maispflanzen im Dunkeln (b) aufziehen.

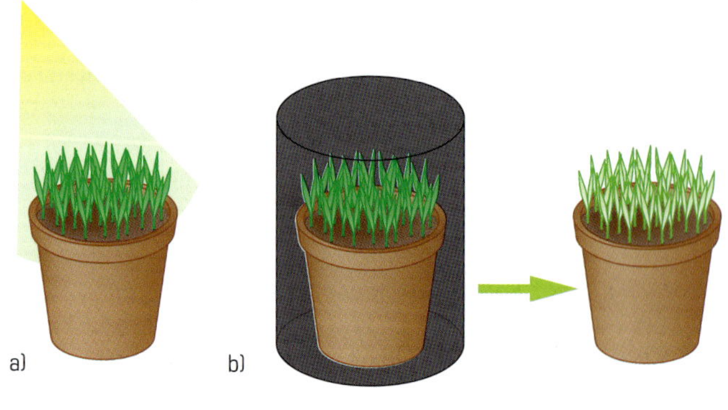

2. Einige belichtete und unbelichtete Sprosse getrennt in Ethanol legen und im Wasserbad sieden lassen. (Vorsicht: Arbeitsschutzbestimmungen beachten!)

Projekt

Ist sämtliches Chlorophyll aus den Sprossen entfernt (weiße Färbung), Sprosse in Wasser abspülen und mit Iod-Kaliumiodid-Lösung beträufeln.

3. Ergebnisse notieren.

Auswertung:

1. Vergleicht und begründet die unterschiedlichen Ergebnisse.
2. Welche Bedeutung hat die Stärke für die Pflanzen?

11. *Weist den bei der Fotosynthese in grünen Blättern gebildeten Traubenzucker nach.*

Materialien:
belichtete Laubblätter von Pflanzen, z. B. von Küchenzwiebel, Schnittlauch, Schwertlilie; Fehling-Lösungen I und II, destilliertes Wasser; Reagenzgläser, Reagenzglasständer, Reagenzglashalter, Brenner, Schere, Spatel, Reibschale mit Pistill, Pipette, Glucose-Teststreifen

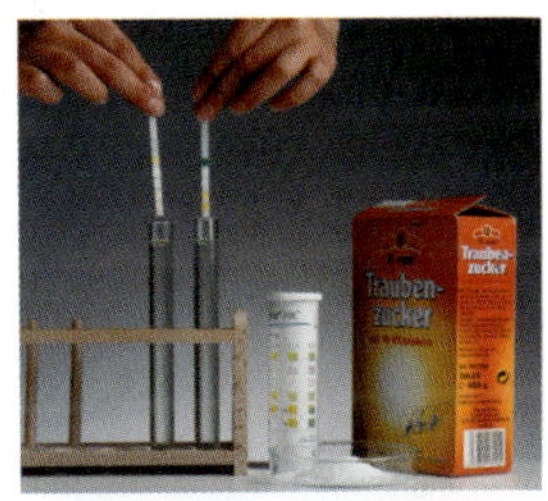

Durchführung Variante 1:

1. Zerschneidet einige Laubblätter, zerreibt sie fein mit Wasser in einer Reibschale.
2. Versetzt den Flüssigkeitsbrei im Reagenzglas mit Fehling-Lösung I und II (1 : 1) und erwärmt ihn vorsichtig. (Arbeitsschutzbestimmungen beachten!)

Beobachtung:
Was könnt ihr nach kurzer Zeit im Reagenzglas beobachten?
Notiert.

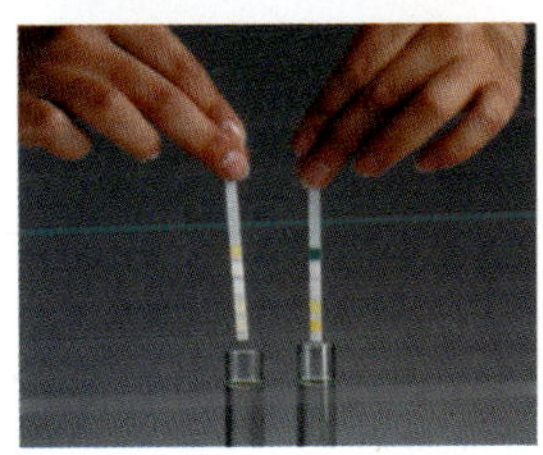

Durchführung Variante 2:

1. Wie Schritt 1 in Variante 1.
2. Versetzt den Flüssigkeitsbrei im Reagenzglas mit destilliertem Wasser und schüttelt etwas. Lasst den Brei sich absetzen. Taucht in die Flüssigkeit im Reagenzglas einen Glucose-Teststreifen und beobachtet. Vergleicht das Ergebnis mit der Farbskala auf der Packung.

Die Fotosynthese ist einer der wichtigsten Prozesse auf der Erde.

12. *Fertigt ein Poster über den Prozess der Fotosynthese an. Beachtet u. a. Ausgangsstoffe, Bedingungen und Endprodukte.*
Erläutert außerdem in Thesenform die Bedeutug der Fotosynthese für das Leben auf der Erde.

Projekt

Reizbarkeit und Bewegung bei Pflanzen

Die meisten Samenpflanzen sind mit ihren Wurzeln fest im Boden verankert und damit an einen Standort gebunden. An ihre Nährstoffe gelangen sie ohne Fortbewegung.
Auch Samenpflanze können **Reize** aufnehmen, verarbeiten und darauf reagieren. Während viele Reaktionen nur innere Prozesse betreffen, gibt es auch bei Samenpflanzen **Reaktionen in Form von Bewegungen.** Sie fallen wenig auf, weil nur Teile der Pflanzen in eine neue Lage gelangen. Sie bewegen z. B. die Stängel, Laubblätter und Blüten.

Reizbarkeit ist ein Merkmal von Lebewesen als Reaktion auf Veränderungen (Reize) der Umwelt. Auch Samenpflanzen können mit Bewegungen einzelner Teile auf Reize reagieren. Reizbarkeit kommt nur in lebenden Organismen vor.

Reaktion auf Licht

Licht ist für autotrophe Pflanzen eine lebensnotwendige Bedingung. Deshalb reagieren Samenpflanzen bei Veränderung der Lichteinstrahlung besonders empfindlich.

1. *Entwickelt ein Experiment, mit dem man diese Aussage überprüfen kann. Geht dabei nach der Schrittfolge auf Seite 107 vor.*
   Versucht eine Erklärung für die beobachtete Veränderung zu finden. Denkt dabei an die Stoffwechselvorgänge in der Pflanze, z. B. die Fotosynthese.

Durch die moderne Pflanzenphysiologie und Biochemie konnten bekannte Erscheinungen wie das Hinwenden der Laubblätter zum Licht eine Erklärung finden. Zur Klärung nutzte man besonders Experimente mit verschiedenen Keimpflanzen. Viele Vorgänge sind dabei artspezifisch.
Bei *Haferkeimpflanzen* ist ein lichtempfindlicher Farbstoff in der äußersten Sprossspitze in der Lage, Lichtreize aufzunehmen. Mit feinsten Messmethoden lassen sich nach Reizeinwirkung in der Pflanze Veränderungen der elektrischen Ladung nachweisen, die vergleichbar mit den Vorgängen in den Sinnesorganen der Tiere sind.

Die durch Lichtreiz bei *Haferkeimpflanzen* ausgelösten Reaktionen beeinflussen den Transport des **Wuchsstoffes Auxin,** der von der Sprossspitze in die Zone des Streckungswachstums führt.

2. *Auxin ist ein Wachstumshormon der Pflanze. Erläutert, was Hormone sind und welche Bedeutung sie für Organismen haben.*
3. *Den Vorgang, der auf der Abbildung 1 auf der folgenden Seite dargestellt ist, nennt man Fototropismus.*
   Versucht eine Erklärung für die dargestellte Reaktion zu finden.

W

Projekt

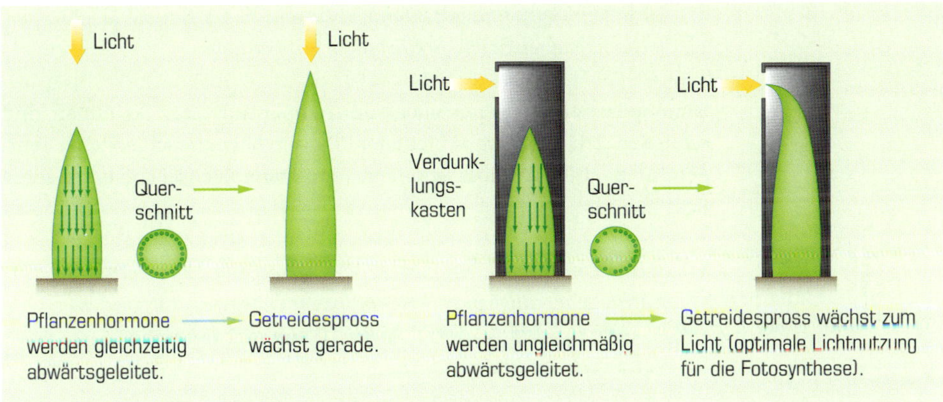

1 ▸ Reaktion auf Licht: Lichtwendigkeit (Fototropismus) einer Sprossspitze

Reaktion auf Erdanziehungskraft

Samenpflanzen können auch auf die **Erdanziehungskraft** reagieren. Normalerweise wächst die Hauptwurzel der Pflanze in Richtung Erdmittelpunkt, wo sie Mineralstoffe und Wasser findet. Die Sprossachse wächst entgegengesetzt, wo Licht, Sauerstoff und Kohlenstoffdioxid vorhanden sind. Das ist die Normallage und optimal für die Pflanze.
Wird die Pflanze waagerecht gelegt, so befindet sie sich in Reizlage. In dieser neuen Lage reizen Zellbestandteile andere Regionen des Zellplasmas. Dadurch wird die elektrische Ladung in den Zellen verändert. Das beeinflusst die Wuchsstoffverteilung so, dass durch ungleiches Wachstum eine Krümmung der Hauptwurzel in Richtung zum Erdmittelpunkt entsteht und die Sprossachse wieder entgegengesetzt wächst.
Dieser Vorgang heißt **Erdwendigkeit** oder **Geotropismus** (Abb. 2).

Lichtwendigkeit und Erdwendigkeit sind Wachstumsbewegungen, die durch ungleiche Wuchsstoffverteilung entstehen. Sie erfolgen nur, solange die Pflanze wächst.

4. *Überprüft die Reaktion der Pflanzen auf die Erdanziehungskraft mithilfe eines Experiments.*
   Verwendet dazu Keimpflanzen von Senf oder Raps.

2 ▸ Reaktion auf die Erdanziehungskraft: Erdwendigkeit einer Sprosspflanze

Projekt

5. *Auch Berghänge sind mit Bäumen bewachsen. Die Bäume wachsen wie in der Ebene senkrecht. Erklärt diese Erscheinung.*

Samenpflanzen reagieren auch auf **Temperaturreize.** So öffnen und schließen sich Blüten verschiedener Pflanzen bei unterschiedlicher Temperatur. Beim Krokus löst schon ein Temperaturwechsel von 0,2 °C diese Reaktion aus.

6. *Blüten von Tulpen, Krokussen oder Schneeglöckchen öffnen sich bei Wärme und schließen sich bei absinkender Temperatur wieder. Versucht zu erklären, wie diese Reaktion zustande kommt. Nutzt auch das Internet dazu.*

Reaktion auf verschiedene Reize

1 ▸ Öffnen und Schließen eines Blütenkorbs von Löwenzahn

Manche Pflanzenteile reagieren auch auf **chemische Reize,** auf **Feuchtigkeit** oder auf **Kombinationen verschiedener Reize.**
Wurzeln können beispielsweise zur Feuchtigkeit oder zu bestimmten Nährsalzen hinwachsen.
Die Blütenkörbe von *Ringelblumen* und *Löwenzahn* schließen sich nicht nur während der Nacht, sondern auch bei Regen. Das dient dem Schutz von Pollen und Narben, wodurch die Fortpflanzung gefördert wird.
Die Blüten der *Sumpf-Dotterblume* dagegen bleiben auch im Regen geöffnet, sodass der Pollen vom Regenwasser zur Narbe gespült wird und auf diese Weise die Befruchtung erfolgen kann.
Pflanzen reagieren auch auf **mechanische Reize.** Weit bekannt sind die *Klappbewegungen* der *Mimose* (Abb. 2). Hier wirken plötzliche Veränderungen des **Zellinnendrucks (Turgor)** in den Blattgelenken und führen zum Senken der Blattstiele und zum Zusammenklappen der Fiederblätter. Ausgelöst werden diese schnellen Bewegungen durch Berührung oder Zugluft.

2 ▸ Mimose ohne und mit Berührung

W

Projekt

Bei diesen **Turgorbewegungen** wird an besonderen Stellen der Pflanzen (z. B. an Gelenken des Blattstiels) sehr rasch Wasser an benachbarte Zellen abgegeben, sodass es zum schnellen Absenken der Blattstiele und zum Zusammenklappen der Fiederblätter kommt. Nach einiger Zeit richten sich die Stiele und Blättchen durch Wasseraufnahme wieder auf, d. h., diese Bewegung ist umkehrbar (reversibel).
Eine *Mimose* kann nach einer „Erholungsphase" erneut gereizt werden und zeigt dann wiederum ein schnelles Absenken der Blattstiele sowie das Zusammenklappen der Fiederblätter. Diese Bewegungen dienen den zarten Laubblättern zum Schutz.

Neben den genannten langsam verlaufenden Wachstumsbewegungen gibt es auch bei Pflanzen Bewegungen, die schneller erfolgen und keine Wachstumsbewegungen sind.

Turgorbewegungen beruhen auf plötzlicher Veränderung des Zellinnendrucks durch osmotische Vorgänge der Wasserabgabe oder -aufnahme in bestimmten Pflanzenteilen (z. B. Gelenke des Blattstiels). Sie werden durch Berührungsreize ausgelöst, verlaufen relativ schnell und sind umkehrbar.

Turgorbewegungen sind auch bei *Sauerklee, Lupine, Venusfliegenfalle* und den Spaltöffnungen zu beobachten. In diesen Fällen verläuft die Reaktion langsamer als bei der *Mimose*.

7. *Betrachtet die folgenden Abbildungen. Beschreibt, welcher Vorgang zu beobachten ist. Erlärt diese Erscheinung.*
   Dieser Vorgang läuft relativ schnell ab und ist wiederholbar. Begründet.

1 ▸ Venusfliegenfalle

Es gibt aber Bewegungen bei Samenpflanzen, die **nicht auf Reizbarkeit** beruhen. Solche Bewegungen kommen auch in toten Pflanzenteilen vor und beruhen z. B. auf **Quellung** und **Entquellung** von bestimmten Zellschichten.

8. *Legt trockene Kiefernzapfen kurze Zeit in Wasser und beobachtet. Trocknet sie anschließend. Begründet die Veränderungen.*

Projekt

Fortpflanzung, Entwicklung und Wachstum bei Pflanzen

Die **Individualentwicklung** einer Samenpflanze ist die Entwicklung des Einzellebewesens (Individuum) von der befruchteten Eizelle bis zum Absterben der Pflanze. Sie verläuft in bestimmten **Entwicklungsphasen,** die durch charakteristische Merkmale gekennzeichnet sind.
Sie beginnt mit der **Befruchtung der Eizelle.**

1. *Beschreibt den Vorgang der Befruchtung bei Samenpflanzen. Nutzt die folgende Abbildung dazu.*

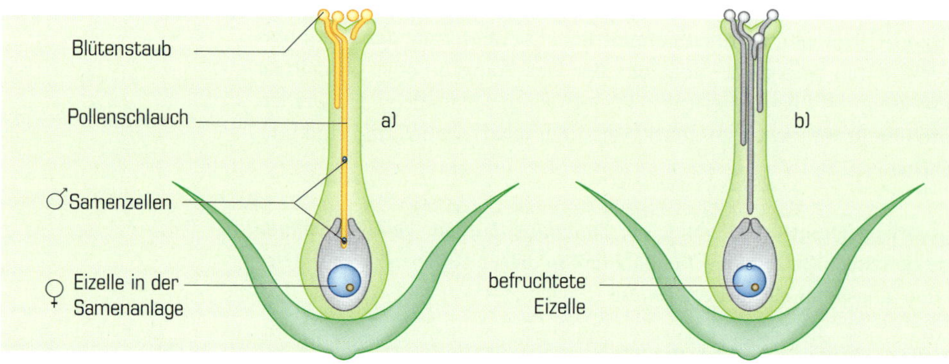

Die nächste Phase ist die **Entwicklung des Keimlings im Samen.** Aus der befruchteten Eizelle entwickelt sich der **Keimling**. Die Mutterpflanze lagert Nährstoffe für die Ernährung des Keimlings ein. Der Keimling und die gespeicherten Nährstoffe sind von schützenden Schichten umgeben (Samenschale). Der voll entwickelte Samen löst sich von der Mutterpflanze.
Die Keimung des Samens wird durch die **Aufnahme von Wasser** (Quellung des Samens, Zunahme an Masse und Volumen), durch eine ausreichende **Sauerstoffzufuhr** und durch **günstige Temperaturen** beeinflusst.

2. *Entwickelt ein Experiment, mit dem man die Aussage belegen kann, dass Samen nur keimen, wenn Wasser, Sauerstoff und eine günstige Temperatur vorhanden sind. Geht nach der Anleitung auf Seite 107 vor. Protokolliert eure Vorgehensweise, nutzt dazu die Anleitung auf der Seite 108.*

Die optimalen Keimtemperaturen der Samen einiger Samenpflanzen betragen:
Blumenkohl, Löwenzahn, Hanf, Spargel: +20 bis 30 °C
Hafer, Kornblumen, Roggen: +15 °C
Mais: +25 °C

Das aufgenommene Wasser vergrößert den Samen und ermöglicht eine weitaus höhere Stoffwechselaktivität. Es werden vermehrt Enzyme gebildet, die u. a. die im Speichergewebe des Samens vorhandenen Nährstoffe in eine wasserlösliche Form überführen (z. B. Stärke in Glucose). Während der Keimung nutzt der Keimling diese Nährstoffe zum Wachstum und zur Bewegung **(heterotrophe Ernährung).**

Projekt

Mit der erhöhten Stoffwechselaktivität setzt die Wachstumsphase ein **(vegetative Phase).** Die Wurzel des Keimlings durchbricht meist zuerst die Samenschale. Ihr schnelles Wachstum geschieht vor allem durch eine Vergrößerung der während der Samenentwicklung im Keimling angelegten Zellen. Die Zellen nehmen Wasser auf, bilden Vakuolen, vergrößern die Zellwände und strecken sich. Die nach unten (ins Erdreich) wachsende Keimwurzel verankert den Samen im Boden. Gleichzeitig werden neue Zellen gebildet.

3 *Betrachtet die Abbildungen und beschreibt die dargestellten Vorgänge.*

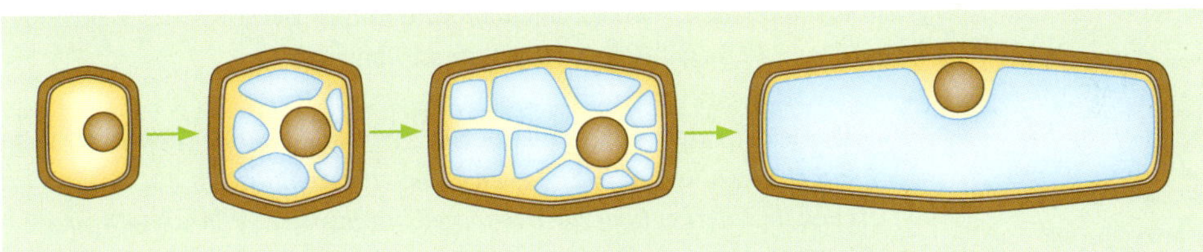

Nachdem der Samen im Boden verankert ist, bricht der **Keimspross** aus der Samenschale hervor und durchstößt die Erdoberfläche („Auflaufen der Saat“). Die ersten Laubblätter und der Keimstängel ergrünen unter dem Einfluss des Lichts. Mit dem Ergrünen des Keimsprosses beginnt die selbstständige **autotrophe Ernährung.**

Im weiteren **Wachstum** kommt es zu vielen Differenzierungen der Zellen und Gewebe. Die Samenpflanze bildet ihre Organe (Wurzeln, Sprossachse und Laubblätter) voll aus. Im Boden erschließt sie mit den Wurzeln neue Bereiche zur Aufnahme von Wasser und Mineralstoffen. Im Luftraum entfaltet sie ihre Stängel und Blätter, um im Konkurrenzkampf mit anderen Pflanzen viel Licht und Kohlenstoffdioxid zur Fotosynthese zu gewinnen.

Unter günstigen Bedingungen (gute Wasser- und Mineralstoffversorgung, viel Licht) erreicht die Pflanze eine hohe Stoffproduktion bei der Fotosynthese und kann viele körpereigene organische Stoffe zur weiteren Entwicklung speichern.

Projekt

Die Wachstumsphase und damit die Produktion und die Speicherung von körpereigenen organischen Stoffen können unterschiedliche Zeiträume im Leben einer Pflanze einnehmen (einjährige, zweijährige, mehrjährige Pflanzen).

4. *Vergleicht das Wachstum der Pflanzen mit dem von Tieren und Menschen.*

Die **Fortpflanzungsphase (generative Phase)** schließt sich als nächster Entwicklungsabschnitt an. Dies ist die Phase, in der die Pflanze Blüten und Samen ausbildet.

5. *Definiert den Begriff Fortpflanzung.*
6. *Man unterscheidet geschlechtliche und ungeschlechtliche Fortpflanzung. Vergleicht beide Formen. Nennt Beispiele für die ungeschlechtliche Fortpflanzung bei Samenpflanzen.*

Erbse, Radieschen, Möhren-, Rettich- und *Kohlsorten* sowie die Bäume *Eiche, Linde, Birke* gehören zu den Samenpflanzen.

7. *Vergleicht den Lebenszyklus der genannten Samenpflanzen. Geht dabei vor allem auf die Lebensdauer dieser Pflanzen ein. Informiert euch im Internet über die Fachbezeichnung dieser Pflanzengruppen.*

1 ▸ Sonnenblume in Fortpflanzungs- und Alterungsphase

Die **Alterungsphase** beginnt bei vielen Pflanzen bereits nach der Samenreife. Sie ist gekennzeichnet durch ein verringertes Wachstum sowie durch Absterben von Zellen und Geweben.

Deutlich sichtbar wird das bei einjährigen Pflanzen zuerst an einigen Sprossabschnitten, die kleinere Blätter ausbilden und nur ein geringes bis kein Wachstum zeigen. Alle Stoffwechselprozesse werden auf die Ausbildung der Samen orientiert.

Veränderungen im Stoffwechsel bewirken, dass alle körpereigenen organischen Stoffe zur Ausbildung der Samen genutzt werden.
Samenpflanzen, die wiederholt in ihrem Leben blühen und Samen ausbilden, altern durch die zunehmend schwierigere Versorgung der stets wachsenden Organe und Gewebe. Langlebige Pflanzen (Bäume) enthalten in ihrem Körper in mehr oder weniger großem Umfang tote Gewebe und Organteile (z. B. Holz). In den Bildungsgeweben erfolgen aber weiterhin Zellteilungen, Zellerneuerungen und damit ein Wachstum. Ältere Bäume zeigen oft Jahre hindurch Abschnitte, die abgestorben sind (hohle Stämme), und neue sich entwickelnde Sprosse mit frischen Blättern.

W

Projekt

Das Lebensalter der Pflanzen ist begrenzt. Bei ein-, zwei- und mehrjährigen Pflanzen führt das Abbrechen der Lebensprozesse zum Absterben der Pflanzen, zum **Tod.**

8. *Beschreibt anhand der Abbildung die Entwicklung einer Bohnenpflanze. Geht auf die einzelnen Phasen genauer ein.*

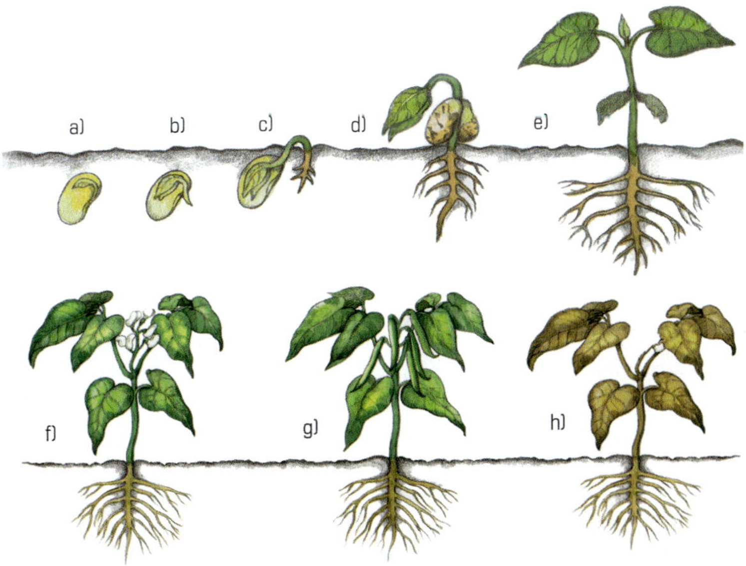

Äußere Faktoren, u. a. Temperatur, Wasser- und Sauerstoffgehalt, können die Wachstums- und Entwicklungsvorgänge der Pflanzen beeinflussen.

9. Nennt weitere äußere Faktoren, die Einfluss auf die Entwicklung der Pflanzen haben. Begründet deren Einfluss aus stoffwechselphysiologischer Sicht.
10. Im landwirtschaftlichen und gärtnerischen Anbau werden viele äußere Faktoren für die Entwicklung der Pflanzen optimiert. Erläutert diese Aussage.

Die **inneren Faktoren** (z. B. Pflanzenhormone) wurden erst spät entdeckt (1910 erstes Pflanzenhormon, ab 1957 weitere Pflanzenhormone). Pflanzen produzieren die Hormone vielfach in den Wurzel- und Sprossspitzen und geben sie in sehr geringer Konzentration in die nachfolgenden Gewebe ab.
Die Pflanzenhormone veranlassen das Streckungswachstum, die Ausrichtung der Sprossspitze zum Licht und viele andere Vorgänge.

Fächerverbindendes Thema

Von Licht und Farben

Zerlegung von weißem Licht

1. *Wiederholt aus dem Physikunterricht, was Licht ist.*

Sonnenlicht nehmen wir als weißes **Licht** wahr. Dieses weiße Licht ist aber eigentlich farbig! Ein Regenbogen liefert den Beweis. Er wird manchmal sichtbar, wenn es geregnet hat und die Sonne wieder hervortritt.

2. *Unter welchen Bedingungen entsteht ein Regenbogen? Wie ist die Reihenfolge der Farben zu erklären?*

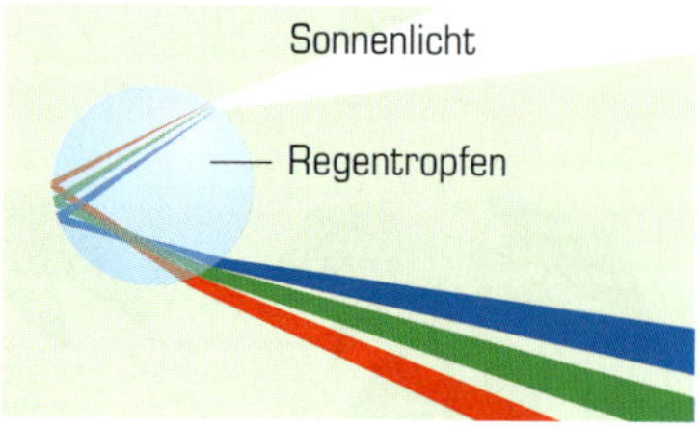

Im **Regenbogen** sind die Spektralfarben Rot, Orange, Gelb, Grün, Blau und Violett zu erkennen. Das Spektrum des Sonnenlichts weist also im für uns sichtbaren Bereich sechs Spektralfarben auf.
Sehen wir uns in unserer Umwelt um, nehmen wir aber durch Mischen dieser Grundfarben eine viel größere Fülle an **Farben** wahr.

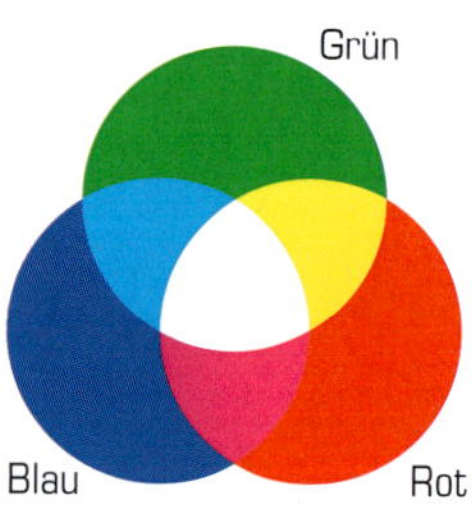

Additive Farbmischung

Bei der **additiven Farbmischung** werden verschiedene Lichtsorten auf dieselbe Stelle gelenkt und überlagern (addieren) sich. Welche Farbe wir dann wahrnehmen, hängt nicht nur von den Lichtsorten, sondern z. B. auch von der Intensität des Lichts ab. Der Farbeindruck, den wir von Materialien haben, wird durch Wechselwirkungen zwischen den Teilchen der Stoffe und dem darauffallenden Licht bestimmt. Er entsteht nach dem Prinzip der additiven Farbmischung. Licht, das auf einen Körper fällt, wird von diesem Körper teilweise reflektiert bzw. gestreut, teilweise absorbiert und teilweise auch hindurchgelassen. Ein Körper hat die Farbe, die sich aus der Mischung der von ihm gestreuten Lichtsorten ergibt. Fällt z. B. Sonnenlicht (weißes Licht) auf Blätter, so werden Violett und Blau sowie Orange und Rot vom Blatt absorbiert. Grün und das benachbarte Gelb bzw. Türkis werden gestreut. Wir nehmen die Mischfarbe Grün wahr.

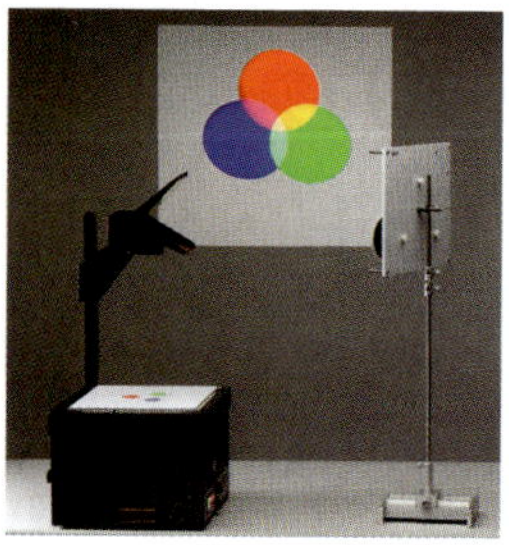

Ein Körper, der sämtliches auffallende Licht absorbiert, erscheint uns schwarz.

3. *Recherchiert, aus welchen Farben man durch additive Farbmischung Weiß erzeugen kann. Gebt mehrere Möglichkeiten an.*

W

Fächerverbindendes Thema

Subtraktive Farbmischung

Die Mischung von Wasserfarben im Farbkasten ergibt teils ähnliche, teils ganz andere Ergebnisse als die Mischung von Lichtsorten der gleichen Farbe. Wenn man zwei Wasserfarben mischt, dann absorbiert jeder Farbstoff die für ihn charakteristischen Lichtsorten. Man muss also die absorbierten Lichtsorten beider Farbstoffe aussortieren (subtrahieren). Deshalb heißt diese Farbmischung **subtraktive Farbmischung.**

So absorbiert z. B. blaue Wasserfarbe bei Beleuchtung mit weißem Licht gelbes bis rotes Licht. Gelbe Wasserfarbe absorbiert das Spektrum vom blauen bis zum violetten Licht. Nicht absorbiert wird von beiden Wasserfarben Grün. Folglich erscheint eine Mischung aus blauer und gelber Wasserfarbe grün.

S Experiment 1

Baut einen Farbkreisel. Beklebt ihn mit Papier unterschiedlicher Farbe. Probiert verschiedene Varianten aus. (In der nebenstehenden Skizze ist eine Möglichkeit angegeben.) Versetzt den Farbkreisel mithilfe des Fadens in schnelle Umdrehungen. Notiert jeweils, welche Farbe ihr beobachtet. Erklärt.

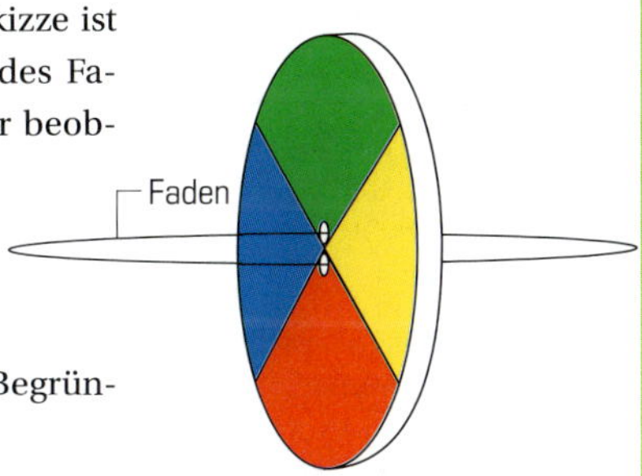

S Experiment 2

Mischt gelben und blauen Kreidestaub. Welche Farbe ergibt das? Begründet.

4. *Gebt an, welche Farbe entsteht, wenn man folgendes farbiges Licht übereinander auf eine weiße Fläche projiziert?*
   a) Rot und Grün, b) Grün und Blau, c) Blau und Rot, d) Rot, Grün und Blau

5. *Bei Sonnenschein hat ein Pullover die Farbe Blau. In einer Diskothek wird die Tanzfläche mit rotem Licht beleuchtet. Welche Farbe hat dann dieser Pullover? Begründet.*

6. *Recherchiert, wie beim Farbfernseher ein farbiges Bild entsteht.*

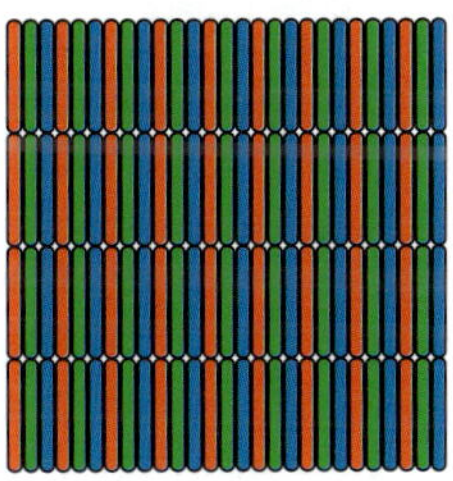

Tipp:
Bildschirme haben rot, grün und blau leuchtende Farbpunkte, die meist linienförmig angeordnet sind.

S Experiment 3

Am Computer kann man z. B. mithilfe eines Zeichenprogramms selbst Farben erzeugen, wobei man den Anteil der einzelnen Farben variieren kann.

Probiert es aus. Mischt auch die Grundfarben mit gleichen und unterschiedlichen Anteilen.

Fächerverbindendes Thema

Farben sehen, aber wie?

Die **Farbwahrnehmung** erfolgt durch das Zusammenspiel des Auges und des Gehirns. Rezeptoren in der Netzhaut werden durch optische Reize in Erregung versetzt. Diese wird dann über den Sehnerv zum Sehzentrum im Gehirn weitergeleitet und dort verarbeitet. So können wir hell und dunkel unterscheiden, Farben erkennen und Bewegungen wahrnehmen.

Das für das menschliche Auge sichtbare Licht (Wellenlängen von 390 bis 780 nm) ist nur ein kleiner Teil des **elektromagnetischen Spektrums** des Sonnenlichts. Tiere können auch andere Bereiche dieses Spektrums wahrnehmen (s. Abb. Spektrum).

Ausschnitt aus dem Spektrum elektromagnetischer Wellen

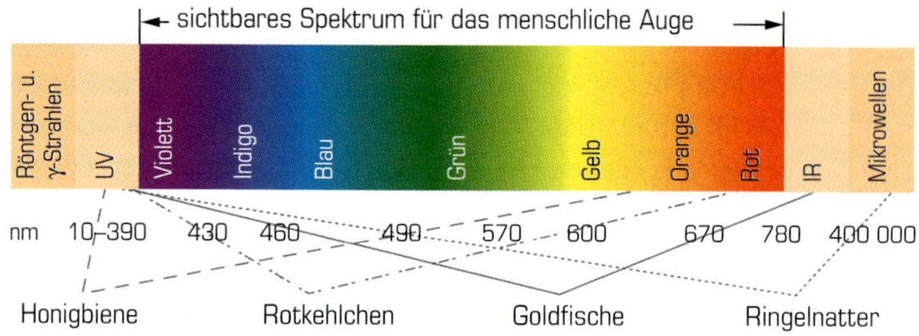

1 ▸ Testbilder für die Rot-Grün-Sehschwäche

7. *Wiederholt den Bau des Auges und die Funktion der Teile. Informiert euch über die Art der Rezeptoren in der Netzhaut.*

Bei einigen Menschen arbeiten die Rezeptoren für Rot oder Grün nicht korrekt. Es kommt dann zu **Farbensinnstörungen** (Farbenfehlsichtigkeit). Ein Beispiel dafür ist die Rot-Grün-Sehschwäche. Sie kann mithilfe spezieller Farbtafeln festgestellt werden.

8. *Überprüft, ob ihr die Testbilder (Abb. 1) erkennen könnt.*

Hält ein und derselbe Reiz zu lange an, tritt eine „Ermüdung" der Fotorezeptoren ein. Die Erregung wird nicht mehr ausgebildet und demzufolge auch nicht zum Gehirn geleitet. Dies kann man durch sogenannte Nachbilder beweisen.

2 ▸ Vorlage zur Erzeugung eines Nachbilds

S Experiment

Betrachtet den oberen Kasten von Abb. 2 intensiv 30 Sekunden lang. Fixiert sofort danach den schwarzen Punkt im unteren Kasten. Beschreibt, was ihr seht. Findet eine Erklärung.

W

Fächerverbindendes Thema

Farben in der Natur

Tarnen und Warnen

Die Färbung von Haut, Federn, Fell, Panzer usw. hat in der Natur große Bedeutung und transportiert z. T. wichtige Informationen. Sie dient u. a. der **Tarnung** oder der **Warnung** (Abb.).

1. *Ordnet den vier in der Tabelle dargestellten Schutztrachten weitere heimische Tierarten zu. Beschreibt jeweils die Art der Tarnung.*
2. *Welche Funktionen können unterschiedliche Farbgebungen bei Tieren einer Art haben? Erläutert sie an Beispielen.*
3. *Vom Birkenspanner existieren zwei Formen: eine hell gefärbte Form und eine dunkel gefärbte Form. Informiert euch darüber, wie diese zwei Formen entstanden sind.*

Tarntracht	**Warntracht**
Farbanpassungen an die Umgebung, z. T. sogar Farbwechsel bei einigen Chamäleonarten 	Auffällige Färbung giftiger Tiere, z. B. beim Feuersalamander (Abb.) oder beim Pfeilgiftfrosch 
Nachahmungstarntrachten (Mimese)	**Scheinwarntracht (Mimikry)**
Nachahmen von Gegenständen ihres Lebensraums in Farbe, Gestalt oder Haltung, z. B. bei Schnarrheuschrecken (Abb.) oder Birkenspanner 	Nachahmen von giftigen, ungenießbaren bzw. wehrhaften Tieren, z. B. bei Schwebfliegen, die Wespen nachahmen 

Fächerverbindendes Thema

Farbstoffe und Pigmente

Farbstoffe sind lösliche organische Verbindungen. Bei Pflanzen kennen wir den grünen Farbstoff Chlorophyll, gelbe bis rote Carotinoide und den gelben Farbstoff Xanthophyll. Je nach Zusammensetzung dieser Farbstoffe entsteht die unterschiedliche Blattfärbung. Typisch für viele Pflanzen ist die gelb-rote Färbung im Herbst.

1 ▸ Für das Experiment sind frische Spinatblätter oder Brennnesselblätter gut geeignet. Als „Notlösung" ist Gras ebenfalls verwendbar. Arbeite nicht bei direktem Sonnenlicht, weil sich die Blattfarbstoffe dadurch schnell zersetzen.

S Experiment

Ermittelt, ob die verschiedenen Farbstoffe erst im Herbst gebildet werden oder immer in den grünen Blättern enthalten sind.

Geräte und Chemikalien:
Chromatografiepapier, Standzylinder, Glasplatte zum Abdecken, Reibschale und Pistill, grüne Blätter, feiner Sand (Seesand), Aceton, Fließmittel (Herstellung vom Lehrer: Normalbenzin, Petrolether, Aceton, im Verhältnis 10 : 3 : 3)

Durchführung:

a) Zerreibt die Blätter mit Seesand und Aceton in einer Reibschale zu einem Brei und filtriert das Gemisch.
b) Hängt nun einen Chromatografiestreifen in das Filtrat und lasst die Flüssigkeit 2–3 cm hoch aufsteigen. Nehmt dann den Streifen heraus und trocknet ihn.
c) Haltet das nun trockene Chromatografiepapier nur mit dem unteren Rand senkrecht in reines Aceton, bis das aufsteigende Aceton das zu untersuchende Stoffgemisch auf dem Papier so weit zusammengeschoben hat, dass auf dem Papier nur noch ein dünnes Band erkennbar ist. Dieses Band dient als Startlinie.
d) Gebt in den Standzylinder ca. 2 cm hoch das Fließmittel und verschließt ihn sofort. Lasst den so vorbereiteten Zylinder einige Zeit stehen, sodass sich die Dämpfe verteilen können.
e) Befestigt das vorbereitete Chromatografiepapier im Standzylinder, indem ihr den oberen Rand rechtwinklig abknickt. Der untere Rand muss ungefähr 1 cm weit in das Fließmittel eintauchen, wobei sich die Startlinie unbedingt oberhalb des Fließmittels befinden muss. Verschließt das Gefäß sofort wieder.
f) Entnehmt das Papier nach ca. 40 min. und lasst es trocknen.

Beobachtung und Auswertung:
Betrachtet das Chromatogramm und wertet es entsprechend der Aufgabenstellung aus.

W

Fächerverbindendes Thema

Bei vielen Tieren erfolgt die Färbung durch **Pigmente.** Das sind nicht lösliche organische oder anorganische Verbindungen, die in Form von kleinen Körnchen mit Durchmessern zwischen 1/10 000 und 1/1 000 mm existieren und z. B. in der Haut, in Haaren, in Federn, in Panzern oder in Schuppen eingelagert sind. Die durch Pigmente hervorgerufenen Farben werden als **Pigmentfarben** bezeichnet.

Die Farbe unserer Haut, unserer Haare oder der Augen wird durch Pigmente bestimmt, den **Melaninen.** Es handelt sich um braun-schwarze Pigmente.

1 ▸ Durch die unterschiedlichen Anteile an Melaninen werden unterschiedliche Hautfarben und Haarfarben beim Menschen bestimmt.

1. *Informiert euch darüber, welchen Einfluss die UV-Strahlung auf unsere Haut hat. Erklärt, warum man einen Sonnenbrand unbedingt vermeiden sollte und wie das zu erreichen ist.*
2. *Die Haare vieler Menschen verändern im Laufe der Jahre ihre Farbe. In höherem Lebensalter treten verstärkt graue und weiße Haare auf. Erklärt, wie diese unterschiedlichen Färbungen zustande kommen.*
3. *Mineralien sind häufig gefärbt und werden beispielsweise vom Menschen als Farbpigmente genutzt. Stellt einige Beispiele zusammen.*

Neben der Färbung durch eingelagerte Pigmente treten auch schillernde und vom Blickwinkel sowie vom Winkel des Lichteinfalls abhängige Farben auf, die durch die Struktur der Oberfläche hervorgerufen werden. Solche **Strukturfarben** findet man vor allem bei Vögeln, Schmetterlingen, Fischen oder Muscheln. Sie kommen zumeist dadurch zustande, dass das Licht an feinsten Strukturen der Oberfläche (kleinen Vertiefungen, Schuppen, dünnen Schichten) reflektiert wird und sich teilweise überlagert. Dabei kommt es zur Verstärkung oder Auslöschung bestimmter Wellenlängen und damit bestimmter Farben.

4. *Bei Schmetterlingen treten prächtige Farben auf. Erläutert, wie bei Beleuchtung mit weißem Licht die Farben Blau und Türkis zustande kommen.*
5. *Eine Reihe von Käfern zeigt schillernde, vom Blickwinkel abhängige Farben. Erläutert, wie diese Farben zustande kommen.*

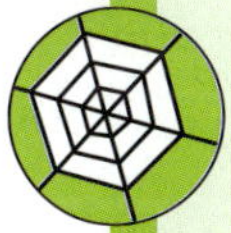

2 ▸ Wunderschöne Färbungen bei Käfern und Schmetterlingen

Z

Ziel erreicht?

Lernen, aber wie?

Die Basis für eine Wiederholung und Systematisierung, z. B. in Vorbereitung auf einen Test oder eine Prüfung, sind Informationen und Fakten. Wie behält man die Fülle der Fakten im Gedächtnis?
Die Qualität des Gedächtnisses, die **Merkfähigkeit,** hängt z. B. von der Anzahl der Wiederholungen, vom Zeitabstand, von der Konzentrationsfähigkeit und auch vom Interesse am Thema ab.

Die Fähigkeit zum **Lernen** ist angeboren. Allerdings gibt es individuelle Unterschiede. Man unterscheidet verschiedene **Lerntypen.** Manche Menschen behalten am besten, was sie lesen *(Lesetyp)* bzw. hören *(Hörtyp, akustischer Lerntyp),* und wieder andere, was sie selbst tun *(Anfasstyp, haptischer Lerntyp).*
Wenn man seinen Lerntyp kennt, kann man das beim Üben ausnutzen.

Das Lernen lernen – die 10 wichtigsten Lernregeln

① **Plane dein Lernen.**
Du sparst dir damit Zeit, denn gut geplant ist halb gelernt.

② **Beginne jeden Tag zur gleichen Zeit mit dem Lernen.**
Dein Gehirn gewöhnt sich daran und schaltet leichter auf konzentriertes Arbeiten.

③ **Beginne mit leichten Aufgaben.**
Wie ein Motor braucht auch dein Gehirn eine Aufwärmphase, bis es Höchstleistungen bringt.

④ **Vermeide, ähnliche Inhalte hintereinanderzulernen.**
Dadurch verhinderst du, dass du viel und schnell vergisst.

⑤ **Verwende unterschiedliche Lernwege.**
Je häufiger du beim Lernen Sehen, Hören und Lesen wechselst, desto weniger ermüdest du.
Wenn du alle Lernwege einsetzt, trainierst du dein Gedächtnis am Besten.

⑥ **Wechsle zwischen schriftlicher und mündlicher Arbeit ab.**
So kannst du noch länger konzentriert arbeiten.

⑦ **Vermeide, zu viel auf einmal zu lernen.**
Wenn du zu viel auf einmal lernst, vergisst du doppelt so schnell.

⑧ **Wiederhole am Anfang in kurzen Zeitabständen. Vergrößere die Zeitabstände dann zunehmend.**
Dadurch prägt sich das Gelernte besser und schneller ein, vor allem bleibt es länger im Gedächtnis.

⑨ **Präge dir den Lernstoff sinnvoll ein.**
Bringe die Lerninhalte in Zusammenhänge. So lernst du sie leichter. Ist das nicht möglich, so gebrauche Gedächtnisstützen.

⑩ **Vergiss die Pausen nicht.**
Sie sind zur Erholung wichtig. Für die erste Stunde reichen zweimal 5 Minuten, damit du auch wieder den Einstieg findest.

Ziel erreicht?

Die nachfolgenden Aufgaben bilden einen Querschnitt der im Verlauf des Biologieunterrichts behandelten Themen ab. Sie erheben keinen Anspruch auf Vollständigkeit. Die Themengebiete der Klassenstufe 10 sind nur ansatzweise eingearbeitet, da sie im laufenden Schuljahr behandelt wurden und entsprechende Testaufgaben im Lehrbuch zu finden sind.
Tipp: Zur Lösung der Aufgaben benötigst du teilweise spezielle Materialien. Frage deinen Lehrer danach.

Zellen und Gewebe

1. Zellen sind die Grundbausteine aller Lebewesen. Trotz der Vielfalt an Formen und Größen zeigen alle Zellen grundlegende Übereinstimmungen im Aufbau.
   a) Vergleiche die dargestellten Zellen hinsichtlich ihrer Zellbestandteile. Fertige dazu eine Tabelle an. Ordne die einzelligen Lebewesen den tierischen oder pflanzlichen Zellen zu. Welches ist das entscheidende Merkmale für eine eindeutige Zuordnung?

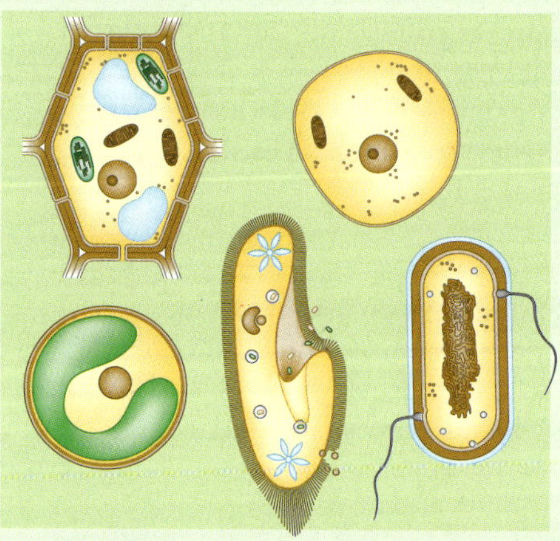

   b) Ziehe aus dem Vergleich jeweils eine Schlussfolgerung über die Ernährungsformen der dargestellten Zellen.
   c) Stelle die Wortgleichung für die Fotosynthese auf und nenne die Bedingungen, die für diesen biochemischen Prozess vorhanden sein müssen.

2. Die aufgenommenen bzw. erzeugten Nährstoffe werden von den Zellen u. a. für die Zellatmung benötigt.
   a) Nenne den Zellbestandteil, in dem dieser Vorgang stattfindet.
   b) Notiere die Wortgleichung der Zellatmung.
   c) Beschreibe an einem Sachverhalt, welche Bedeutung die Zellatmung für die Zellen bzw. die Lebewesen hat.
   d) Teste verschiedene Nahrungsmittel auf Stärke. Fordere die entsprechenden Geräte und Chemikalien beim Lehrer an und führe den Nachweis durch. Werte deine Beobachtungen aus.

3. Seit der Erfindung der Mikroskopie können Zellen und ihre Bestandteile sichtbar gemacht werden. Mikroskopische Zeichnungen und Fotografien ermöglichen einen Vergleich der verschiedenen Zellformen.
   a) Mikroskopiere verschiedene Dauerpräparate und fertige von den mikroskopischen Bildern Zeichnungen an.
   b) Fertige ein Frischpräparat vom Zwiebelhäutchen an. Färbe die Zellbestandteile mit einem geeigneten Farbstoff. Stelle das mikroskopische Bild ein und zeichne zwei Zellen mit ihren Anschlüssen an die Nachbarzellen.

4. Wachstum und Entwicklung der Zellen hängen u. a. von ihrem Alter und ihren Lebensbedingungen ab. Bei den Zellteilungsvorgängen müssen die Informationen der Zellen so auf die neuen Zellen verteilt werden, dass diese ihre Aufgaben ausführen können.

Z

Ziel erreicht?

a) Nenne zwei günstige Wachstumsbedingungen für Zellen. Begründe deine Auswahl.

b) Definiere den Begriff genetische **Information**.

c) Beschreibe, wie die genetische Information eines Lebewesens in den Zellen gespeichert und verschlüsselt ist.

d) Gib an, welche Chromosomensätze Zellen vor und nach der Mitose/Meiose haben.

e) Beschreibe die Bedeutung der Meiose für:
- die **Vielfalt** der Lebewesen
- die Erzeugung artgleicher Nachkommen

5. Jeder Mensch besitzt mehr als 200 verschiedene Zellvarianten. Dazu gehören u.a. die in der Abbildung dargestellten Zellen.

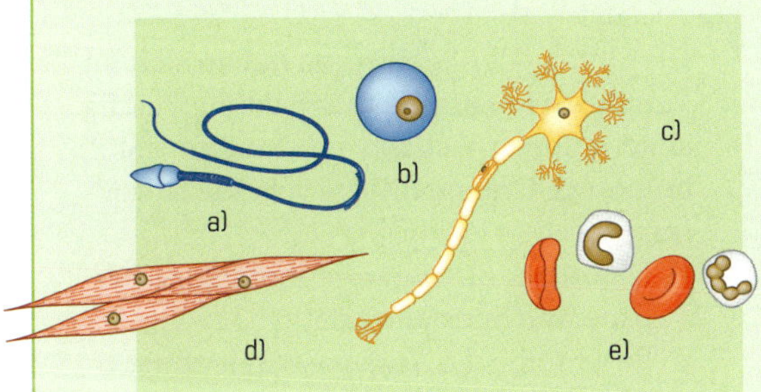

a) Gib an, um welche Zellen es sich jeweils handelt.

b) Stelle jeweils einen **Zusammenhang zwischen Bau und Funktion** für die abgebildeten Zellformen her.

c) Erläutere einen Vorteil, den spezialisierte Zellformen für die Lebensvorgänge in mehrzelligen Lebewesen haben.

6. Embryonale Stammzellen besitzen im Gegensatz zu den spezialisierten Zellen die Fähigkeit, alle Zellformen eines Lebewesens zu bilden. Diese Tatsache macht sie für die gentechnische Forschung besonders interessant.

a) Stelle je drei Pro- und Kontra-Argumente der Verwendung von embryonalen Stammzellen in einer Tabelle gegenüber.

b) Formuliere auf der Basis der Argumente eine Bewertung dieses Sachverhalts aus der Sicht eines Befürworters und eines Gegners.

7. Zellen mit gleichem Aufbau und gleichen Funktionen bilden Gewebe.

a) Mikroskopiere den Querschnitt eines Laubblatts.

b) Fertige eine Zeichnung des mikroskopischen Bilds an und beschrifte die Gewebearten.

c) Stelle bei drei Gewebearten jeweils einen **Zusammenhang zwischen Bau und Funktion** her.

Organe und Organsysteme

1. Verschiedene Gewebe, die gemeinsam bestimmte Aufgaben erfüllen, bilden Organe. Jedes Organ wiederum ist Bestandteil eines Organsystems.

a) Erarbeite eine Präsentation zu einem Organsystem des Menschen. Darin sollten folgende Aussagen enthalten sein: wesentliche Aufgabe(n) des Organsystems, Organe des Systems, Funktionen der einzelnen Organe im System, **Bau- und Funktionszusammenhänge** eines Organs, Regeln für die Gesunderhaltung. Gestalte deine Präsentation anschaulich (verwende z.B. Rollkarten, Torso, Computer).

b) Erstelle für deine Mitschüler ein Arbeitsblatt, auf dem sie wesentliche Aussagen deines Vortrags ergänzen können.

Ziel erreicht?

2. Die Augen und Ohren gehören zu den Sinnesorganen. Mit ihrer Hilfe können Lebewesen **Informationen** aus der Umwelt aufnehmen und an das Nervensystem weiterleiten.

a) Benenne die in den Abbildungen gekennzeichneten Teile des Auges oder des Ohrs.

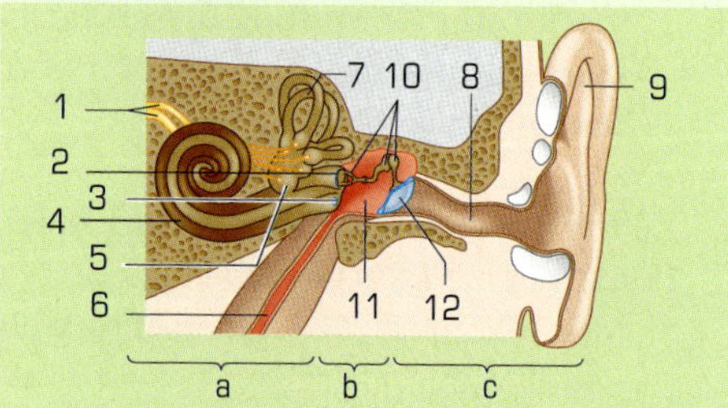

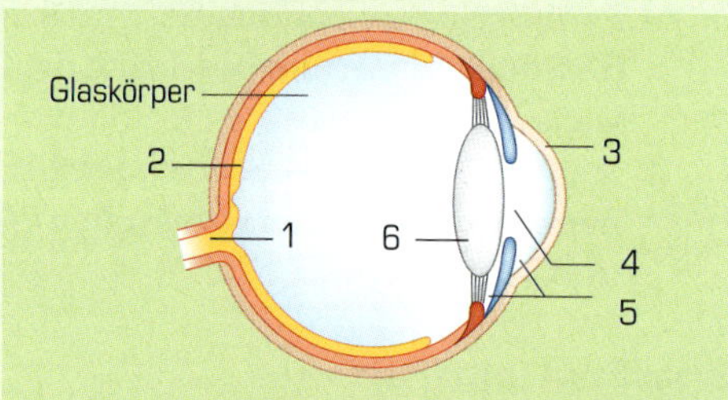

b) Gib von diesen Teilen die jeweiligen Funktionen an.

c) Beschreibe die Bildentstehung oder den Hörvorgang.

d) Stelle ein allgemeines Fließschema für die Funktionsweise eines Sinnesorgans auf.

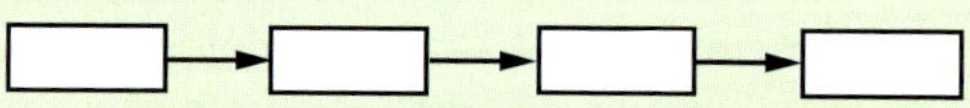

3. Die folgenden Abbildungen zeigen verschiedene Organe von Lebewesen.

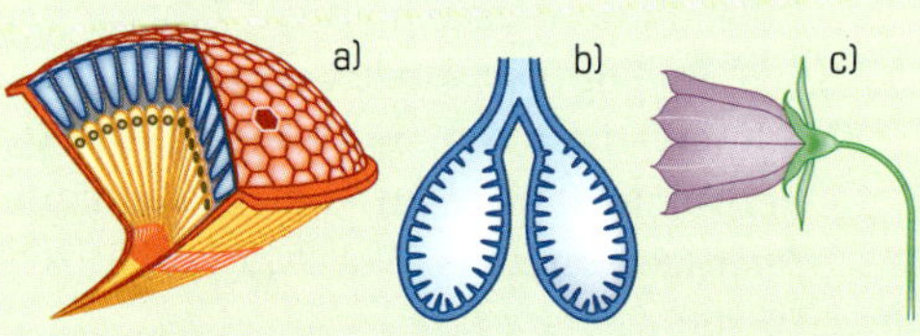

a) Benenne die abgebildeten Organe und gib deren jeweilige Grundfunktion an.

b) Stelle **Bau- und Funktionszusammenhänge** für die Organe her.

4. Zwischen den Organen eines Lebewesens kommt es zu zahlreichen **Wechselwirkungen.** So sind z. B. während des Sporttreibens viele Organe aktiviert. Dabei ist es sehr wichtig, dass die Tätigkeiten der einzelnen Organe ständig aufeinander abgestimmt werden.

a) Nenne die Funktionen folgender Organe bzw. Organsysteme beim Joggen: Atmungssystem, Herz- Kreislauf-System, Haut, Muskulatur, Zentralnervensystem.

b) Beschreibe an diesem Beispiel, wie sich die Organe bzw. Organsysteme beeinflussen, wenn das Lauftempo gesteigert wird.

5. Die Organe der Lebewesen haben sich im Verlauf der Stammesentwicklung häufig abgewandelt. Vielfach entstanden dabei homologe Organe infolge von Spezialisierungen.

a) Definiere die Begriffe homologe Organe und Spezialisierung.

b) Beschreibe die **Angepasstheit** homologer Organe an einem Beispiel.

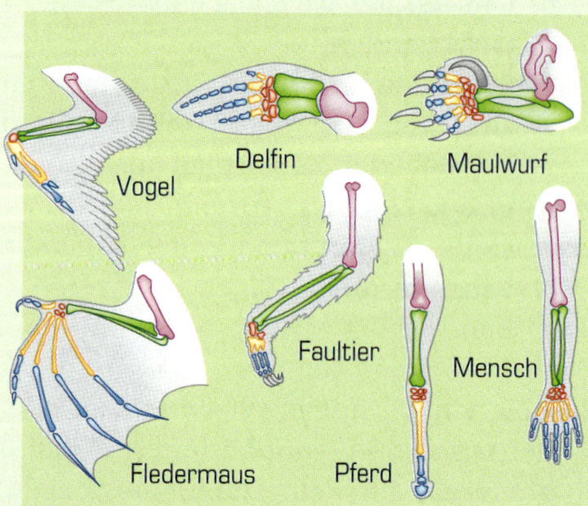

Z

Ziel erreicht?

Organismen

1. Alle Lebewesen besitzen gemeinsame Merkmale, die sie von der unbelebten Natur unterscheiden. Dazu gehören u. a. Reizbarkeit, Fortbewegung, Wachstum, Entwicklung, **Fortpflanzung** und Stoffwechsel.
   a) Gib je eine Bedeutung der einzelnen Vorgänge für Lebewesen an.
   b) Nenne jeweils Vor- und Nachteile der sexuellen und asexuellen Fortpflanzung.
   c) Leite eine Schlussfolgerung ab, wann die jeweilige Fortpflanzungsart für Lebewesen von Vorteil ist.

2. Zwischen den Lebewesen bestehen unterschiedlich enge stammesgeschichtliche Verwandtschaften. Die Verwandtschaft ist umso enger, je später sich die Entwicklungswege trennten.

   a) Ordne die nachfolgenden Wirbeltierklassen in der Reihenfolge ihrer stammesgeschichtlichen Entwicklung: Lurche, Vögel, Fische, Säugetiere, Kriechtiere.
   b) Beschreibe die **Angepasstheit** der Körperbedeckung und der Atmungsorgane am Beispiel einer Wirbeltierklasse.

3. Mutationen und Modifikationen haben einen wesentlichen Anteil am Erscheinungsbild der Lebewesen.
   a) Definiere die Begriffe Mutation und Modifikation.
   b) Beschreibe Auswirkungen von Mutationen und Modifikationen auf Lebewesen an je einem Beispiel.
   c) Erkläre die Bedeutung der Mutationen für den Evolutionsprozess.

4. Im Verlauf der Evolution gelang es auch den Wirbeltieren, mit vielen Arten das Festland und die Luft zu besiedeln. Dazu waren im Vergleich zu den Fischen allerdings zahlreiche Veränderungen im Körperbau und Verhalten notwendig.

   a) Beschreibe Veränderungen im Körperbau der Fische, die beim Übergang vom Wasser zu Land notwendig wurden.
   b) Beschreibe unter Verwendung der Evolutionsfaktoren die Entstehung des Urlurchs oder des Urvogels aus Vertretern der jeweils stammesgeschichtlich älteren Wirbeltierklassen.
   c) Erkläre eine Bedeutung von Übergangsformen für **die Evolutionstheorie**.

5. Das **Verhalten** von Tieren und Menschen setzt sich aus ererbten und erlernten Anteilen zusammen. Gesteuert und geregelt wird das Verhalten durch Nervensysteme und Hormone.
   a) Stelle die Arbeitsweisen von Nerven- und Hormonsystem hinsichtlich der Informationsträger, der Verarbeitungsgeschwindigkeit, der Transportwege und der Wirkungsdauer von Informationen gegenüber.
   b) Beschreibe den Bau- und Funktionszusammenhang der Hormonwirkung mithilfe einer Skizze.
   c) Beschreibe die **Angepasstheit** verschiedener Verhaltensweisen an Beispielen.

Ziel erreicht?

6. Der Mensch scheint sich von seinem natürlichen Ursprung immer weiter zu entfernen. Er ist in der Lage, seine Umwelt gezielt zu gestalten. Dabei nimmt er auch Einfluss auf die Entwicklung von Lebewesen.

- **a)** Stelle eine stammesgeschichtliche Entwicklungslinie des Menschen auf.
- **b)** Beschreibe das Vorgehen eines Züchters bei der Herauszüchtung einer neuen Tierrasse/Pflanzensorte.
- **c)** Erörtere positive und negative Aspekte, die die gentechnische Manipulation von Lebewesen dem Menschen eröffnen.

Ökosysteme und Biosphäre

1. Die **Wechselwirkungen** zwischen den Lebewesen und ihrer Umwelt haben maßgeblichen Einfluss auf deren Gestalt und Lebensprozesse.

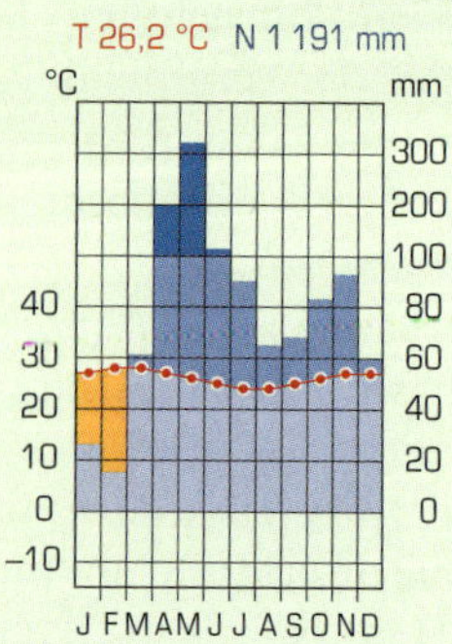

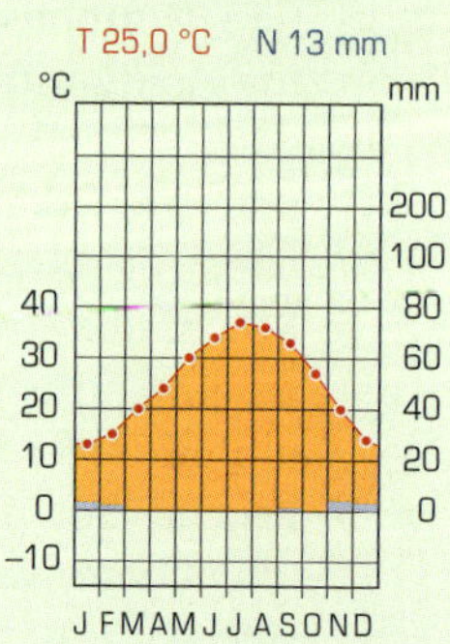

- **a)** Ordne dem Kaktus das entsprechende Klimadiagramm zu und begründe deine Zuordnung.
- **b)** Nenne drei abiotische und zwei biotische Umweltfaktoren, die jeweils auf die Lebewesen einwirken.
- **c)** Triff begründete Aussagen zu den täglichen Aktivitätsphasen des abgebildeten Tiers und stelle die Aktivität eines Tages in Form eines Kurvendiagramms dar.
- **d)** Begründe, welche Bedeutung die beiden Lebewesen jeweils in den Nahrungsbeziehungen haben (Produzenten, Konsumenten oder Destruenten).

2. Die gezielte Messung von Umweltfaktoren ist eine Voraussetzung für die Einschätzung der Qualität von Lebensräumen.

- **a)** Ermittle für einen selbst gewählten Standort eine Woche lang die Messwerte (je nach vorhandenen Messgeräten) für verschiedene Umweltfaktoren (z. B. Temperatur, Lichteinfall, Luftfeuchtigkeit, pH-Wert).
- **b)** Stelle deine Messwerte in geeigneter Form dar.
- **c)** Leite aus den Messwerten Aussagen über die Qualität des Standorts als Lebensraum für Pflanzen und Tiere ab.

3. Eingriffe des Menschen in die natürlichen Stoff- und Energiekreisläufe haben z. T. dramatische Auswirkungen auf die betroffenen Ökosysteme.

- **a)** Beschreibe positive und negative Einwirkungen des Menschen auf Ökosysteme.
- **b)** Erörtere die folgende Aussage aus ökologischer und wirtschaftlicher Sichtweise: „Die Nutzung fossiler Energieträger und der Kernenergie ist auch in den nächsten Jahrzehnten unverzichtbar.“

Bildquellenverzeichnis

akg-images: 86/4; Tierbildarchiv Angermayer, Holzkirchen: 23/2, 28/1, 115/4, 116/2 u. 4, 147/3; argus / Raupach: 79/1; blickwinkel/H. Schmidbauer: 3/7, 41/3; blickwinkel/C. Huetter: 41/1; blickwinkel/R. Dirscherl: 156/1; Bundesministerium für Umwelt, Naturschutz und Reaktorsicherheit: 36/4; Comstock Images/Fotosearch: 74/1, 149/1; Corel Photos Inc.: 26/2, 51/5, 6,7, 56/1d, 147/2; Cornelsen Experimenta: 144/4; Bernd Dapprich, Amstetten: 116/7; DUDEN PAETEC GmBH: 51/2, 115/2, 121/1, 125/1, ESA: 53/5, 59/2; eye of science/ Meckes,Ottawa, Reutlingen: 57/1; FOOD PIX/John E. Kell: 122/3; Dr. Tilo Geise: 56/1b u. 1c, 58/2; James Balog / Getty Images: 116/1; Miguel Salmeron/Getty Images: 120/1; A. Hartmann, Braunschweig: 103/1; M.Harvey/WILDLIFE: 42/2; Naturfotografie Frank Hecker: 61/2, 138/1 u.2; F. Horn, Rostock: 56/1a; F. Jantzen, Bad Arolsen: 67/2; Dr. G. Liesenberg: 116/6; M. Liesenberg: 145/1; H. Mahler, Fotograf, Berlin: 66/1, 108/1,2,3, 109/1a -1d, 135/1,2, 148/1; mauritius images/ A. Pöhlmann: 3/1; mauritius images/Schulze+ Schulze: 5/1, 115/5, 122/2; mauritius images/Stock Image: 6/1, 72/1; mauritius images/Photononstop: 16/1; mauritius images/dieKleinert: 19/1; mauritius images/Reinhard: 23/5, 28/3; mauritius images/Peter Enzinger: 32/1; mauritius images/Uwe Umstätter: 33/1; mauritius images/Angela Reik: 41/2; mauritius images/Auli: 41/4; mauritius images/JIRI: 43/1; mauritius images/UpperCut Images/ D. A. Barnes: 53/1; mauritius images/ Wolfgang Weinhäupl: 73/1; mauritius images/Pierre Bourrier: 75/4, 87/4; mauritius images/Phototake: 81/2, 97/1; mauritius images/age: 100/1; mauritius images/Nonstock: 114/1; mauritius images/Photo Resource: 115/1; mauritius images/Doc Max: 122/1; mauritius images/Botanica: 150/1; Prof. Dr. L. Meyer:146/1,2; Z. Neuls: 110/1; Neanderthal-Museum: 40/2; Photo Disc Inc.: 7/1, 35/1,2, 51/3, 88/1,5, 100/2, 107/1, 116/5,8, 128/1, 147/1; Photo Disc Inc: 35/2; Photo Sphere: 51/1; PHYWE SYSTEME GmbH & Co. KG, Götttingen: 65/1, 2, 3, 67/1, 144/1; picture-alliance/Picture Press/Wartenberg, Frank P.: 3/5, 7/2,3, 8/1; picture-alliance/OKAPIA/Frankfurt am Main: 4/4, 72/2, 78/1; picture-alliance / dpa: 38/1, 63/1, 82/1, 83/1, 88/2, 92/1b, 96/1, 99/1, 2, 106/1, 142/28/2; picture-alliance/akg-images: 15/1, 18/1; picture-alliance/dpa/Ossinger: 31/1; picture-alliance/OKAPIA KG, Germany: 42/1, 61/1; picture-alliance/Bildagentur Huber: 43/2, 52/1; picture-alliance/ZB: 45/1 , 46/3, 47/2, 3, 4, 48/1, 51/4, 88/4, 90/1; picture-alliance/dpa/dpaweb: 46/2, 75/2, 87/2, 99/3, 100/4; picture-alliance/KPA/HIP/The British Library: 46/1; picture-alliance/Picture Press: 47/1; picture-alliance/dpa/H.Wolfraum: 75/3, 87/3; picture-alliance/HB-Verlag: 87/1; picture-alliance/OKAPIA KG/Dr.med. J.P.Müller: 94/1; picture-alliance /scanpix: 142/1; picture-alliance/OKAPIA KG/A.u.H.-F.Michler: 147/4; picture-Alliance/Klett GmbH: 149/2,3; Prof . Dr. W. Probst, Flensburg: 104/1; Silvestris GmbH, Kastl: 34/2, 139/1; A. Steffen, Schwalmtal: 26/3; Burger/PHANIE/SUPERBILD: 75/1; H. Theuerkauf, Gotha: 55/2, 55/1, 3; 105/1,2, 106/2, 110/2, 116/10; Thüringisches Landesamt für Archäologie und Denkmalpflege, Weimar: 44/1; ullstein - KPA: 95/1; Universität Ulm, Abteilung Anatomie und Zellbiologie: 77/1, 100/3; Prof. Dr. E. Zabel, Güstrow: 66/2, 156/2; Zentralbild ZEFA-Brännhage: 139/2; K.-H. Zeitler, München: 34/1

Evolution der Menschenaffen

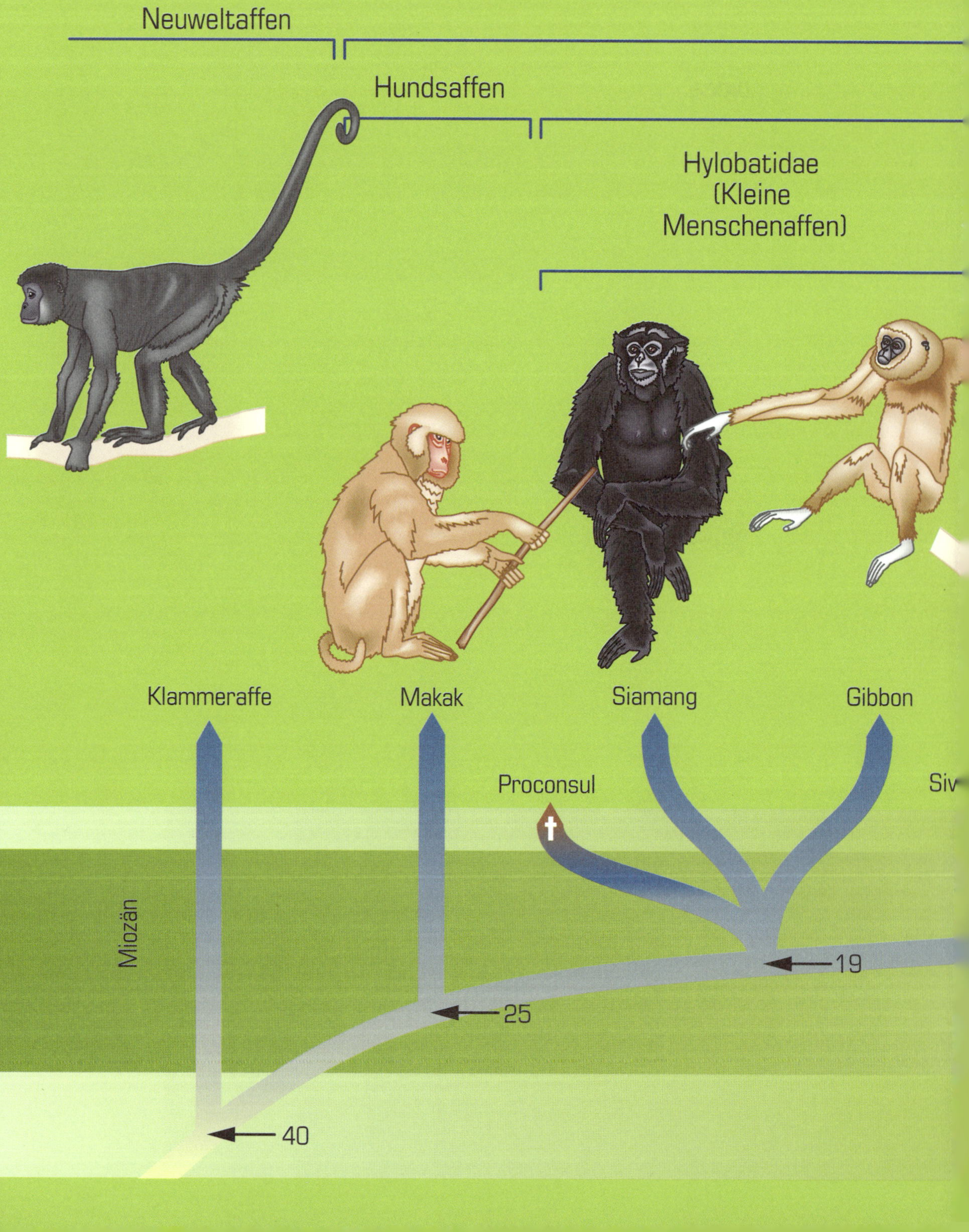